# 실내공기질 및 위해성 관리

양 원 호

집문당

**저자**

**양원호** 梁原豪

whyang@cu.ac.kr

서울대학교 보건학박사

호주 QUT(Queensland University of Technology) 환경 및 산업보건 연구소 특별 연구원(호주정부 지원)

대기관리 기술사

한국실내환경학회 이사, 한국산업위생학회 학술이사, 한국환경보건학회 이사, 한국환경과학회 이사

현재 대구가톨릭대학교 산업보건학과 교수

# 실내공기질 및 위해성 관리

2024년 6월 20일 1판 1쇄

저자 | 양원호
발행인 | 임동규
발행처 | **(주)집문당**
등록 | 1971. 3. 23. 제2012-000069호
주소 | 03134 서울시 종로구 돈화문로 82, 5층
전화 | +82-1811-7567
이메일 | sale@jipmoon.com
홈페이지 | www.jipmoon.com

ISBN 978-89-303-1966-9 93530

가격 20,000원

**(주)집문당** 이순신돋움체B (저작권자 아산시, 무료글꼴)

# 머리말

지난 수십 년 동안 환경오염의 심각성은 인류 생존에 직결된 문제로 인식되어 왔다. 환경문제 중 실내공기오염은 비교적 최근의 것으로 생각할 수 있지만, 인류가 동굴에서 처음 불을 사용했을 때부터 시작되었다고 할 수 있다. 특히 실내공기오염은 직접적으로 사람의 건강에 영향을 미칠 수 있기 때문에 더욱 중요하다. 전 세계적이라고 할 수 있는 도시화, 건축물 증가, 에너지 소비 증가, 유해물질 사용 증가 등 다양한 측면에서 실내환경 공기질의 영향 요인이 증가하는 실정으로, 실내공기오염은 단순한 실내환경 공기질의 문제를 넘어서서 노출되는 주요 유해인자의 주된 국소환경으로 사람에게 위해를 줄 수 있기 때문에 그 중요성은 계속적으로 증가할 것이다.

본서의 목적은 실내공기오염의 본질적 이해와 노출에 따른 건강위해성에 관한 기초적 정보를 제공하는 것이다. 특히 참고문헌은 최근에 발표된 국내외 논문을 최대한 인용하였기 때문에 좀 더 깊게 공부하거나 의문사항이 있으면 문헌을 찾아 고찰하시기 바란다. 본서는 총 13장으로 구성되어 있다. 제1장부터 4장까지는 실내공기질의 개론적 내용이며, 제5장부터 9장까지는 실내공기질 영향인자를 중심으로 기술하였고, 제10장은 실내공기질 평가 및 제어, 제11장은 측정 및 분석을 다루었다. 그리고 제12장은 실내공기오염 노출에 따른 건강위해성 평가를 기술하였고, 마지막 제13장은 국내외 실내공기질 기준을 비교 검토하였다.

본서의 저자는 지난 10년 동안 실내공기질 분야의 공부를 하면서 나름대로 열심히 노력했다고 생각하지만, 막상 한 권의 책으로 출판하려니 부족하고 아쉬운 점이 많다. 본서의 부족한 면은 계속적으로 보완·수정할 것이며, 관련 분야 선배님 및 후배들의 조언과 격려를 부탁드린다.

본서의 출간을 위해 연구비를 지원해 주신 아산사회복지재단에 깊은 감사의 말씀을 드리며, 연구원으로 함께한 임성국 대학원생에게도 고마움을 전한다. 그리고 옆에서 따뜻한 격려를 아끼지 않는 아내 정지윤과 아들 준영에게도 고마움을 전한다.

2008년 4월
효성캠퍼스 연구실에서
양 원 호

# 차 례

## 제 3 장 실내공기질 주요 개념



## 제 4 장 실내공기질 및 건강영향



## 제 5 장 실내공기질 영향 요인 및 모델링

## 제 8 장 실내 발생



## 제 9 장 실내 반응 및 감소



## 제 10 장 실내공기질 평가 및 제어

## 제 11 장 실내공기질 측정 및 분석



## 제 12 장 실내공기질 및 위해성 평가

## 제 13 장 실내공기 관리 및 법규

# 표 차례

## 그림 차례

제 1 장

# 실내공기질 개론

# 제 1 장 실내공기질 개론

대부분의 사람들은 하루의 80% 이상을 실내환경에서 생활하고 있다. 다양한 원인에 의한 실내공기오염은 의식적이든 무의식적이든 재실자의 건강에 많은 영향을 주고 있으며, 특히 일반인들뿐만 아니라 어린이 및 노약자에게 미치는 영향은 더욱 높을 수 있다. 수많은 고층건물과 지하공간에서 주기적인 청소나 적절한 환기도 없이 이중창 등으로 밀폐된 실내환경에서 생활하면서, 우리는 간혹 가슴이 답답하고 피로를 느끼면서도 대수롭지 않게 지나칠 때가 많다.

## 1.1 실내공기질 개념

### 1.1.1 실내공기질의 이해

실내공기질(Indoor Air Quality, IAQ)이란 실내환경 재실자의 건강과 평안에 영향을 주는 공기질로 정의할 수 있으며(IAQ is generally used to refer to chemical, physical and biological characteristics of indoor air which can affect the comfort or health of the occupants), 우리가 일상활동에서 건축물 내부의 공기질이라고 간략히 정의할 수도 있다. 반면, 실외공기질은 실외 대기환경(ambient)을 의미하며

건축물 외부의 공기질을 말한다. 실내공기질은 차량 즉 자동차, 비행기, 기차 등의 내부 공기질도 실내공기질이라고 할 수 있으며, 근로자가 일하는 작업장의 실내환경도 포함된다. 그리고 인간 활동에 의해 발생되는 각종 공기 오염물질들이 실내로 방출되어 실내공기환경을 오염시키는 현상을 실내공기오염(Indoor Air Pollution, IAP)으로 정의한다.

최근 들어 산업화와 도시화가 급진전되면서 도시의 인구집중과 산업시설 증가 및 교통량 팽창은 도시지역 대기환경의 오염을 더욱 악화시켰으며, 경제적 수준의 향상과 더불어 도시인의 생활양식과 직장인의 근무양식에도 큰 변화를 가져왔다. 이와 함께 현대 도시인의 일상생활 중 약 80% 이상의 시간을 실내에서 생활하게 됨으로써 쾌적한 실내환경(Indoor Environment, IE)에 대한 인식이 새롭게 부각되기에 이르렀다. 현대의 산업사회는 일상생활의 대부분이 여러 형태의 실내공간에서 유지되며 변천하고 있다.

실내공기질의 문제점은 전통적으로 건축물의 석면사용 또는 냉각탑의 레지오넬라(Legionella) 오염같이 유지보수와 관련이 깊다. 하지만 최근의 실내공기질에 따른 빌딩증후군(Sick Building Syndrome, SBS)은 주로 신축건물이거나 재건축물이다. 실내공기질은 궁극적으로 재실자의 생산성 감소부터 암 발생 같은 건강영향까지 다양한 측면에서 관심의 초점이 되고 있다. 한편, 실내환경은 실외 대기의 나쁜 기후와 유해한 대기 공기질로부터 안전한 곳으로 인식되고 있지만, 실제 실내공기질은 대기질보다 더 오염되어 있다. 선진외국의 경우와 비슷하게 우리나라에서도 실내공기질에 따른 문제점이 사회문제화되어 언론매체를 통해 일반 대중에게 충격적 영향을 주기도 하였다(〈그림 1-1〉 참조).

미국의 경우 빌딩 소유자 및 관리자 협회(Building Owners and Managers Association, BOMA)는 1994년 실내공기오염에 따른 사

<그림 1-1> 실내공기질의 사회문제화

회문제화 과정에서 결론적인 과학적 근거보다 언론에 의한 병적 광란이라고 표현하며 실내공기질 문제의 과대포장을 주장하기도 하였다(BOMA, 1994). 일본의 경우 새집증후군(Sick House Syndrome, SHS)이란 용어를 등장시킬 만큼 사회적으로 문제가 되기도 하였다. 2000년 *Business Week* 표지에 "당신의 사무실이 당신을 죽이고 있습니까?"라는 제목으로 게재되었던 것은 실내공기질, 빌딩증후군 등을 나타내었던 내용이었다(〈그림 1-2〉 참조).

<그림 1-2> 실내공기질의 위험성

### 1.1.2 실내공기질의 중요성

실내공기질에 대한 문제의 발생 배경은 각종 산업 분야에서 에너지 절약 및 효율을 높이기 위한 노력으로 건물의 단열을 위한 밀폐화(tight house)와 에너지 절감 장치를 설치하는 건물의 증가로 인하여 공기질이 악화되는 것이다. 실제로 에너지 절약형 건물은 외부로부터 공기 침투(infiltration)를 막는 것에 초점을 맞추어 건축되었고, 에너지 절약형의 산업용 건물에서는 건물의 유지 관리비를 줄이기 위해 의도적으로 환기량을 감소시키기도 하여 자연히 실내공기가 오염되고 있다(Jones, 1999).

실내공기오염의 중요성이 인식되기 시작한 배경을 보면 다음과 같다.

첫째, 인간은 하루 24시간 중 대략 80% 이상을 실내(가정, 일반 사무실, 실내작업장, 공공건물, 지하시설물, 상가, 음식점, 자동차, 지하철 등)에서 생활하는 것으로 조사 보고되었다. 둘째, 대기오염은 자연적인 희석률이 크고, 사회적 인식 확대, 각종 규제 등으로 인하여 대기오염이 억제되고 있으나, 실내공기는 한정된 공간에서 인공적인 설비를 통하여 오염된 공기가 계속적으로 순환되면서 그 농도가 인체에 영향을 미칠 수 있을 정도로 증가될 수 있다. 셋째, 1970년대 석유파동(oil shock) 이후 에너지 보존을 위한 다양한 산업기술이 만들어 낸 새로운 건축자재가 공공건물뿐만 아니라 일반주택에도 사용되고 있는데, 이와 같은 새로운 건축자재에서 여러 가지 오염물질이 방출되고 있으며 또한 경제 수준의 향상으로 다양한 생활용품의 사용이 증가하는데 이 같은 생활용품에서도 예상하지 못한 오염물질이 방출된다. 넷째, 에너지 절감률을 높이기 위해 건물의 밀폐화가 진행되면서 건물 내 재실자들이 일시적 또는 만성적인 건강과 관련된 증상을 호소하는 사례가 증가하고 있다.

특히 1970년대 초 선진 국가에서는 사무실에서 일하는 직장인들 가운데 두통, 안질, 후두염, 알레르기성 질환, 어지러움 등의 각종 증세를 보이는 환자들이 등장했으며, 이것은 실내공기오염에 의한 것으로 밝혀지고 있다. 따라서, 실내환경에서 공기오염물질 노출이 실외 대기환경 노출보다 실제적 건강영향을 야기하고 있음을 알 수 있다. 또한 실내공기 오염물질의 농도가 낮더라도 장기간 노출됨에 따라 전체 노출량 측면에서 보면 매우 큰 영향을 미친다.

실내공기오염의 주요 원인은 인구의 도시화, 밀집화, 현대사회의 실내 생활화, 실내공간의 밀폐화 등으로 도시의 집중화가 증가될수록 심화되고 있다. 실내공기오염은 빌딩증후군 또는 빌딩관련질병(Building Related Disease, BRD), 복합화학물질과민증(Multi-Chemical Sensitivity, MCS), 새집증후군 등을 유발시켜 인간에게 정신적 고통을 주거나 위해요소로 작용할 수 있다(Kraft 등, 2005). 그뿐만 아니라, 개인 및 국가에 의료비용 증가라는 경제적 부담을 안긴다는 점에서 그 심각성을 무시하기 어렵다(Wyon, 2004). 즉, 실내환경에서 공기오염물질의 노출이 실외 대기노출보다 실제적 영향 즉 건강장해를 야기할 수 있음을 알 수 있다. 더욱 중요한 것은 실내공기 오염물질의 농도가 낮더라도 노약자, 유아, 환자들은 실내환경에서 장기간 생활하기 때문에 더 많은 건강장해를 받는 것으로 알려져 있다(Gomzi, 1999).

인간은 일반적으로 하루에 대략 1~1.5kg의 음식물을 섭취하고 2kg 정도의 물을 마시며, 공기는 이보다 거의 10배에 달하는 약 10~13kg 정도를 마셔야 살 수 있고 단 몇 분만 호흡을 멈추더라도 곧 사망하게 될 만큼 공기는 중요하다. 〈그림 1-3〉은 직장 성인의 하루 중 활동에서 물, 음식물 섭취와 호흡하는 공기에서 주택실

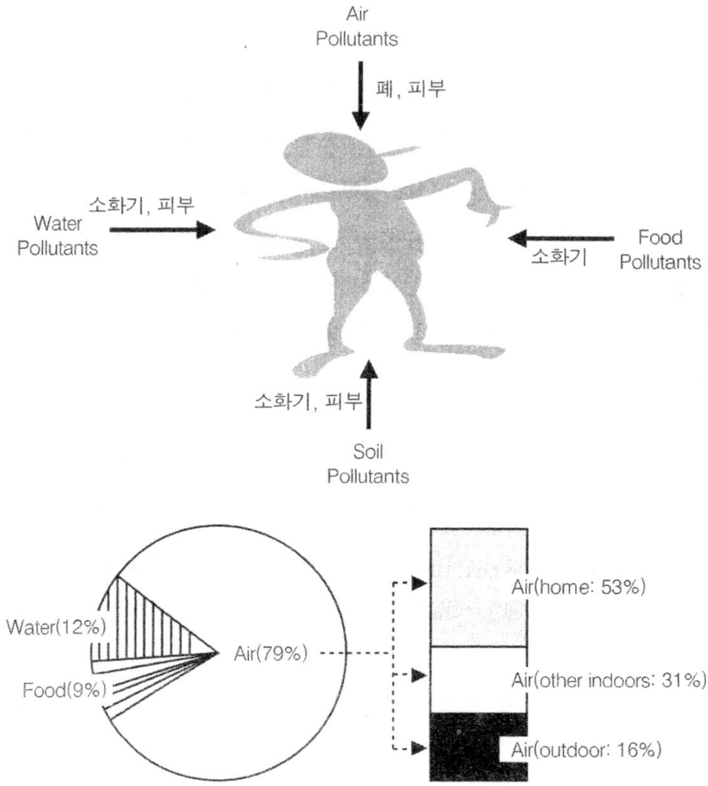


<그림 1-3> 인간의 하루 중 중량당 물질 섭취량 비율

내, 기타 실내환경, 실외 대기환경이 차지하는 비율을 나타낸 것이다. 인간은 하루 24시간 중 80% 이상을 실내에서 생활하는 것으로 조사 보고되고 있다(Levy 등, 1998; 통계청, 1999). 특히, 실내환경 중에서도 주택은 가장 많은 시간을 보내는 공간으로 하루 중 대략 50% 이상 체류한다.

2006년 한국실내환경학회 학술대회에서 발표한 Su에 의하면, 사람은 단 몇 분 동안 호흡을 하지 못해도 사망할 수 있는 반면 음용

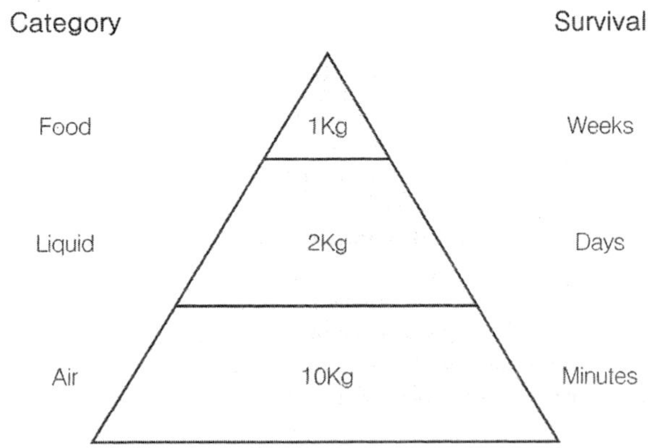


**<그림 1-4> 우리가 숨 쉬는 공기는 왜 중요한가?**

수는 며칠, 음식은 몇 주를 먹지 못해야 사망할 수 있는 것을 보면 상대적으로 공기가 중요함을 알 수 있다(〈그림 1-4〉 참조). 결국 인간 활동에 의해 발생되는 각종 공기오염물질들이 실내에 방출되어 실내환경을 오염시키는 실내공기오염은 사람의 건강영향뿐만 아니라 사망까지도 야기할 수 있을 만큼 중요하다고 할 수 있다.

한편, 미국 환경청(Environmental Protection Agency, EPA) 소속의 과학자문위원회(Science Advisory Board, SAB)에서는 환경문제 중 위해성 관점에서 순위를 정하여 중요도를 산출하였으며(1990), 실내공기오염은 지구온난화와 오존층 파괴보다 높은 순위였다(〈표 1-1〉 참조).

세계보건기구(World Health Organization, WHO)에서는 이미 실내공기질이 인간의 건강과 복지에 중요한 결정요인임을 인식하고, 실무자 그룹에서 2000년 '건강한 실내공기질 권리(The Right to Healthy Indoor Air)'란 표어를 제안하였다. 이 보고서의 9가지 원칙과 내용을 원문으로 〈표 1-2〉에 기술하였다.

**<표 1-1> 미국 환경청 과학자문위원회의 환경문제 목록**

| 순위 | 환경문제 |
|---|---|
| 1 | Criteria air pollutants from mobile & stationary sources; acid deposition |
| 2 | Hazardous/ toxic air pollutants |
| 3 | Other air pollutants(e.g., flourides, total reduced sulfur) |
| 4 | **Radon(indoor pollution only)** |
| 5 | **Indoor air pollution(other than radon)** |
| 6 | Radiation(other than radon) |
| 7 | Substances suspected of depleting stratospheric ozone layer |
| 8 | Carbon dioxide and global warming |
| 9 | Direct point-source discharges to surface waters - Industrial sources |
| 10 | Indirect point-source discharge to surface waters - POTW's |
| — | — |
| 27 | Other pesticides risks(leaching, run-off, air deposition from spraying) |
| 28 | New toxic chemicals |
| 29 | Bio-technology(environmental releases of genetically altered organisms) |
| 30 | Consumer product exposure |
| 31 | Worker exposure to chemical |

**<표 1-2> Principles of 'The Right to Healthy Indoor Air' by WHO**

| | |
|---|---|
| Principle 1 | Under the principle of the human right to health: Everyone has the right to breathe healthy indoor air. |
| Principle 2 | Under the principle of respect for autonomy(self-determination): Everyone has the right to adequate information about potentially harmful exposures, and to be provided with effective means for controlling at least part of their indoor exposures. |
| Principle 3 | Under the principle of non-maleficence(doing no harm): No agent at a concentration that exposes any occupant to an unnecessary health risk should be introduced into indoor air. |
| Principle 4 | Under the principle of beneficence(doing good): All individuals, groups and organizations associated with a building, whether private, public, or governmental, bear responsibility to advocate or work for acceptable air quality for the occupants. |
| Principle 5 | Under the principle of social justice: The socioeconomic status of occupants should have no bearing on their access to healthy indoor air, but health status may determine special needs for some groups. |
| Principle 6 | Under the principle of accountability: All relevant organizations should be establish explicit criteria for evaluating and assessing building air quality and its impact on the health of the population and on the environment. |
| Principle 7 | Under the precautionary principle: Where there is a risk of harmful indoor air exposure, the presence of uncertainty shall not be used as a |

| | |
|---|---|
| | reason for postponing cost-effective measures to prevent such exposure. |
| Principle 8 | Under the 'polluter pays' principle: The polluter is accountable for any harm to health and/or welfare resulting from unhealthy indoor air exposure(s). In addition, the polluter is responsible for mitigation and remediation. |
| Principle 9 | Under the principle of sustainability: Health and environmental concerns can not be separated, and the provision of healthy indoor air should not compromise global or local ecological integrity, or the rights of future generations. |

### 1.1.3 실내공기질의 사적 및 공적 개념

실내공기질은 사적(private)인가 공적(public)인가? 환경개념에서 물, 산림, 공기 등은 일반 대중의 공동 자원으로 모두가 공유하는 자원 즉 공익(public good, 公益)이다. 이에 반해 실내공기질은 개인주택을 고려할 경우 명확하게 공익이라고 할 수 없다. 예를 들면 '국가 기관이 개인에게 당신 집의 실내공기질을 개선하시오'라고 강제적으로 요구할 수 없기 때문이다. 이것은 개인 주택의 경우 개인공간(private sector)인 사적 개념이기 때문이다. 하지만 근로자가 일하는 사무실 또는 공장, 학생들의 학교 교실, 지하철 등은 분명하게 공적 공간으로 볼 수 있다. 또한 개인 주택의 경우도 실내공기오염 때문에 유아, 어린이, 노약자가 건강에 영향을 받는다면 사회적 관점의 넓은 개념에서 공적 공간으로 볼 수 있다.

Nazaroff와 Weschler(2001)는 "실내공기와 공익"이란 주제에서 실내공기오염 노출과 연관된 건강위해성은 다른 환경 매개체와 비교하여 위해성이 매우 높다고 했다. 예를 들면, 음용수, 실외 대기오염물질, 유해폐기물 매립지에 의한 평생기간 암 발생 같은 조기사망(premature death)의 위해성은 $10^{-6}$～$10^{-5}$(100만～10만 명당 몇 명이 암 등에 의한 조기사망 수)에 반하여 실내공기오염에 의한 조기사망의 위해성은 적어도 $10^{-4}$～$10^{-3}$이며 최대로 $10^{-2}$인 것을 고려하면, 우선순위 측면에서 과연 유해폐기물 매립지 등의 위해성을 감소시키기 위해 막대한 비용을 사용하는 것이 올바른 것인가?라고 문제를 제기하였다. 이것은 유해폐기물 매립지 건설이 중요하지 않다는 것을 의미한다기보다, 사람의 위해성 관점에서 유해폐기물 매립장 건설보다 실내공기질 개선이 더 중요하다는 것이다.

Lee 등(2000)의 연구에 의하면 이산화질소($NO_2$)의 개인노출은 실외 대기의 $NO_2$ 농도보다 주택 실내농도와 더 높은 상관성을 나타내었다. $NO_2$뿐만 아니라 휘발성 유기화합물질(VOCs), 미세분진(PM)의 개인노출도 실외 대기환경보다 주택의 실내농도가 더 큰 영향을 주었다(Son et al., 2003). 실외 대기환경에서 여름철 광화학 스모그에 의해서 발생되는 오존($O_3$)조차도 개인노출은 실내환경과 더 높은 연관성을 가지고 있었다(WHO, 1999). 이것은 현대 도시인의 경우 많은 시간을 실내환경에서 생활하기 때문이며, 공기오염물질에 대한 건강영향은 대부분 실내공기질에 의한 것으로 생각할 수 있다. 결론적으로, 개인 또는 어떤 인구집단의 공기오염물질 노출 정도에 영향을 일으키는 주된 국소환경(microenvironment)은 실내공간이라고 할 수 있다.

### 1.1.4 실내공기, 대기환경 및 산업(환경)보건

실내공기질의 관련 전문 분야는 생각보다 상당히 복잡하며 다양하다. 실내공기질이 건축물과 연관되었을 때는 건축공학자 및 재료공학자, 환기는 공조기술자 및 기계공학자, 건강영향은 의사 및 역학자(epidemiologist), 작업장 실내환경은 산업위생 및 보건관리자 등 다양한 분야의 전문가들이 필요하다. 또한 실내공기 오염물질의 측정과 분석, 실내공기질 개선의 공학적 제어, 실내공기질 법규, 에너지와 실내공기질의 경제적 분석 등 실제 실내공기질 평가 및 개선을 위해서는 다양한 분야의 전문가, 기술자 및 학자들의 다자 간 학문적(multidisciplinary) 접근이 필요하다. 그렇지만 공기라는 점에서 밀접한 관련 학문 분야는 대기환경과 산업(환경)보건이다.

### 1. 대기환경

대기환경은 실내공기와 대비되는 실외공기(outdoor air)를 의미한다. 실외공기오염은 전문적으로 대기의 공기오염으로 사람이나 동식물 등에게 직접적 또는 잠재적으로 위해를 줄 수 있는 가스, 증기, 매연, 먼지, 악취와 같은 오염물질들이 일정한 농도 이상으로 존재하는 것이다. 대기환경에서는 지구온난화, 오존층파괴, 황사와 같은 광역대기오염, 대기확산 및 기상, 자동차에 의한 대기오염, 대기오염 제어, 건강영향 등의 범위를 갖고 있다. 대기환경 분야는 주로 환경공학, 환경보건학, 기상학 관련 분야에서의 연구와 대학교육이 있다. 실내환경과 비교하면, 단순하게 건축물 내부의 실내공기질과 외부의 실외공기질로 구분할 수 있지만, 중요한 것은 실내공기질의 주요 영향 요인이 실외 대기질이라는 것이다. 실내공기질은 건축물 실내·외의 계속적인 교환인 환기에 영향을 받기 때문이다.

영국의 유명 저널(journal)인 “Atmospheric Environment”의 논문 중 많은 부분이 실내공기질과 연관된 연구이며, 국내의 한국대기환경학회에서도 실내공기 분과위원회가 있다. 그럼에도 불구하고 실내공기오염은 대기환경오염과 상당 부분 다른 관점을 갖고 있는 것도 사실이다. 특히 오염물질의 종류, 발생원, 노출 및 위해성 관점에서 차이점을 보이고 있다.

<표 1-3> 세계 각국의 대기환경 기준

| 구 분 | | 한 국 | 미 국 | 캐나다 | 일 본 | WHO 권고기준 | EU 권고기준 |
|---|---|---|---|---|---|---|---|
| $SO_2$ (ppm) | 연 평균 | 0.02 | 0.03 | 0.02 | – | 0.019 | – |
| | 24시간 평균 | 0.05 | 0.14 | 0.11 | 0.04 | 0.047 | 0.047 |
| | 1시간 평균 | 0.15 | – | 0.34 | 0.10 | – | 0.13 |
| $PM_{10}$ ($\mu g/m^3$) | 연 평균 | 50 | – | 70 | – | – | 30 |
| | 24시간 평균 | 100 | 150 | 120 | 100 | – | 50 |
| | 1시간 평균 | – | – | – | 200 | – | – |
| $O_3$ (ppm) | 연 평균 | – | – | 0.015 | – | – | – |
| | 8시간 평균 | 0.06 | 0.08 | 0.025 | 0.06 | 0.06 | – |
| | 1시간 평균 | 0.10 | 0.12 | 0.08 | 0.10 | – | – |
| $NO_2$ (ppm) | 연 평균 | 0.03 | 0.053 | 0.05 | – | 0.021 | 0.021 |
| | 24시간 평균 | 0.06 | – | 0.11 | 0.04-0.06 | – | – |
| | 1시간 평균 | 0.1 | – | 0.21 | – | 0.105 | 0.105 |
| CO (ppm) | 연 평균 | – | – | – | 10 | – | – |
| | 8시간 평균 | – | 9 | 13 | 20 | 9 | – |
| | 1시간 평균 | 25 | 35 | 31 | – | 26 | – |
| Pb ($\mu g/m^3$) | | 0.5/연 | 1.5/3개월 | – | – | 0.5/연 | 0.5/연 |
| 벤젠 ($\mu g/m^3$) | 연 평균 (2010년 예정) | 5 | – | – | 3 | – | 5 |

## 2. 산업(환경)보건

산업보건은 미국산업위생학회(American Industrial Hygiene Association, AIHA)에서 근로자나 일반 대중에게 질병, 건강장해와 안녕방해, 심각한 불쾌감 및 능률저하를 초래하는 작업환경 요인과 스트레스를 예측, 인식, 평가하고 관리하는 과학이며 기술로 정의하고 있다. 일반 실내환경 및 대기환경과 산업보건의 주 대상인 산업장의 작업환경을 비교할 때 가장 먼저 거론되는 것은 노출기준이다. 일반적으로 작업환경 노출기준(Threshold Limit Value, TLV)은 일반 환경보다 더 높게 설정되어 있으며, 그 주요 이유는 다음과 같다(〈표 1-4〉 참조). 첫째, 노출시간이 작업환경인 하루 8시간으로 제한된 반면 일반 환경은 하루 24시간 동안 계속 노출된다. 둘째, 노출되는 인구집단의 크기 차이이다. 작업환경은 일하는 사람들(건강한 근로자)에게 국한된 반면, 일반 환경은 유아 및 노인을 포함한 다양한 연령과 건강상태를 가진 모든 사람이 유해물질에 노출될 수 있기 때문이다. 특히 유해 공기오염물질 발생원을 갖고 있는 작업환경의 실내공기질 농도는 매우 높을 수 있으며, 국소배기장치의 설치로 실내공기 오염물질을 실외 대기로 배출시키지만 일반적으로 실외공기 오염물질의 유입은 무시한다.

작업환경에서 고려할 곳 중 실내공기질과 연관되는 곳은 사무실이다. 사무실은 작업장(산업장)과 같이 유해화학물질을 사용하지 않는 근로자가 일하는 곳이다. 사무실 근로자도 일하는 실내환경 공기질에 의해 충분히 건강영향을 받을 수 있기 때문에 관심의 대상이 되고 있다. 미국의 산업안전보건청(Occupational Safety and Health Administration, OSHA)에서는 'Indoor Air Quality Standards'를 제안하였고, 캐나다 보건복지부의 "Indoor Air Quality in Office Building" 보고서에서는 사무실의 실내공기질 권고치를 기술하고 있다(Canada, 1995). 한국의 노동부에서는 사무실 실내공기질에 대해 미세먼지

**〈표 1-4〉 일반 환경과 작업 실내환경의 비교**

| | 일반 환경 | 작업 실내환경 |
|---|---|---|
| 인구집단 | 모든 사람 | 건강한 근로자 |
| 노출기간 | 168시간/1주인 모든 시간 | 40시간/1주인 주기적 시간 |
| 이동성 | 계속적인 이동 | 작업장에 국한 |
| 노출을 벗어날 수 있는 시간 | 매우 적은 시간 또는 거의 없음 | 주당 75% |
| 유해공기오염물질 수 | 많음 | 일반적으로 1~3 |
| 노출량 | 명확히 밝혀지지 않음 | 일반적으로 작업환경측정으로 측정 가능함 |

($PM_{10}$=150$\mu$g/$m^3$), CO(10ppm), $CO_2$(1000ppm), HCHO(0.1ppm) 등 9가지 공기오염물질을 규제하고 있다. 중요한 점은 일하는 근로자의 실내환경이기 때문에 여러 나라에서는 노동부에서 사무실 실내공기질을 관리하고 있지만, 사무실의 실내환경은 유해화학물질을 직접 취급하는 작업장과 비교하여 상대적으로 유해화학물질의 농도가 매우 낮기 때문에 작업환경 노출기준(TLVs)을 같이 적용할 수 없다는 것이다(Kukadia와 Palmer, 1998). 또한 대기환경기준을 적용하기엔 비교적 건강한 근로자란 차이가 있다.

사무실 실내공기는 실내환경의 하나로 일반국민을 대상으로 하는 것이 아니라 근로자 집단이 근무하는 곳이다. 2003년 취업자를 직업별로 살펴보면, 전문 · 기술 · 행정 관리직(177천 명, 4.2%)과 사무직(350천 명, 12.4%)을 제외한 다른 직업들은 감소한 것으로 나타났다. 이를 성별로 보면, 남녀 모두 서비스 · 판매직, 농업 및 어업숙련근로자, 기능 · 기계조작 · 단순노무직은 감소한 것으로 나타났으며, 남자는 사무직(350천 명, 12.4%), 여자는 전문 · 기술 · 행정 관리직(170천 명, 12.4%)의 증가가 두드러졌다. 이 결과는 사무실에서 근무하는 근로자가 계속적으로 증가하고 있으며, 사무실 실내공기오염의 중요성이 확대되고 있음을 알 수 있다(노동백서, 2004).

**<표 1-5> 직업별 취업자 추이** (단위: 천 명, %)

| 구 분 | '01년 | '02년 | '03년 | 증 감 | 전년대비 증감률 |
|---|---|---|---|---|---|
| 〈전 체〉 | 21,572 | 22,169 | 22,139 | −30 | −0.1 |
| · 전문, 기술, 행정 관리직 | 4,102 | 4,262 | 4,439 | 177 | 4.2 |
| · 사무직 | 2,671 | 2,822 | 3,172 | 350 | 12.4 |
| · 서비스, 판매직 | 5,656 | 5,796 | 5,570 | −226 | −3.9 |
| · 농업 및 어업 숙련 근로자 | 2,035 | 1,964 | 1,834 | −130 | −6.6 |
| · 기능, 기계조작, 단순 노무직 | 7,109 | 7,325 | 7,123 | −202 | −2.8 |

* 통계청, 『경제활동인구연보』(2003).

한편, 미국산업안전보건청은 빌딩증후군(SBS)의 영향을 받는 미국 근로자 수를 3~7천만 명으로 추정하고 있으며, WHO는 모든 형태의 새로운 시설 중 30%가 실내공기질의 문제임을 보고하였다. 즉, 사무실에서 작업하는 근로자의 경우 사무실 공기오염에 따른 다양한 건강장해가 유발될 수 있으므로, 사무실 환경의 실내공기질을 적절하게 유지 및 증진시키기 위한 규정의 제정이 필요함을 인식하여 국제노동기구(ILO)에서는 빌딩(상업용 및 사무용) 위생에 관한 협약을 제정하였고, 일본에서는 노동안전위생법 사무소위생기준규칙을 제정하였으며, 미국산업안전보건청에서는 실내공기질과 관련된 규정을 제안한 바 있다. 국내에서는 작업장 내 유해공기오염물질은 주요 산업보건 문제로 인식되어 이미 산업안전보건법 및 여러 정책으로 관리되고 있으나, 사무실을 포함한 실내공기질에 관해서는 최근 사회적 관심증가로 인하여 새롭게 부각되고 있다. 특히, 개정된 산업보건기준에 관한 규칙은 새로운 장의 신설 등 전면적인 개정작업을 추진하면서 사무실 종사 근로자의 건강보호를 위하여 '사무실 오염으로 인한 건강장해의 예방' 편을 신설하게 되었다.

반면 Schneider 등(1999)은 작업장과 사무실 작업환경의 차이점이 청정기술, 자동화 등으로 인해 물리적·화학적 노출에 따른 특징이 점점 줄어들고 있으며, 또한 직장과 주택도 인터넷 등 정보기술의 발달로 모든 장소에서 근로할 수 있는 조건 때문에 마찬가지로 특징이 줄어들고 있다고 주장하였다(〈표 1-6〉 참조). 즉, 사무실 근로형태는 21세기를 맞이하여 변화하는 경향을 보이고 있다. 대부분의 업무가 프로젝트 팀들에 의해 상호적으로 해결될 것이며, 사무실은 상호적 프로젝트에 대한 회의 및 대화를 보조할 수 있도록 건축될 것이다. 이런 변화경향은 사무실 실내환경을 변화시킬 것이며, 물리·화학·생물학적 실내공기질뿐만 아니라 조명, 음향, 악

**<표 1-6> 21세기 근로형태 변화**

| | 전통적 | 변화 경향 |
|---|---|---|
| 작업 형태 | -틀에 박힌 일상 업무<br>-개인적 할당 | -창조적인 업무<br>-그룹 및 프로젝트 팀 |
| 작업장 | -일방향<br>-한 종류 | -쌍방향(상호적)<br>-다른 업무에 대한 다른 종류 |
| 근로 | -9~17시간<br>-자신만의 워크스테이션 또는 사무실 | -계속적<br>-다른 또는 공유된 사무실 |
| 장소 할당 | -회사 내 위상을 중심으로 | -업무를 중심으로 |

취, 정신사회적 요인(psychosocial factor) 등이 함께 고려되어야 함을 나타낸다.

## 1.2 실내공기질 역사

인류의 기원은 지구상 열대지역에서 시작된다. 열대지역에서 추운 지역으로 이동을 가능하게 한 것은 의류, 은신처, 불의 사용이다. 원시시대의 인류는 동굴에서 불을 사용하여 난방과 취사를 가능하게 하였지만, 동굴 실내환경에서 연소에 의한 공기오염물질을 발생시킨 결과를 가져왔으며 동굴 자체에서 발생되는 라돈(radon)에 노출되었다고 할 수 있다(Sundell, 2004). 실제 이것이 현재까지 실내환경에서 환기가 필요한 이유라고 할 수 있다. 그리스의 Hippocrates (460-377 BC)는 사람이 많이 모여 사는 도시와 광산에서 오염된 공기의 악영향을 인식하고 있었으며, 환경과 질병에 관한 내용 및 오염된 공기에 의해서 질병이 전파된다는 장기설(Miasma theory)을 주장하였다. 『성경』에서도 습기문제를 갖고 있는 건물에서 생활하는 것은 건강에 위험하다고 지적하고 있다(Leviticus 14, 34-57). 중세를 지나 1700년 이탈리아의 의사인 Bernadino Ramazzini(1633-1714)는 『직업인의 질병(*De Morbis Artificum Diatriba*)』이란 저서에서 광부들의 규폐증을 병리학적 용어로 기술하였으며, 직업병의 원인을 작업장에서 사용하는 유해물질과 근로자들의 작업 자세라고 하였다. 1714년 Gauger는 만성적인 병은 건축물 내의 온도 불균형 및 환기 부족이라고 하였으며, 불량한 공기는 병의 확산뿐만 아니라 불쾌감을 야기시킨다고 하였다.

Lavoisier(1781)는 인간의 신진대사에서 산소($O_2$) 소비와 이산화탄소($CO_2$) 배출 사이의 정량적 연관성을 보고하였다. 이 결과는 $CO_2$ 농도가 실내환경의 공기질을 대표하는 지표(index)의 한 가지 방법으로 현재까지 이용되고 있다. 한편 뉴욕의 외과의사인 John Griscom은 "침실과 기숙사에서 다른 무엇보다 부족한 환기가 가장 치명적이다"라고 지적하며 청정 공기의 중요성을 강조하였다(Griscom, 1850). 독일의 Max Von Pettenkofer(1818-1901)는 1847년 뮌헨(Munich)에서 위생학(hygiene) 강좌를 개설함으로써 위생학을 확립하였고, 불량한 공기는 단순히 습도, 온도, $CO_2$나 $O_2$의 부족이 아니라 사람의 피부나 호흡을 통한 미량의 유기화학물질 때문이라고 지적하였다. 또한 그는 불량한 공기는 공기 그 자체가 사람을 병에 걸리게 하지는 못하지만 질병에 대한 면역기능을 약화시킨다고 하였다. Pettenkofer의 관점에서 $CO_2$는 그 자체가 중요한 것보다 인간의 호흡대사에 의한 다른 유해물질의 양을 나타내는 지표로 생각하였다(Sundell, 2007). 그는 $CO_2$ 농도가 1,000ppm 이상이면 사람이 호흡하기에 적당하지 않으며, 사람이 쾌적한 상태로 있기 위해서는 700ppm을 초과하지 않아야 한다고 주장하였다(Pettenkofer, 1858). 현재에도 실내공기질 전문가들은 충분히 환기된 실내환경의 기준으로 1,000ppm 그리고 침실에서는 700ppm을 초과하지 않도록 하고 있다.

Pettenkofer의 연구결과를 시작으로 1880년부터 1930년까지 인간

<그림 1-5> Why are people getting sick? $CO_2$?

으로부터 발생되는 독성 공기오염물질에 대한 다양한 연구가 수행되었다. 1936년 Yaglou 등은 환기량과 인간체취 발생의 연관성을 연구하여, 일반적으로 인간체취는 유해하지 않은 것으로 발표하였다. 하지만 민감한 사람들은 병리학적으로 영향 받을 수 있음을 지적하였다. 이와 같이 환기는 쾌적함의 주된 의문사항이었다. 1930년대에는 비작업환경에서 환기－실내공기질－건강영향 분야의 과학적 노력이 없었다. 단지 냄새와 열적 쾌적함이 환기 기준치를 설정하는 데 주된 요인이라 생각하였다.

실내공기질에 대한 환경적 이슈(issue)는 1960년경에 대두했다. 1962년 Rachel Carson의 '침묵의 봄(silent spring)'은 환경적 관점을 획기적으로 변화시켰다. 이 변화는 주로 산업장 등에서 외부로 배출된 유해 공기오염물질에 대한 인간 건강영향의 문제였다. 이 당시의 환경부 및 노동부에서는 작업환경 안전 및 건강영향이 주로 취급되었으며, 비작업환경의 실내공기질은 환경문제에 포함되어 있지 않았다. 1960년대 후반이 되어서 비로소 라돈 문제가 언급되었으며, 1970년대 후반에 주택 진드기, 빌딩증후군, 1980년 및 1990년대 동안 실내공기질 관련 알레르기가 과학적 의제로 나왔다. 특히 1970년대 미국의 대형 프로젝트인 'Six Cities' 연구에서의 공기오염물질에 대한 역학연구 결과를 살펴보면, 이산화질소($NO_2$)와 초등학교 연령의 아동에서 호흡기 질병과 연관하여 주된 혼란변수(confounding factor)가 주택 내 가스레인지와 전기레인지의 사용에 있었다. 이 결과는 실외 대기질에 대해 고정측정망에서 측정한 농도보다 주택 실내의 연소 도구에 의한 공기오염물질의 노출이 주된 건강영향 문제임을 제시한 중요한 전환점이라고 할 수 있다.

실내환경 노출에 따른 건강영향은 지역마다 다를 수 있다. 선진국에서 한 세기 전에 문제가 되었던 바이오매스(biomass) 연소는 지금 개발도상국 및 후진국에서 실내공기오염 및 심각한 건강문제가 되고 있다(Smith, 2003). WHO에서는 후진국의 환기가 되지 않는 취사 및 난방을 위한 바이오매스 연소는 지구 전체 질병의 4%를 차지하며 매년 2백만 명의 조기사망을 야기할 수 있는 것으로 추정하였다. 선진국에서는 취사도구(전기 또는 가스), 중앙난방, 새 빌딩, 가구류, 저환기량, 알레르기 증상 증가, SBS 등이 문제되고 있다. 선진국 중에서도 북유럽과 북미가 실내환경 노출에 따른 건강영향 연구를 많이 수행하였으며, 특히 실내공기질과 폐암, 알레르기, SBS 같은 고민감성 반응, 호흡기 질환, 복합화학물질 증후군에 대한 연구를 수행하였다. 실내공기 오염물질에서 폐암을 야기하는 라돈 및 환경성 담배연기뿐만 아니라 휘발성 유기화합물, 분진, 알레르겐, 각종 미생물에 초점을 두고 있다.

특히 천식과 알레르기는 선진국에서 지난 30년 동안 계속적으로 증가하고 있다. 이런 짧은 기간 동안의 증가는 유전학적 변화보다는 오히려 환경노출의 변화 때문인 것으로 인식되고 있다. 환경노출에서 실내공기질은 주된 노출환경이며 또한 지난 30−40년 동안 전 세계적 건축물의 증가를 고려할 때 실내환경의 변화가 특별히 주목을 받고 있다(Andersson 등, 1997; Schneider 등, 2003; van Odijk 등, 2003).

<그림 1-6> 개발도상국 및 후진국의 취사에 따른 실내공기오염(WHO, 2002)

## 1.3 한국의 실내공기

최근 국내에서는 실내공기질 또는 실내환경 관련 세미나 등의 학술대회가 빈번해지고 있다. 그 이유는 1970년대부터 야기된 에너지 절약형의 건축물 건설 및 유지에 대한 관심이 높아지면서 재실자에 대한 건강영향 및 그 원인규명에 대한 연구, 그리고 사회적 관심이 증대되었기 때문이다. 미국, 일본 등 선진국에서 1970년대 실내공기질의 문제점이 인식되어 본격적으로 연구가 진행되었으며, 국내에서는 1980년대 후반부터 시작되어 일부 주택, 사무실, 학교, 병원 등을 제외하고는 지하철 공기질이 사회적 주 관심사가 되어 지하환경 내의 오염 조사가 대부분을 차지하였다. 정부의 관계부처인 환경부에서는 1989년 '지하공간 환경기준 권고치', 1996년 '지하생활공간 공기질관리법', 2003년 '다중이용시설 등의 실내공기질 관리법'을 제정·시행하였다(환경부, 2004).

학계에서는 1980년부터 일부 대학을 중심으로 다양한 실내환경의 공기오염물질을 측정하였고, 현재는 각 대학의 환경 및 보건 관련 학과에서 실내공기질 분야를 연구하고 있으며 대학생을 대상으로 강의가 이루어지고 있다. 실내공기질 관련 학회로는 2003년 한국실내환경학회가 창립되었고, 한국환경보건학회, 한국대기환경학회, 한국산업위생학회, 한국입자에어로졸학회, 한국건축학회 등에서 실내공기질 관련 논문이 발표되고 있다. 연구소로는 한국건설기술연구원, 한국기계연구원, 생산기술연구원, 한국주택공사 등에서 실내공기질 관련 연구소를 설립하여 관련 분야를 연구하고 있으며, 국립환경과학원에 실내환경과가 설립되어 실내환경 정보를 제공하고 있다. 그리고 실내공기질 측정대행 업체는 2008년 1월 현재 전국적으로 55개사가 있다.

최근 주택 공급업체는 자연주택 또는 그린빌딩(green building) 등과 같이 주거환경 내에서의 건강에 대한 높은 관심을 보이고 있다. 국내의 주요 건설업체는 아파트 및 빌딩의 건설 시 실내공기질을 중요하게 고려하고 있다. 그리고 그린빌딩이란 에너지절약과 환경보전을 목표로 에너지부하 저감과 고효율설비, 자원재활용과 환경공해 저감기술 등을 적용하여 자연 친화적으로 설계·건설하고, 유지·관리한 후, 건물의 수명이 끝나 해체될 때까지도 환경에 대한 피해가 최소화되도록 계획된 건축물로 정의된다. 1992년도에 설립된 그린빌딩 관련 국제협의체(Green Building Challenge, GBC)에서 국제 공통의 그린빌딩 인증기관 개발 및 보급을 추진하고 있다. 그린빌딩 평가항목은 자원소비, 환경부하, 실내환경, 장기 내구성, 공정관리, 그린환경요소로 구성되어 있다. 그 중 '환경부하'는 대기($CO_2$, $SO_2$, NOx, 입자상물질) 오염물질, 고형폐기물, 생활하수, 기타 부하 등이며, '실내환경'은 공기환경, 온도환경, 시각환경, 음환경 등으로 구성되어 있다.

## 1.4 실내공기질 미래

현대인의 건강 또는 질병은 선천적 건강상태(유전 요인 등), 개인의 생활양식(식습관, 운동 상태, 음주, 흡연 등), 유해한 작업환경, 환경오염 등 다양한 요인에 의해 영향을 받는다. 특히 환경오염은 직접적 건강영향뿐만 아니라 질병의 유발 및 악화의 방아쇠 역할을 하기 때문에 문제가 된다. 환경오염에서 실내공기질 문제는 사람의 건강에 매우 중대한 영향을 미치며, 연구, 예방 및 문제해결 목적에서 기본적으로 여러 전문 분야가 관련되어 있다.

또한 환경오염(원인)과 건강영향(결과)이란 관계에서 직접적으로 연관된 학문이 역학(疫學, epidemiology)이다. 역학이란 어떤 인구 집단의 질병에 대한 빈도와 분포를 결정하는 요인을 연구하는 학문으로, 여기서 얻은 정보를 활용해서 질병을 예방하는 것이 목적이다. 과거 수십 년 동안 많은 환경역학 연구에서 환경오염에 의한 건강영향의 유의한 상관성을 제시하고 있다. 환경역학 연구에서 중요한 부분이 노출평가이며 환경오염물질 중 공기오염물질의 경우 인간이 노출되는 주요 국소환경은 실내환경이라고 할 수 있기 때문에 환경오염이 심화되어 가는 미래에도 실내환경 및 실내공기질 분야는 매우 중요하다고 할 수 있다.

실내공기질은 사람의 건강영향을 주는 수많은 요인 중 우선순위에서 그 중요도와 역할을 생각할 수 있다. 따라서 실내공기질의 미래는 이미 언급했듯이 사람의 실내 재실시간, 건축물 실내환경의 증가, 유해 공기오염물질, 건강에 대한 관심 등을 고려할 때 계속적으로 중요성과 역할이 증대될 것이다. 또한 실내공기질은 석유 등의 에너지 사용과 밀접한 관계를 보이고 있으며, 실내공기질 모델링, 실내공기오염의 공학적 제어를 주요한 연구 분야로 볼 수 있다. 실내공기질에 관련하여 미래에 중점적으로 연구 및 논의되어야 할 사항에 대해 Siefert(1996)가 제시한 것을 포함하여 기술하면 다음과 같다.

### 1. 실내환경

본문에서 실내공기질, 실내공기오염, 실내환경 등의 용어를 혼용했지만 미래의 실내공기질은 실내환경에 포함되는 것으로 생각해야 한다. 현대의 대부분의 건축물은 재실자가 실내공기질뿐만 아니라 냉난방의 온도, 습도, 기류, 조도 등의 조건이 쾌적한 상태를 느끼는 수용 가능한 환경이어야 하고 또한 건강에 영향을 주지 않아야 한다. 즉 실내공기질은 종합적 개념의 실내환경으로 전환되어야 한다.

### 2. 인식성 공기질

인식성 공기질(Perceived Air Quality, PAQ)이란 실제 사람이 느끼는 공기질로써 실내공기 오염물질뿐만 아니라 온도, 습도, 기류 등 실내환경의 기상상태를 모두 고려해야 한다(Hoppe 등, 1998). 현재에도 계속적으로 해결되지 못한 실내환경의 인식성 공기질을 어떻게 측정 또는 평가할 것인가? Fanger(1988)는 빌딩증후군 문제의 해결책으로 olf(공기오염물질의 발생원 강도를 평가하는 단위)/decipol(인식되는 공기오염의 정도를 평가하는 단위) 방법을 인식성 공기질로 제시하였지만 논란 속에 인정되지 못하였다. 인식성 공기질은 실내환경에서 단순한 주요 공기오염물질 측정의 한계점을 나타내는 것으로, 재실자가 실제 느끼는 인식성 공기질의 측정 및 평가를 어떻게 할 것인가를 제시하는 것이다.

### 3. 물리적, 화학적, 생물학적 인자

실내환경에서 물리적 및 화학적 유해인자의 평가 및 관리는 계속적으로 중요하며, 건강 및 보건 문제 특히 악취 및 어린이들의 호흡성 알레르기나 천식과 관련하여 생물학적 인자가 중요한 분야로 최근 관심을 받고 있다. 어린이들이 초기에 먼지 진드기에 고농도로 노출되면 천식 및 호흡성 질환의 영향을 받을 가능성이 높은 것으로 보고되고 있다. 그리고 미생물에서 발생되는 휘발성 유기화합물질은 빌딩증후군을 포함한 증상들에 작용할 수 있다.

### 4. 노출 및 생물학적 노출지표

과거, 현재, 미래에도 계속적으로 중요한 분야는 실제 노출(real exposure)을 정성 및 정량적으로 얼마만큼 정확히 측정 및 평가하느냐 하는 것이다. 현재까지 호흡기 근처의 개인노출 측정이 이용되고 있지만 다음의 한계점을 가지고 있다. 첫째, 호흡기에서만 측정하므로 피부나 소화기의 다른 경로 흡수는 반영하지 못한다. 둘째, 호흡기 주위에 있는 공기에서의 양이라고 하더라도 이들이 모두 호흡기로 흡수되어 영향을 미친다고 할 수 없기 때문에 보완 또는 더 정확한 노출평가로 생물학적 모니터링(biological monitoring)의 중요성이 증대되고 있다(Johnson 등, 2007). 생물학적 모니터링은 유해 공기오염물질에 노출된 사람의 생물학적 검체인 소변, 혈액, 변, 다른 인체조직이나 세포 등에서 화학물질의 내재용량(internal dose)을 측정하여 노출의 정도나 건강위험을 평가하는 것이다. 이런 정량적 노출 평가는 인간의 총 노출에서 실내환경 공기질의 기여도를 직접적으로 평가할 수 있을 것이다.

〈실내공기질관련 주요 Web-site〉

① 국내

– 한국실내환경학회(http://www.kosie.or.kr)
– 한국대기환경학회(http://www.kosae.or.kr)
– 한국산업위생학회(http://www.ksoeh.org)
– 대한설비공학회(http://www.sarek.or.kr)
– 국립환경과학원 실내환경정보센터(http://iaqinfo.org)
– 한국건설기술연구원 새집증후군 연구센터(http://iaenv.kict.re.kr)
– 한국공기청정협회(http://www.kaca.or.kr)
– 한국건자재시험연구원(http://www.kicm.re.kr)
– 한국산업안전공단(http://www.kosha.or.kr/index.jsp)

② 국외

– 미국환경청(http://www.epa.gov/iaq)
– 세계보건기구(http://www.who.int)
– 실내공기협회(http://www.iaqa.org)
– 국제실내공기환경학회(ISIAQ)(http://www.sisailmatieto.com/isiaq/default.html)
– 미국 공조학회(http://www.ashrae.org)
– 미국 그린빌딩협의회(http://www.usgbc.org)
– 영국 환경공학회(http://www.environmental.org.uk)
– 미국 국립산업안전보건연구원(http://www.cdc.gov/niosh/topics/

indoorenv)

–미국의 산업안전보건청(http://www.osha.gov)

–미국 국립보건원(http://www.nih.gov)

–소비자 제품 안전위원회(http://www.cpsc.gov)

–미국 캘리포니아 실내공기질 프로그램(http://www.cal-iaq.org)

–노르웨이 공기연구기관(http://www.nilu.no/index.cfm)

〈연습문제〉

1. 실내공기질의 중요성을 기술하라.
2. 세계보건기구(WHO)의 표어 'The Right to Healthy Indoor Air'의 내용을 기술하라.
3. Nazaroff와 Weschler가 유해폐기물 매립장 건설보다 실내공기질 개선이 더욱 중요하다고 주장한 근거는 무엇인가?
4. 실내환경과 대기환경 및 산업보건 분야의 유사점과 차이점을 기술하라.
5. 이산화탄소($CO_2$)가 실내공기질의 지표(index)로 이용되는 이유는 무엇인가?
6. 빌딩증후군(SBS)을 설명하라.
7. 실내공기질 및 실내공기오염과 관련된 학문 분야가 다양한 이유를 설명하라.
8. 인식성 공기질(Perceived Air Quality, PAQ)이란 무엇인가?
9. 지난 30년 동안 천식(asthma)과 알레르기 증가의 원인 중 한 가지가 실내공기질이라고 한다. 이런 가능성을 주장하는 이유는 무엇인가?
10. 환경역학 연구에서 실내공기질 분야가 중요한 이유를 설명하라.

# 제 2 장

# 공기의 특성과 성질

2.1 공기의 특성
2.2 측정단위
2.3 공기의 성질

# 제2장 공기의 특성과 성질

우리는 지구 대기를 구성하는 기체의 혼합물인 공기 중에서 살고 있다. 질소와 산소는 건조공기 상태에서 부피로 99% 이상을 차지하고 있다. 우리는 환경오염 중 대기오염이란 용어에 익숙하지만, 실내공기오염은 사람에게 더욱 유해한 건강영향을 줄 수 있기 때문에 대기 및 실내를 모두 포함한 공기오염이란 용어가 적절하다. 실내공기오염은 우선적으로 공기에 대한 성질과 특성을 이해하는 것이 중요하며, 공기는 여러 측면에서 전형적인 기체이고, 공기의 거동은 기체에 대한 이해로 설명이 가능하다.

## 2.1 공기의 특성

### 2.1.1 공기의 조성

우리는 공기의 주요 배경 성분으로 5가지를 고려할 수 있다. 현재 공기오염물질은 매우 저농도로 일반적으로 ppm(parts per million) 또는 그 이하이기 때문에 공기 중 배경 성분에 영향이 없는 것으로 생각할 수도 있다.

<표 2-1> 건조공기의 주요 성분

| 구성 | 분자량 | % | 질량농도 ($\mu g/m^3$) | 비고 |
|---|---|---|---|---|
| 질소($N_2$) | 28 | 78.09 | $8.95\times10^8$ | -화학적으로 안정 |
| 산소($O_2$) | 32 | 20.95 | $2.74\times10^8$ | -대부분의 실내환경에서 일정하며, 일부 연소에 의해 소멸 |
| 아르곤(Ar) | 40 | 0.93 | $1.52\times10^7$ | -완벽히 안정한 상태 |
| 이산화탄소($CO_2$) | 44 | 0.03 | $5.67\times10^5$ | -신진대사에서 발생되며 호흡시 실내환경에서 농도가 증가 |
| 네온(Ne) | 16 | 0.0028 | $1.49\times10^4$ | |

## 2.1.2 기체와 기체압력

용기 속에 기체를 넣어 둔다면 기체 분자는 모든 방향으로 활발한 운동을 하고 있기 때문에 용기벽에 충돌하여 힘을 주게 되는데, 이처럼 충돌에 의하여 용기벽의 단위 넓이에 작용하는 힘을 그 기체의 압력이라고 한다. 기름과 물 같은 액체와 달리 기체는 일반적으로 완전히 혼합되며 압축할 수 있다. 예를 들면 일정 크기의 용기에 기체를 넣고 외부에서 압력을 가하면 기체 부피는 비례해서 압축된다. 그러나 고체와 액체는 거의 압축되지 않으며 높은 압력을 가하여도 부피는 약간만 압축된다. 압력(Pressure, P)은 단위 면적(Area, A)에 가하는 힘(Force, F)으로 정의되며 식으로 표현하면 다음과 같다.

$$\text{압력}(P) = \frac{\text{힘}(F)}{\text{면적}(A)}$$

힘에 대한 SI 단위는 Newton(N)으로 1N=1kg · m/sec$^2$이다. 압

력의 SI 단위는 Pascal(Pa)로 $1Pa = 1N/m^2 = 1kg/m \cdot sec^2$이다. 지구 지표 위에 압력을 가하는 질량을 대기압이라 하며, 지표면에서 상층 대기권까지 연장한 $1m^2$의 공기 기둥은 약 10,300kg의 질량을 갖는다. 그리고 그것은 약 101,000Pa 대기압을 생성한다.

$$P = \frac{m \times a}{A} = \frac{10,300kg \times 9.8m/\sec^2}{1m^2} = 101,000Pa = 101kPa$$

과학 분야에서는 실제 Pascal보다 압력단위로 수은주 높이(mmHg)와 기압(atm)을 더 많이 사용한다. 수은주 높이는 기후와 기상 조건에 따라 변동될 수 있으나 해수면을 기준으로 표준 대기압은 760mmHg로 정의한다. 수은의 밀도(0°C, $1.3595 \times 10^4 kg/m^3$)와 중력가속도($9.8m/sec^2$)를 알면 높이 760mmHg 수은주에 대해서 가하는 압력을 계산할 수 있다. 따라서 1표준 대기압(1atm) 또는 760mmHg는 101,325Pa과 같다.

$$P = (0.76m)(1.3595 \times 10^4 kg/m^3)(9.8m/\sec^2) = 101,325Pa$$

1atm = 760mmHg = 101,325Pa

## 2.1.3 기체의 법칙

고체나 액체와 달리 서로 다른 기체는 그들의 화학적 구성과 관계없이 매우 유사한 물리적 거동을 나타낸다. 기체의 물리적 성질을 4가지 변수, 압력(P), 온도(T), 부피(V), 몰수(n)로 규정할 수 있으며, 이러한 4가지 변수 사이의 특정한 관계를 기체법칙이라 한다. 또한 이러한 법칙을 정확히 따르는 기체를 이상기체(ideal gas)라 한다.

### 1. 보일의 법칙(Boyle law)

외부에서 압력을 가해 압축하여 기체의 부피를 1/2로 감소시키면, 단위 시간당 충돌 횟수도 2배가 되므로 압력도 처음의 2배가 된다. 반대로 밖의 압력이 작아지면 팽창하여 부피가 증가하게 된다. 이상기체의 부피는 압력에 반비례한다. 즉 P와 V의 곱은 n과 T 값이 일정할 때 일정하다.

$V \propto \frac{1}{p}$ 또는 일정한 n과 T에서 PV=k(상수)

### 2. 샤를 법칙(Charles law)

일정한 압력에서 이상기체의 부피는 그 종류와 관계없이 절대온도에 정비례하여 증가한다는 법칙이다. 즉, 압력이 일정할 때 기체의 부피는 종류에 관계없이 온도가 1°C 올라갈 때마다 0°C일 때 부피의 1/273씩 증가한다는 것이다. 일정한 압력일 때 기체 분자의 운동은 온도가 높아짐에 따라 활발해져서 용기의 벽에 충돌하는 횟수가 증가하므로 부피가 커지게 된다.

$V \propto T$ 또는 일정한 n과 P에서 V/T=k

### 3. 아보가드로 법칙(Avogadro law)

일정 압력과 온도에서 이상기체 부피는 몰수에 의존, 즉 기체량이 절반이면 그 기체 부피는 절반이고 그 몰수를 두 배로 증가하면 부피도 두 배로 된다. 아보가드로 법칙은 같은 온도와 압력에서 같은 부피를 갖는 다른 기체들도 같은 몰수를 갖는다고 할 수 있다.

실험에 의하면 기체 1몰은 0°C, 1atm에서 22.4L 부피를 차지한다.

### 2.1.4 이상기체법칙

공기가 유체(fluid)라는 것을 고려하면 온도나 압력의 변화에 따라 부피와 밀도가 변화할 수 있다.

$$PV = nRT$$

여기서, P: 압력(atm), V: 부피(L), n: 기체가 점유하는 공간의 몰수, R: 기체상수, T: 온도

기체 1몰은 0°C(273K)와 1atm 압력에서 22.4L 부피를 차지하므로 기체상수 R은 0.082(L · atm)/(K · mol)이고 SI 단위로 8.314J/(K · mol)이다.

$$R = \frac{P \cdot V}{n \cdot T} = \frac{(1atm) \cdot (22.4L)}{(1mol) \cdot (273K)} = 0.082\frac{atm \cdot L}{mol \cdot K}$$

### 2.1.5 기체의 분자속도

기체의 거동을 설명할 때 분자 운동론(kinetic-molecular theory) 모델을 이용할 수 있다. 이 모델은 다음의 가정에 기반을 두고 있다. ① 원자나 분자처럼 작은 입자로 구성된 기체는 불규칙하게 운동한다, ② 입자 자체의 부피는 기체의 전체 부피에서 볼 때 무시할 정도로 작다, ③ 기체 입자는 서로 독립해서 행동한다, ④ 기체 입자들 사이에 또는 입자와 용기의 벽면에 대한 충돌은 완전 탄성이다, ⑤ 기체 입자의 평균 운동에너지는 절대온도에 비례한다.

분자 운동론의 중요한 결론은 온도와 분자의 운동에너지(EK) 관

<표 2-2> 가스 및 증기의 분자속도(@ 20°C)

| 가스 또는 증기 | 분자량 | 평균속도(cm/sec) |
|---|---|---|
| $H_2$ | 2 | 176,000 |
| $H_2O$ | 18 | 58,700 |
| Air | 28 | 46,300 |
| $CO_2$ | 44 | 37,600 |
| Hg | 201 | 17,600 |

계이다. 기체 입자 1mol의 운동에너지는 3RT/2와 같고 입자당 평균 운동에너지는 $3RT/2N_A$($N_A$는 아보가드로 수)로 나타낸다. 이 관계에서 기체 입자의 평균속도(v)를 계산할 수 있다.

$$E_K = \frac{3RT}{2N_A} = \frac{1}{2}mv^2$$

실온에서 헬륨 원자의 평균속도는 대략 1.3km/sec이며, 무거운 분자일수록 평균속도는 느리다.

### 2.1.6 가스와 증기

상온에서 가스는 기체이고 증기는 액체이다. 그러나 대부분의 액체는 증기압에 의해 증발하여 공기 중에 기체로도 존재하며, 공기 중 농도는 분압법칙에 의하여 결정된다. 이것은 돌턴의 부분압력 법칙(Dalton's law of partial pressure)으로 일정한 온도와 부피에서 순수한 기체의 압력은 혼합물 중 각 기체량에 비례한다. 다시 말해서 일정한 V와 T에서 용기 중 혼합기체에 의한 전체 압력은 각 기체들이 나타내는 압력의 합과 같다. 공기 중 오염물질 증기의 농도가 최고인 상태를 '포화상태'라 하며 고온의 공기는 저온의 공기보다 많은 양의 증기를 포함한다.

증기압(vapor pressure)은 액체 또는 고체에서 증발하는 압력으로 정의할 수 있으며, 증기장력(蒸氣張力)이라고도 한다. 액체 표면에서는 끊임없이 기체가 증발하는데, 밀폐된 용기의 경우 어느 한도에 이르면 증발이 일어나지 않고, 안에 있는 용액은 그 이상 줄어들지 않는다. 그 이유는 같은 시간 동안 증발하는 분자의 수와 액체 속으로 용해되는 기체 분자의 수가 같아져서 증발도 액화도 일어나지 않는 것처럼 보이는 동적 평형상태가 되기 때문이다. 이러한 상태에서는 물질이 2상 또는 3상으로 존재할 수 있으며 증기압은 어떤 물질이 기체, 즉 증기상태로 변환되려고 하는 경향을 나타내는 척도이며 일반적으로 온도에 따라 증가한다. 이 상태에 있을 때 증기가 나타내는 압력을 포화증기압이라 하고, 그때의 농도를 포화농도라고 한다. 액체의 표면에서 증기압이 대기압과 같게 되는 온도가 끓는점이 된다. 실내환경에서 물질의 증기압을 알면 포화농도를 계산함으로써 공간 중 존재하는 최대농도(또는 최악농도, worst case)를 추정할 수 있으며, 이것을 포화 증기압모델이라고 한다. 증기압과 포화농도와의 관계는 다음 식과 같다.

$$\text{공기 중 포화농도(ppm)} = \frac{\text{증기압}(mmHg)}{\text{대기압}(760mmHg)} \times 10^6$$

분압이 2.0mmHg인 물질이 표준상태의 공기 중에서 증발하여 도달할 수 있는 최고농도(용량농도)는 2.0/760으로 대략 0.3%(3,000ppm)이다. 물질의 증기압이 높으면 휘발성이 좋은 액체라고 할 수 있다. 휘발성은 액체 또는 고체가 기체상태로 변하기 쉬운 성질이다. 증기압은 액체의 증기 잠재력으로 측정되고 증기압이 높으면 휘발성이 더 높은 액체이며, 공기 중으로 휘발되어 흡입을 통해 인체에 영향을 줄 수 있게 된다. 증기압이 높은 물질은 증발이 잘 되어 공기 중에서 쉽게 높은 농도를 형성하기 때문에 국소환기장치의 설치 등을 통해 관리를 철저히 해야 한다. 또한 역학조사를 수행할 때 과거의 노출자료가 없을 경우 극단적인 노출수준을 추정하는 지표로도 활용할 수 있다.

### 2.1.7 평균자유행로

평균자유행로(mean free path)란 입자가 다른 입자와 충돌하는 순간부터 다음 충돌이 일어날 때까지 움직일 수 있는 거리로 정의하며, 입자가 평균자유행로만큼 나아가면 평균적으로 1회 충돌한다고 볼 수 있다. 가스의 평균자유행로 λ는 1초 동안 특정 분자의 평균 충돌 수(n)와 1초 동안 이동하는 평균 거리로 나타낼 수 있다.

$$\lambda = \frac{c}{n_Z}$$

이것은 시속 80km 차를 운전할 때 매시간 4번 충돌하면, 충돌 사이의 평균 거리는 20km인 것과 같다. 직경이 $d_m$인 한 분자가 직경 $2d_m$을 가진 파이프의 중앙선을 가로질러 가고 있으면, 이 분자는 파이프 중간으로부터 중심이 $d_m$ 이내에 있는 모든 분자와 충돌하며 $d_m$ 밖에 있는 분자와는 충돌하지 않는다. 만약 한 분자가 1cm의 거리를 이동한다면 그것은 $\pi d_m^2 \times 1$의 부피를 차지하며, 단위 부피 속 n개의 분자에 대하여 단위 cm당 분자의 충돌 수는 $\pi d_m^2 \times n$이고 평균자유행로는 그 역수인$(\pi d_m^2 \times n)^{-1}$이다. 만약 분자속도가 어떤 단일 값을 가지지 않고 Maxwell 이론에 따른다면 평균자유행로는 다음 식과 같이 $\sqrt{2}$를 포함하게 된다.

$$\lambda = \frac{1}{\sqrt{2}\, n\pi d_m^2}$$

이상기체의 경우 다음 식으로 나타낼 수 있다.

$$n = \frac{nN_A}{V} = \frac{nN_A}{nRT/P} = \frac{N_A P}{RT}$$

$$\lambda = \frac{RT}{\sqrt{2}\, N_A \pi d_m^2 P}$$

1atm, 20°C에서 공기의 평균자유행로는 0.066㎛이다. 평균자유행로는 가스 밀도에 의존하며, 밀도는 온도와 압력에 의존하기 때문에 온도증가에 따라 평균자유행로는 증가하며 압력의 증가에 따라 감소한다. 〈표 2-3〉과 〈그림 2-1〉은 공기분자와 0.1㎛ 입자상

**〈표 2-3〉 표준상태(STP)에서 공기분자의 특성**

| 거리 | 길이(㎛) | 분자직경의 비 |
|---|---|---|
| 분자직경 | 0.00037 | 1 |
| 대략적 분자공간 | 0.004 | 10 |
| 평균자유행로 | 0.066 | 180 |
| 0.1㎛ 입자상 물질 | 0.1 | 260 |

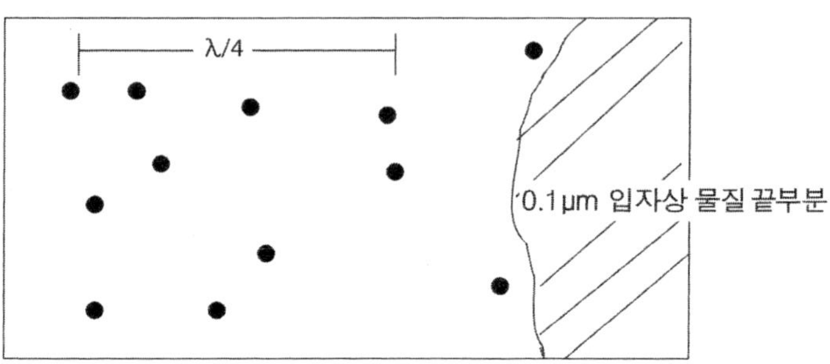


**〈그림 2-1〉 표준상태에서 공기분자의 상대적 크기 및 공간**

물질의 상대적 크기와 공간을 나타내고 있다.

## 2.2 측정단위

공기오염물질의 농도를 표기하는 가장 기본적인 방법은 오염물질의 함량을 오염물질이 함유되어 있는 매트릭스(matrix)의 부피로 나누어 준 $mg/m^3$, $\mu g/m^3$와 같이 질량대 부피의 비를 이용한 단위농도(unit-based concentration)로 표기하는 것이다. 그리고 이러한 개념과 다르게 ppm, ppb와 같이 부피 대 부피의 분율 또는 질량 대 질량의 분율을 이용한 무단위농도(unitless-based concentration)도 공기오염물질의 농도를 나타내는 데 중요한 수단으로 이용되고 있다.

### 2.2.1 단위농도

공기의 부피 중 어떤 공기오염물질의 질량으로 나타낸 것이 질량농도(mass)이다. 대부분의 일반적 단위는 $\mu g/m^3$이며 때로는 $ng/m^3$가 적절한 경우도 있다.

### 2.2.2 무단위농도

일정 부피에서 모든 종류의 몰수에 의한 부피 중 어떤 공기오염물질의 몰수의 부피이다. 일반적으로 %(parts per hundred, $10^{-2}$), ‰(parts per thousand, $10^{-3}$), ppm(parts per million, $10^{-6}$), ppb(parts per billion, $10^{-9}$), ppt(parts per trillion, $10^{-12}$)가 이용된다. 예를 들면, ① 부피비(volume ratio)$=1uL/1L=1mL/1m^3(1{,}000L=1m^3)$, ②

중량비(mass ratio)=1mg/1$\mu$g=1$\mu$g/g=1g/1ton(1ton=1,000kg)이다. 여기서 ppm의 개념을 쉽게 설명하면 우리에게 가장 친숙한 %와 비슷하다. 예를 들면 우리나라 전체 인구 중 여자가 차지하는 %는 (여자/전체인구×100=%)이다. 이것을 ppm으로 나타내면 (여자/전체인구×1,000,000=ppm)이다. 즉 ppm은 %와 비슷한 개념으로 공기 중 유해물질의 질량이 너무 낮기 때문에 만들어진 것이다. 실내환경의 공기오염물질 농도는 'ppm=(공기오염물질 부피×$10^6$)/(공기오염물질 부피+실내환경 체적)'으로 나타낼 수 있지만, 공기오염물질의 부피가 실내환경에 비해 상대적으로 너무 작기 때문에 'ppm=(공기오염물질 부피×$10^6$)/(실내환경 체적)'으로 나타내기도 한다. 예를 들어 실험실에서 20,000mL의 반응기에 염소가스 10mL를 주입시켰다면, 농도는 (10×$10^6$)/20,000≒500ppm이라고 할 수 있다.

### 2.2.3 농도변환

농도변환은 우선 공기오염물질이 이상기체의 법칙을 따르고, 온도와 기압은 일정한 상태를 유지한다고 가정한다. 이 전제조건을 이용하면 0°C, 1atm에서 다음과 같이 공기오염물질의 무단위농도를 단위농도로 변환하는 일이 가능하다.

$$ppm \times \frac{M.W.}{22.4} = mg/m^3$$

이 식에서 기체 1몰이 차지하는 부피는 온도와 압력에 영향을 받기 때문에 보정해 주어야 한다. 따라서 실내환경의 표준상태(25°C, 1atm)를 고려하면 기체 1몰이 차지하는 부피는 이상기체법칙에서 계산할 수 있다.

$$\frac{V}{n} = \frac{RT}{P} = \frac{0.082\frac{(atm)(L)}{(mol)(K)} \times 298K}{(1atm)} = 24.4L/mol$$

따라서 표준 실내환경에서의 농도변환은 다음과 같다.

$$ppm \times \frac{M.W.}{24.4} = mg/m^3 \text{ 또는 } ppm \times \frac{M.W.}{22.4 \times (\frac{25+273}{273})} = mg/m^3$$

입자상 물질의 농도는 가스상 물질과는 달리 용적 ppm이나 질량 ppm을 사용할 수 없는데, 이것은 서로 다른 두 개의 상(phase) 즉, 기체상에서 고체 또는 액체 입자로 되어 있기 때문이다. 따라서, 입자상 물질의 농도는 질량농도($\mu g/m^3$)로 나타내며, 개수농도(개/$m^3$) 또는 표면적농도($m^2/m^3$)로도 나타낼 수 있다.

## 2.3 공기의 성질

공기는 질소, 산소, 수증기, 아르곤, 이산화탄소, 기타 미량가스 및 먼지로 구성되어, 다른 물질과 같이 질량과 무게를 가지고 있다. 실내환경 공기질에서는 화학 및 대기환경의 표준상태(STP)인 0°C, 1atm과는 달리 25°C, 1atm(760mmHg)을 표준상태로 정하고 있다. 물질은 고체와 유체의 두 가지 상태로 존재하며, 유체는 액체와 기체로 나누어진다. 실내공기질을 이해함에 있어서 공기가 유체이기 때문에 유체역학의 기초를 공부하는 것은 중요하다.

그렇다면 굳이 액체와 기체를 유체로 특징지어 부르는 이유는 무엇일까? 그것은 바로 유체들이 공통적으로 나타내는 여러 특징들 때문이다. 유체역학에서는 고체와 유체를 다음과 같은 관점에서 분류함이 편리하다. 모든 물질은 외력을 받으면 변형한다. 그러므로 유체역학에서는 고체와 유체를 외부로부터 받는 외력(전단력)으로 야기되는 변형의 크기나 혹은 물질입자의 상대변위의 크기를 가지고 분류한다. 고체상태에 있는 물질은 큰 외력(전단력)에 대하여 비교적 작은 유한 변형을 한 후에 내력과 평형을 이룬 상태에서 정지한다. 그러나 유동상태에 있는 물질은 아무리 작은 힘이라 할지라도 외부로부터 전단력을 받으면 비교적 큰 변형을 일으키고 유체내부에 전단력이 작용되는 한은 변동을 계속한다. 유체의 운동을 설명하는 데는 유체의 밀도, 비체적, 비중, 비중량 등에 관한 설명이 필요하다.

### 2.3.1 유 체

유체흐름의 문제를 수학적으로 또는 해석적인 방법으로 해결하려고 할 때는 유체를 하나의 연결된 균질성 질량체로 보고 전체 유체분자의 운동으로 야기되는 효과의 평균을 거시적으로 다루는 것이 더 효과적이다. 이와 같은 유체모형을 연속체(continue)라 말한다. 유체를 연속체로서 취급할 수 있는 요인은 다음 2가지가 있다. 하나는 분자 간의 거리이다. 기체의 분자는 항상 무질서하게 운동(무작위 운동: random motion)하고 있으므로 분자 간 거리도 일정하지 않고 제멋대로 거리를 취한다. 분자 간 평균 거리 즉, 분자 간 충돌과 충돌 사이의 자유 경로의 통계적 평균치를 분자 평균자유경로(molecular mean free path)라 정의하고 평균자유행로(1atm, 0°C에서의 공기의 평균자유행로의 길이는 $10^{-5}$cm이다)를 가지고 분자밀도의 척도로 삼는다. 평균자유행로가 문제에 내포되고 있는 대표길이(밀도의 치수, 관의 지름 등)에 비하여 매우 작을 때(1% 미만) 기체는 연속체로 취급할 수 있다.

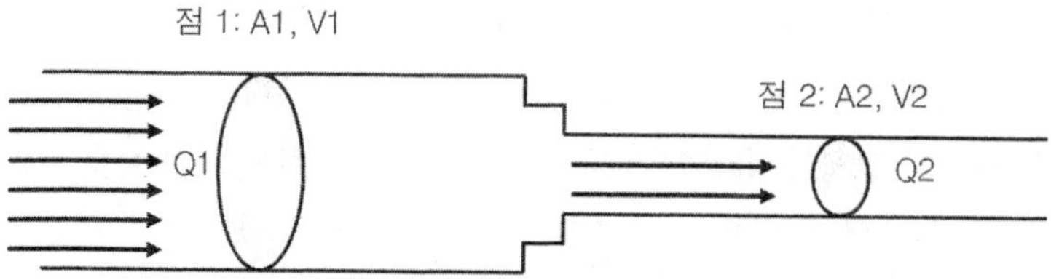


**〈그림 2-2〉 정상류의 단면적과 유속의 관계**

〈그림 2-2〉와 같이 유관(流管) 속을 유체가 정상적으로 흐르는 경우(정상류; steady flow: 유체가 운동할 때 속도, 압력, 밀도 등이 시간에 따라 변화하지 않는 경우) 단면 점 1 및 단면 점 2의 단면적과 유속을 각각 A1, V1 및 A2, V2라 하면, 점 1을 통과한 유체는 점 2도 통과해야 하므로 단위시간에 통과한 유량은 모든 단면에 대하여 같다.

$$Q = Q1 = Q2 = A1 \times V1 = A2 \times V2$$

여기서, Q: 공기유량($m^3$/sec), A: 유관 단면적($m^2$), V: 공기속도(m/sec)

유체에는 무게가 있고, 유체의 종류에 따라 그 무게는 서로 다르다. 〈그림 2-3〉과 같이 병 속에 물과 기름을 넣으면 기름의 무게는

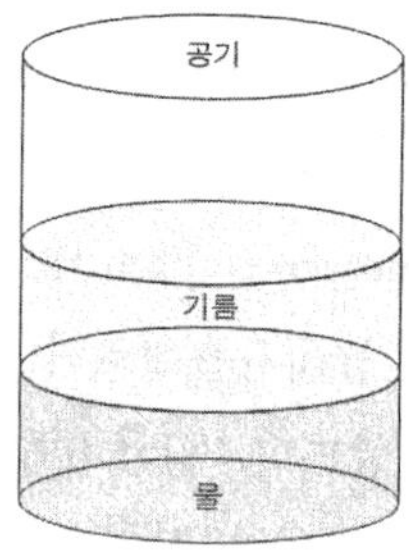


**〈그림 2-3〉 무거운 유체, 가벼운 유체**

일반적으로 물의 무게보다 가볍기 때문에 물 위에 기름이 뜨게 된다. 또한, 기름보다 공기의 무게가 가벼우므로 기름 위에 공기가 놓이게 된다. 일반적으로 액체는 기체보다 무겁다.

### 1. 밀도(density: ρ)

밀도는 단위체적당 유체의 질량으로 정의한다. SI 단위계에서 밀도의 단위는 $Kg/m^3$이며 1atm, 4°C 순수한 물의 밀도는 $1{,}000Kg/m^3$ $(=1g/cm^3)$이다. 온도와 압력은 액체의 밀도에 주는 영향이 그다지 크지 않기 때문에 거의 무시되지만, 기체에 주는 영향은 현저하기 때문에 고려해야 한다. 공기($N_2$와 $O_2$만 고려)의 평균분자량은 28g(79%)+32g(21%)≒29g, 기체 1몰이 차지하는 부피 24.4L(1atm, 25°C)에서 공기의 밀도는 다음과 같다.

$$\rho = \frac{M(29g)}{V(24.4L)} = 1.2g/L = 1.2kg/m^3$$

공기의 밀도는 온도와 압력에 따라 변한다. 즉, 더워지면 공기가 팽창하여 밀도가 작아지고, 또 위로 올라갈수록 압력이 낮아지므로 공기가 팽창하여 밀도가 작아진다. 다른 모든 조건이 일정할 경우 공기밀도는 절대온도와 반비례하며 압력에 정비례한다.

이상기체 상태방정식에서 n은 기체의 몰수로서 기체의 질량(M)을 그 기체의 평균분자량(m)으로 나눈 값이다. 이때 R은 이상기체 상수(universal gas constant)로서 모든 기체에 대하여 일정한 값을 가지며, 기체마다 고유한 기체상수(specific gas constant)인 Rs에 그 기체에 분자량(m)을 곱한 값과 같다. 따라서, PV=nRT는 PV=mRsT로 할 수 있으며, 이 식을 밀도에 관하여 정리하면 다음과 같다.

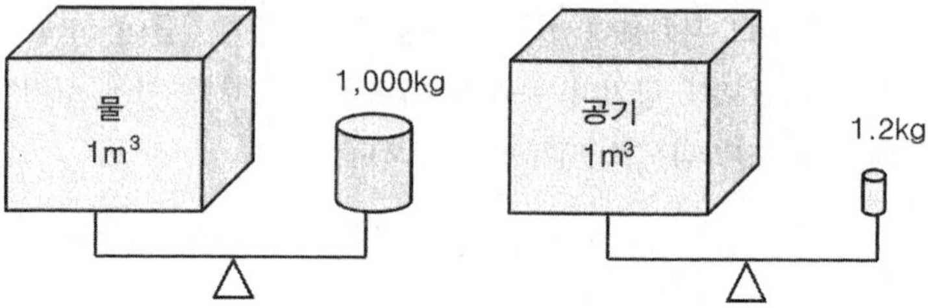


**〈그림 2-4〉 공기와 물의 밀도**

$$P = \rho RsT$$

이 식에서 밀도는 온도와 반비례하여 압력과는 비례하는 것을 알 수 있다. 따라서 온도와 압력은 공기의 밀도를 변화시킬 수 있다. 예를 들면 0°C, 1atm인 공기의 밀도는 대략 1.29kg/m$^3$이며, 이 상태에서 25°C, 700mmHg인 상태가 되면 공기의 밀도는 다음과 같이 계산된다.

$$\rho = 1.29 \times \frac{273}{273+25} \times \frac{700}{760} = 1.09kg/m^3$$

2. 비중(比重: specific gravity)

어느 온도에서 어떤 체적이 차지하는 물질의 밀도를 동일한 체적을 갖는 표준물질의 밀도로 나눈 비를 말한다. 비중은 무단위로 고체와 액체는 표준물질 4°C의 물을 채용(물의 밀도: 1,000kg/m$^3$ 또는 1g/cm$^3$)하며, 기체는 0°C, 1atm의 공기를 이용(공기의 밀도: 1.29kg/m$^3$)한다. 예를 들면, 이산화탄소($CO_2$)의 비중은 다음과 같이 계산할 수 있다.

$$Sg = \frac{\rho_{CO_2}}{\rho_{air}} = \frac{\frac{44g}{22.4L}}{\frac{29g}{22.4L}} = 1.5$$

따라서 가스나 증기 같은 기체의 비중은 '해당 기체의 질량' 대 '공기질량'의 비율로도 나타낼 수 있다.

### 3. 비중량(Specific weight)

비중량은 단위체적당 물체의 중량(重量)으로 정의되며, 비중량의 단위는 $N/m^3$ 또는 $Kg_f/m^3$로 표현된다. 비중량과 밀도(ρ) 사이에는 다음과 같은 관계가 성립된다.

$$비중량 = \rho g$$

따라서, 1atm, 4°C의 순수한 물의 비중량은 $9{,}800N/m^3$ 혹은 $1{,}000Kg_f/m^3$가 된다. 또 상온에서 1atm의 공기가 갖는 비중량은 $11.8N/m^3$ 혹은 $1.203Kg_f/m^3$이다.

### 4. 점성(粘性: viscosity)

중유와 물을 각각 손가락 끝에 조금씩 묻혀 비볐을 때 손가락 끝에 느껴지는 저항력은 물보다 중유 쪽이 크다. 이와 같이 유체에는 유동을 방해하려는 저항력이 있다. 유체가 흐르려 할 때, 분자간의 인력에 의해 유체상호의 유동을 방해하려는 저항력이 생기게 되는데, 이러한 성질을 점성이라고 한다. 점성이 큰 유체일수록 유동이 어렵다.

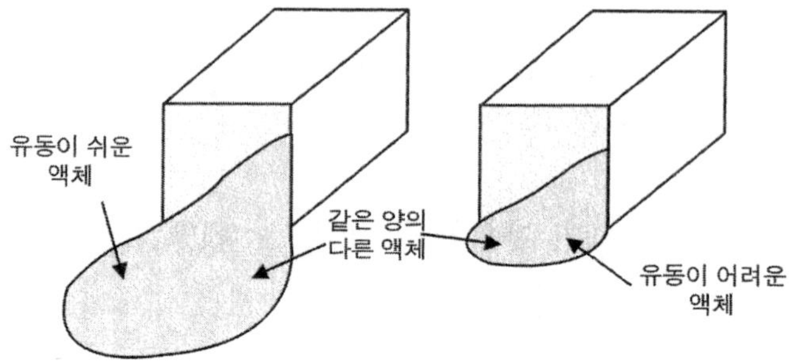


<그림 2-5> 점 성

운동하고 있는 유체 내부에 속도차가 있을 경우, 그 사이에 존재하는 유체입자들은 이 상대 속도에 저항하여 유체의 흐름을 균일한 속도로 만들려고 내부적으로 조절작용을 일으키게 된다. 이것은 면에 따라 마찰저항이 생기기 때문이다. 이 마찰저항은 전단응력(shearing force)으로서 이 작용을 내부마찰(internal friction)이라 하며, 이와 같은 작용을 생기게 하는 성질이 점성이다.

좀 더 이해하기 쉽게 설명하면, 유체가 흐르고 있는 경우 그 한 단면에 있어서의 유속은 각 지점에 있어 차이가 있다. 유속이 빠른 부분은 느린 부분을 전방으로 잡아당기는 작용을 하며, 유속이 느린 부분은 빠른 부분을 후방으로 잡아당기는 작용을 한다. 이와 같은 작용은 그 면에 따라서 마찰저항 즉 전단응력이 생기기 때문에 일어나는 것이다. 유체의 이러한 성질을 점성이라 한다.

① 두 개의 평행한 평판이 거리 y만큼 떨어져 있고, 두 평판 사이에 유체가 채워져 있다.

② 아래 평판: 고정, 위쪽 평판: 이동(F로 밀어서 일정한 속도 V를 가짐)

③ 이동평판은 u 속도, 아래 평판(고정) 유속=0.

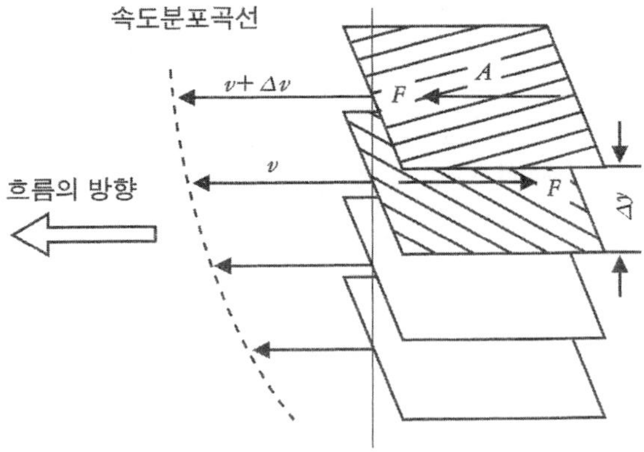


**<그림 2-6> 유체의 점성**

④ 두 평판 간의 거리 y와 이동판의 속도 u에서 유체의 속도구배(기울기)는 직선이 될 것이다.

⑤ 평판에 가해지는 힘 F는 평판의 접촉면 A와 유속 u에 비례할 것이고, 평판 간의 거리 y에 반비례할 것이다.

$$F \propto \frac{Au}{y} \propto A\frac{du}{dy}$$

⑥ 전단응력(단위 면적당의 힘) τ(tau)라 하면,

$$\tau \propto \frac{F}{A} \propto \frac{du}{dy}$$

⑦ 비례상수 $\mu$를 넣어,

$$\tau = \mu \cdot \frac{du}{dy}$$

여기서, $\mu$를 점성계수(coefficient of viscosity)라 한다. 점성계수의 단위

는 g/cm-sec(특수 단위로서 포아즈(poise)를 사용, 즉 1poise=1g/cm-sec).

⑧ 점성계수를 밀도(ρ)로 나눈 값을 동점성 계수(coefficient of kinematic viscosity)라 하고, 이것을 $\nu$라 한다.

$$\nu = \frac{\mu}{\rho}(\text{cm}^2/\text{sec} = \text{stokes라 한다})$$

## 5. 레이놀드 수

파이프(pipe) 또는 덕트(duct) 등의 유체 흐름을 특정지울 수 있는 것이 레이놀드 수(Reynolds number)이다. 레이놀드 수는 흐름 영역의 지표로 층류(laminar) 또는 난류(turbulent)를 결정할 수 있으며, 관성력과 점성력의 비(ratio)이다. 점성력(Fv)은 점성부분에서 설명했듯이 다음과 같다.

$$F_V(\text{점성력}) = \mu A \frac{du}{dy} \propto \mu L^2 \frac{du}{dL}$$

여기서, L은 유체요소의 어떤 길이이고 du/dy는 속도 경사이다. 관성력은 유체요소에서 모멘텀(momentum)의 변화율이다.

$$F_I(\text{관성력}) = ma = m\frac{d'u}{dt}$$

여기서 d'u/dt는 가속도이며, 이것은 2가지 요소로 시스템의 흐름의 변화로 생기는 가속도와 고 또는 저 점소 지역으로 유체흐름이 이동할 때 생기는 가속도의 합이다.

$$m\frac{d'u}{dt} = \frac{du}{dt} + u\frac{du}{dx}$$

여기서 오른쪽의 첫 번째 항은 정상상태의 흐름에서 '0'이다.

$$F_I = \rho L^3 u\frac{du}{dL}$$

따라서, 레이놀드 수(Re)는 다음과 같이 유도될 수 있다.

$$Re = \frac{F_I}{F_V} = \frac{\rho L^3 u}{\mu L^2} = \frac{\rho u L}{\mu}$$

여기서, ρ는 유체의 밀도이며, 유체와 다른 물질(예: 입자상 물질) 사이의 상대적 속도(V)는 u와 비례하며, 파이프(또는 덕트) 또는 입자상 물질의 직경 d는 L과 기하학적으로 같다. 따라서 Re는 다음과 같이 표현하는 것이 유용하다.

$$Re = \frac{\rho Vd}{\mu}$$

Re는 무차원이며, 주의할 점은 ρ가 유체의 밀도이며 입자상 물질의 밀도가 아니라는 것이다. 20°C에서 공기의 Re를 CGS 단위로 계산하면 다음과 같다.

$$Re = \frac{Vd}{0.15} = 6.6\,Vd$$

주의할 것은 d가 파이프(또는 덕트)의 직경이 될 수도 있고, 입자상 물질의 직경(particle Reynolds number)이 될 수 있다는 것이다. 입자상 물질의 층류는 Re<1일 때 발생되며 이때는 점성력이 관성력보다 클 때이다. 파이프(또는 덕트)에서 층류는 Re<1,160이며, 난류는 Re>3,000이다. 이것은 파이프에서의 직선적 흐름과 비교하여 입자상 물질 주위의 유체 흐름에서 관성력의 차이가 있기 때문이다.

## 2.3.2 입자상 물질

### 1. 입자상 물질의 종류

공기 중에 입자상 물질(Particulate Matter, PM)에 대한 용어는 실내환경, 대기환경, 산업보건 분야에서 조금씩 차이가 있지만 일반적으로 먼지(dust, 국어식)와 분진(粉塵, 한자식)을 사용하며, 서구에서 사용하는 에어로졸(aerosol)도 많이 사용한다. 위의 3가지 용어는 비슷한 의미로 사용되지만 가스(공기)상태의 매체에 부유하는 고체를 먼지 또는 분진으로 정의하며, 가스상태의 매체에 부유하는 고체나 액체의 입자(particle)를 통틀어 의미할 때는 에어로졸을 사용한다. 매체에 따라 부유하는 입자(고체, 액체, 기체)는 각각 다른 특성을 보인다(〈표 2-4〉 참조).

입자상 물질의 종류로는 먼지, 흄(훈연, fume), 매연(smoke), 미스트(mist), 스모그(smog), 섬유(fiber), 박무(haze), 검댕(soot) 등이 있다. 입자상 물질은 1차 및 2차로 구분할 수 있으며, 1차 입자는 연료의 연소나 물질의 파쇄, 선별 등의 기계적인 공정을 통해 배출되는데, 발생원에는 차량, 산업장 등의 인위적 발생과 해양, 토양, 황사 등의 자연적 발생원이 있다. 반면 2차 입자는 이산화황($SO_2$), 질소산화물($NO_x$), VOCs, HCl, $NH_3$ 등의 가스상 오염물질이 공기

**<표 2-4> 입자의 매체별 특성**

| 부유하는 매체 | 부유하는 입자의 종류 | | |
|---|---|---|---|
| | 기체 | 액체 | 고체 |
| 기체 | – | 안개, 미스트, 스프레이 | 흄, 먼지 |
| 액체 | 거품(foam) | 에멀션 | 현탁, 슬러리(slurry) |
| 고체 | 스펀지(sponge) | 겔(gel) | 합금 |

중에서 응축, 응결, 응집 등의 광화학(photochemical) 반응에 의해 새로운 입자(gas to particle conversion)를 형성하는 것이다. 그리고 단분산(monodisperse)과 다분산(polydisperse)으로도 구분할 수 있으며, 단분산은 동일한 크기의 입자상 물질이며 실험실용으로 주로 이용된다. 반면 다분산 입자상 물질은 입자의 크기가 폭넓게 분포되어 있다.

1) 먼지

고체물질의 파쇄, 선별, 퇴적, 이적, 분쇄, 연마, 마찰 등에 의하여 공기 중으로 분산되어 부유하는 고체입자를 말하며 입자의 크기는 1~100㎛ 정도이다. 공기 중으로 발생된 1차 먼지가 제거되지 않고 침강한 후 다시 비산(resuspension)하는 경우의 먼지를 2차 먼지라고도 한다.

2) 흄

흄은 금속이 용해되어 액상물질로 되고 이것이 가스상(증기상)으로 기화한 후 다시 응축 및 산화되어 생기는 고체입자이다. 흄은 특히 산업현장에서 철골가공물 등을 용접할 때 발생된다. 보통 입자의 크기는 0.03~0.5㎛ 정도로 먼지보다 훨씬 작기 때문에 폐포까지 쉽게 도달할 수 있어 보건학적으로 중요하다.

### 3) 미스트

상온에서 액체인 물질이 교반, 끓임, 버블링(bubbling)할 때 공기 중으로 발생되는 증기화라고 할 수 있으며 액체상태의 미립자이다. 일반적 미스트의 크기는 0.5~3.0㎛이다.

### 4) 스모그

Smoke와 fog의 혼합 용어로 광화학 반응에 의해서 생성된 가스의 응축과정에서 생성되는 것으로 대기오염물질을 광범위하게 적용할 때 사용된다.

### 5) 섬유

섬유는 공기 중에서 일정한 길이와 폭을 가진 형태의 고체로서 석면, 유리섬유를 의미한다. 섬유가 먼지와 구분되는 특징은 먼지의 지름보다 최소 3배 더 긴 길이를 가진 점이다.

### 6) 매연

불완전연소로 생성되는 미세입자로서 탄소와 기타 가연성 물질로 구성되어 있다.

## 2. 입자상 물질의 크기

입자의 크기는 입자상 물질의 행태를 특성지을 수 있는 중요한 요인이며, 사람의 호흡기 내로 침투하는 것과 연관되어 있기 때문에 더욱 중요하다. 실내환경 중 입자상 물질의 크기는 대략 0.001~100㎛이며, 〈그림 2-7〉은 다양한 입자상 물질의 크기 범위를 제시하고 있다(Morawska와 Salthammer, 2003; Owen 등, 1992).

입자상 물질의 크기를 나타낼 때에는 주로 직경이나 반경을 사

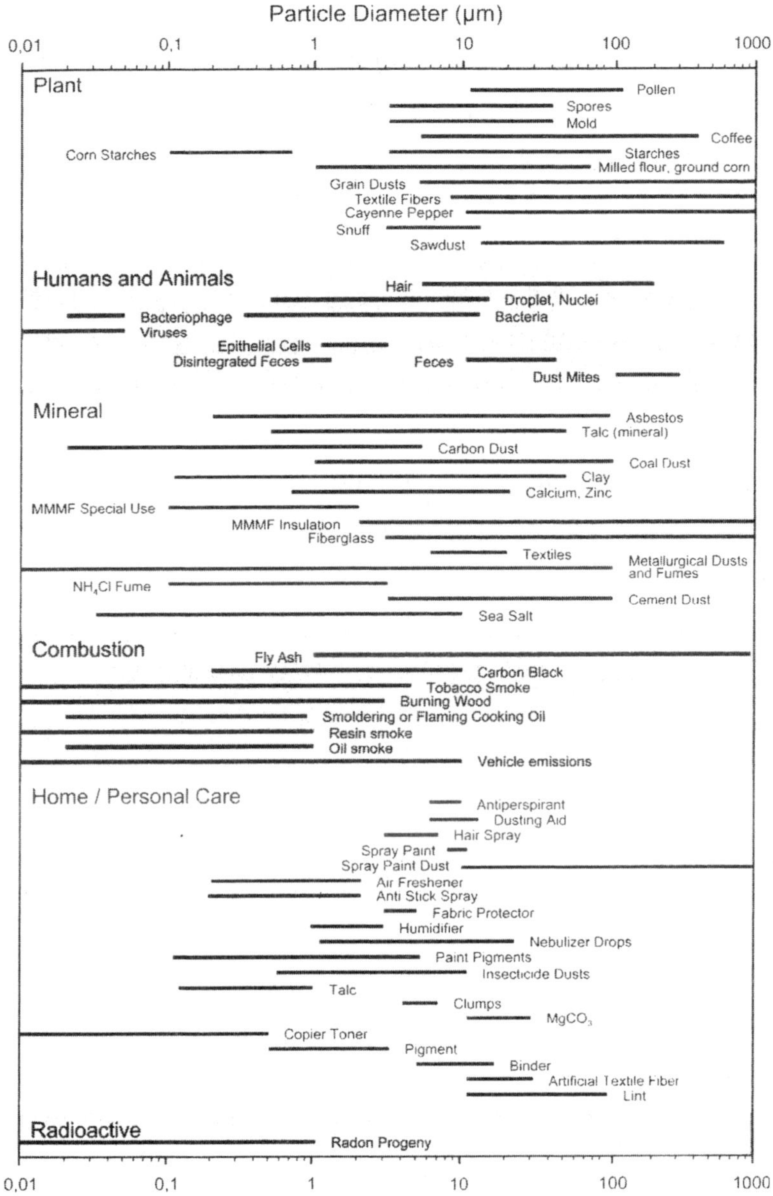


<그림 2-7> 실내환경 입자상 물질의 입자직경 분포

용하지만, 실제 실내환경 중 입자상 물질은 구형이 아닌 비정형의 여러 가지 형상으로 존재한다. 일반적으로 액체 입자는 거의 구형이지만, 고체 입자는 매우 다양한 형상이다. 입자상 물질의 크기를 결정할 때 물리적 직경 개념으로 Martin 직경, Feret 직경, 등면적 직경(projected area diameter)을 이용한다. 또한 입자상 물질의 역학적(dynamic) 특성, 즉 침강속도(settling velocity)에 의해 정의할 수 있으며, 현재 이 방법을 많이 이용하고 있다. 이 방법은 2가지로 구분되는데 공기역학적 직경(aerodynamic diameter, da)과 스토크스 직경(Stoke's diameter, ds)이다(〈그림 2-8〉 참조). 공기역학적 직경은 본래의 입자상 물질과 침강속도가 동일하며 밀도가 1g/cm$^3$(unit density)인 구형입자의 직경을 의미하며, 스토크스 직경은 본래의 입자상 물질과 밀도 및 침강속도가 동일한 구형입자의 직경을 말한다(Hinds, 1982). 〈그림 2-8〉에서 χ는 역학적 형상계수(dynamic shape factor)로 비구형 입자의 모양을 구형으로 가정하고 역학적 형상계수로 보정한 상당 직경으로 그 크기를 정의하고 있다.

$$\chi = \frac{F_D}{3\pi\mu V d_e}$$

여기서, $F_D$: 항력, $\mu$: 점성계수, V: 입자속도, $d_e$: 등가 부피직경.

입자직경에 따라 입자상 물질을 구분하면 입자크기가 2.5㎛인 것을 기준으로 한다. 입자크기가 2.5㎛~10㎛(또는 2.5㎛ 이상)인 것은 조대입자(거친, 거대, coarse particle), 2.5㎛ 이하인 것은 미세입자(fine particle), 0.1㎛ 이하인 것을 특히 극미세입자(ultra-fine particle)라고 한다. 대기환경에서는 $PM_{10}$과 $PM_{2.5}$, 실내환경에서는 $PM_{10}$, 작업환경에서는 호흡성 분진(RSP, 입자의 50%가 폐포에 침착될 수 있는 평균 입경이 4㎛)에 대한 기준이 있으나, 모든 환

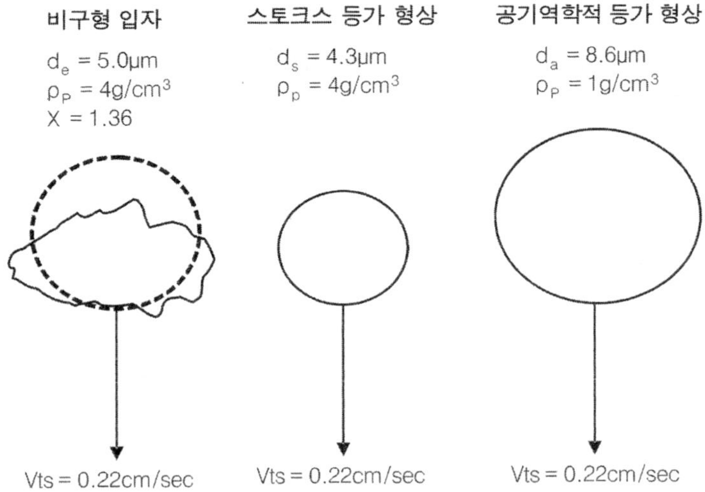


**<그림 2-8> 비구형 입자상 물질과 등가 형상**

경에서 가장 일반적으로 입자상 물질의 지표는 $PM_{10}$이라고 할 수 있다. $PM_{10}$은 공기역학적 입자직경이 10㎛ 이하의 크기로서 정의되며, 10㎛는 머리카락 두께의 1/7 정도이다.

1) 밀도 및 비중

입자상 물질의 밀도에 대한 정의는 유체 부분에서 언급한 개념과 같다. 단지 유체를 제외한 고체만을 고려할 때, 밀도는 2가지(진밀도와 겉보기 밀도)로 구분할 수 있다. 진밀도는 분진의 단위체적당 차지하는 질량(진밀도: true density)으로 정의되며, 겉보기 밀도(가밀도: bulk density)는 분진입자 그 자체의 체적(V)에 입자 내부의 공극(void space) 공간을 합한 전체적 공간(Vb)이다. 예를 들면 스모크나 흄 등의 입자는 마치 포도송이와 같은 응집구조를 가지고 있기 때문에 Vb>V이다. 공극률은 분진입자의 전체적 공간에 대하여 공극 공간이 차지하는 비율($ε=(Vb-V)/Vb×100(\%)$)로 정의한다. 따라서 겉보기 밀도=진밀도(1−ε)라 할 수 있다. 비중도 밀도와 마찬가지로 진비중과 겉보기 비중으로 구분할 수 있으며, 겉보기 비중은 Sb(겉보기 비중)=Sg(1−ε)이다. 겉보기 비중의 중요성을 설명하면 Sg/Sb>10일 경우, 즉 공극률이 높으면 재비산함이 쉽다는 것을 의미하기 때문에 사람이 노출될 가능성이 높다고 할 수 있다. 예를 들면 보일러용 미분탄의 경우 Sg/Sb>4이며, 타이어 제조에서 이용되는 카본블랙(carbon black)의 경우 Sg/Sb>76이다.

2) 입자의 비표면적

비표면적(specific surface area, Sv 또는 Sm)은 2가지로 정의할 수 있다. 첫째, 단위체적당 입자의 표면적(Sv, $m^2/m^3$), 둘째, 단위질량당 입자의 표면적(Sm, $m^2/g$)이다. 입자가 미세할수록 그 표면적은 증가하는데, 이를 정량화하는 것이 비표면적이다. 입자의 비표면적은 부착성을 설명하는데 이 값이 클수록 부착성이 커지게 된다. 분진의 입경과 비표면적은 반비례하는데 이것은 입자가 미세할수록 부착성, 예를 들면 각종 중금속 또는 미생물 등이 분진 표면적에 부착될 가능성이 커지게 됨을 의미하며, 공기정화장치의 집진장치 성능에도 중요한 영향을 미친다.

〈연습문제〉

1. 오일미스트가 직경 1cm의 덕트를 통하여 1.2L/min의 유속으로 이동하고 있다. 오일미스트의 직경은 2㎛이고, 덕트를 통하여 이동하면서 0.01cm/s의 침강속도를 보이고 있다. (1) 유체의 Re와 (2) 입자상 물질의 Re을 계산하라.

풀이)

(1) 덕트에서 유체의 유속(V)=Q/A이므로,

$$Q = \frac{1 \times 1200(L/\min)(cm^3/L)}{60\,s/\min} = 20cm^3/s$$

$$A = \frac{\pi d^2}{4} = \frac{\pi 1^2}{4} = 0.79cm^2$$

$$V = \frac{20cm^3/s}{0.79cm^2} = 25cm/s$$

Re=6.6Vd=6.6×25×1=170, 170은 2,000보다 적기 때문에 덕트에서 유체의 흐름은 층류라고 할 수 있다.

(2) 입자상 물질과 유체 사이의 상대속도(V)가 침강속도이며, 입자상 물질의 직경이 d다. 따라서 입자상 물질의 Re=6.6Vd에서 $6.6\times 0.01\times 2\times 10^{-4}=1.3\times 10^{-3}$은 1보다 작기 때문에 입자상 물질의 이동은 층류이다.

2. 직경이 dp인 구형입자에서 비표면적 Sv를 계산하라.

풀이) $S_V(\text{비표면적}) = \frac{\text{구형입자의 표면적}}{\text{구형입자의 체적}} = \frac{\pi d_p^2}{\pi d_p^3/6} = \frac{6}{d_p}(m^2/m^3)$

3. 1%는 몇 ppm인가?

풀이) $1\% = 10^4$ppm

4. 기온이 25°C이고, 760mmHg일 때, HCl의 농도 2ppm이라 한다. 이때의 농도를 $\mu g/m^3$으로 나타내라. (단, HCl의 분자량: 36.5)

풀이) $2\times\frac{36.5}{22.4\times\frac{(273+25)}{273}} = 2.985\ mg/m^3$ 따라서, $2.985\mu g/m^3$

5. 벤젠의 농도가 50°C, 2atm인 상태에서 2ppm일 때, 표준상태(1atm, 25°C)에서는 몇 ppm인가?

풀이) ppm(부피/부피)에서 온도(T)와 압력(P)의 변화는 분모와 분자 둘 다를 동시에 변화시키기 때문에, 표준상태에서도 같은 2ppm이다.

6. 일산화탄소의 농도가 25°C, 1.5atm인 상태에서 $20mg/m^3$일 때, 표준상태(1atm, 25°C)에서는 몇 $mg/m^3$?

풀이) 압력의 변화를 고려하면, $P_1V_1=P_2V_2$에서 $V_2$는 $1.5m^3$이다. 따라서, 질량은 보존되므로 똑같이 20mg이고, 부피는 $1m^3$를 1.5m로 대체하면 된다. 즉, $20mg/1.5m^3=13.3mg/m^3$.

7. 스티렌(styrene)의 농도가 5°C, 760mmHg인 상태에서 $30mg/m^3$일 때, 1atm, 21°C에서는 몇 $mg/m^3$인가?

풀이) 문제 6번과 마찬가지로, 온도의 변화를 고려하면 $V_1/T_1=V_2/T_2$에서 $V_2$는 $1.07m^3$이다. 따라서 $30mg/1.07m^3=28mg/m^3$.

8. 실내환경 표준상태에서 수은의 증기압은 0.0013mmHg이다. 공기 중 수은증기의 최고농도는 얼마인가?

풀이) $(0.0013/760)\times106=1.71ppm$

9. 표준상태에서 벤젠 2L가 모두 증발할 때 실내환경의 체적이 $10,000m^3$라면, 이 실내환경의 벤젠 농도는 얼마로 예측되는가? (단, 액상 벤젠의 분자량은 78.11이고 비중은 0.879, 실내외 환기량은 없는 것으로 가정)

풀이) 2L=2,000mL이므로, 벤젠 2L가 모두 증기화하면, $(2,000\times0.879\times24.1)/78.11=542.4L$. 따라서 실내환경의 농도는 $(0.5424m^3/10,000m^3)\times10^6=54.2ppm$

10. 공기역학적 직경(aerodynamic diameter, da)과 스토크스 직경(Stoke's diameter, ds)을 비교 설명하라.

제 3 장

# 실내공기질 주요 개념

# 제 3 장 실내공기질 주요 개념

국내·외에서 실내환경 공기질에 대한 관심의 증가는 사람들이 일상생활에서 직접적으로 접하는 문제이기 때문이다. 하지만 실내공기오염은 단순히 실내환경 공기질이 사람에게 건강영향을 주기 때문에 중요하다고 생각하는 것보다 환경 유해오염물질에 노출되어 건강 등의 영향을 받는 사람을 수용체(receptor, 사람)의 관점에서 고려할 때 가장 중요한 국소환경(microenvironment)이 실내환경이기 때문이라고 보는 것이다. 실내공기질의 근원적 관점은 환경 유해오염물질의 노출 그리고 노출에 따른 위해성으로 보아야 하며, 이것은 21세기 환경오염 관리가 수용체 중심의 환경관리임을 나타내는 것이다.

## 3.1 실내공기질과 노출평가

### 3.1.1 노출 개념

환경규제의 주된 목적은 환경 유해오염물질로부터 공중의 보건(건강)을 보호하는 것이다. 환경오염물질에 노출된 사람의 위해를 결정하는 것은 오염물질 발생원, 환경매체(공기, 물, 토양)에서 환경오염물질의 농도, 사람 노출 및 용량, 건강영향의 5가지로 나타낼 수 있다. 여기서 노출은 환경오염물질과 인간의 시각적 외부 경계(예: 입, 피부, 코 등)와 접촉하는 것으로 정의할 수 있다(Exposure is defined as contact of visible external physical boundaries with a chemical agent). 노출량(또는 용량, dose)은 환경오염물질에 노출되어 폐, 위 등에 유입되는 것이며, 노출경로는 호흡기(inhalation), 소화기(ingestion), 피부(dermal)이다.

## 1. 노출인자

노출인자(agents)는 사람에게 악영향을 야기하는 화학적, 물리적, 생물학적 존재를 말한다. 모든 인자가 사람에게 나쁜 영향을 주는 것은 아니며, 인자는 2가지 형태로 나타낼 수 있다. 첫째는 에너지 형태인 빛, 열, 소리, 전자파 등이며, 둘째는 질량 형태인 화학물질, 생물물질, 입자상 물질 등이다. 노출인자는 매체인 액체(물, 음용수), 가스(공기) 또는 고체(음식, 토양)를 통하여 사람에게 이동한다. 질량 형태는 단위 부피당 노출인자의 양으로 나타낼 수 있으며(mass/$m^3$), 에너지 형태는 단위 면적당 노출인자의 강도(intensity/$m^2$)로 표현한다.

## 2. 목적기관(target)

노출인자 목적기관의 예는 인간, 생물학적 기관, 건축물, 벽, 나무 등이다. 목적기관의 선택은 관심 노출인자에 의존한다. 예를 들면 CO의 사람 노출, 산성비의 건축물 노출, 살충제의 사람 노출, 소리의 청각 노출이다. 따라서 노출을 논의할 때는 노출인자와 목적기관을 명확히 정의하여야 한다.

## 3. 노출관련 주요 개념

### 1) 점노출(point exposure)

노출은 노출인자와 목적기관의 접촉으로 설명할 수 있다. 순간 점노출(instantaneous point exposure)은 단시간 동안 순간적으로 노출인자와 목적기관이 접촉하는 것이다.

### 2) 접촉경계(contact boundary) 및 접촉구역(contact zone)

접촉경계는 관심 목적기관의 최소한 하나의 노출점을 포함하는 표면적으로 정의할 수 있다. 사람 접촉의 위치 예는 피부의 표면적, 안구의 외부 표면적, 폐의 표면적을 포함한다. 접촉경계의 개념은 한 점에서의 접촉 농도는 다른 곳에서의 접촉 농도와 같지 않을 수 있다. 예를 들면 사람 피부에서 일정거리가 떨어진 한 점에서의 공간상 농도 $C_1(X_1, Y_1, Z_1, t)$는 피부 접촉경계에서의 농도 $C_2(X_2, Y_2, Z_2, t)$와 다를 수 있다. 접촉구역은 일정 기간에서 접촉

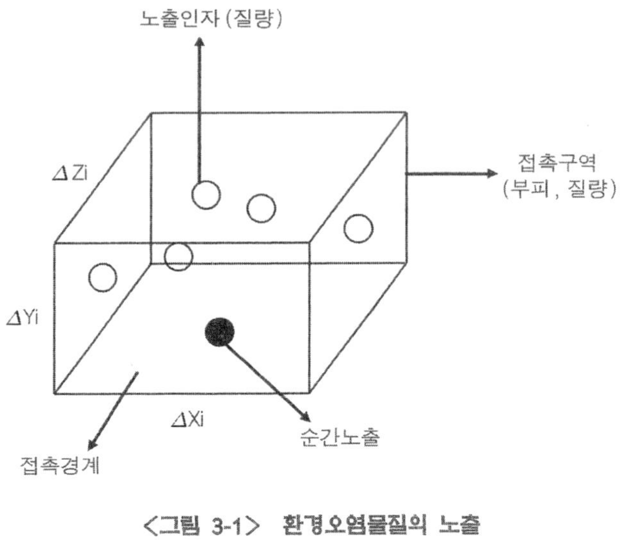


**<그림 3-1> 환경오염물질의 노출**

경계의 공간으로 정의한다.

3) 농도(concentration)

노출과 관련된 한 점에서의 농도는 다음과 같이 정의할 수 있다.

$$C(X_i, Y_i, Z_i, t) = \lim_{\Delta V_i \to 0} \frac{\Delta m_i}{\Delta V_i} = \frac{dm}{dV}$$

농도의 정의는 물리학의 밀도와 비슷한 정의를 보이고 있지만, 밀도는 순수한 공기, 액체 또는 토양을 의미하는 점에서 다르다. 노출은 순간노출(instant exposure), 평균노출(average exposure), 통합노출(integrated exposure)로 구분할 수 있다. 순간노출은 단기간(1초, 1분 등) 동안의 노출로 접촉구역의 매체 부피당 노출인자의 양으로 나타낼 수 있다(예: mg 노출인자/$m^3$ 공기). 평균노출은 일정시간(8시간, 24시간, 1개월 등) 동안 평균을 의미하며 통합노출에서 일정시간으로 나누어 주면 된다(예: ppm). 통합노출은 〈그림 3-2〉에서 순간노출 곡선의 적분으로 계산할 수 있다(예: ppm-hr). 예를

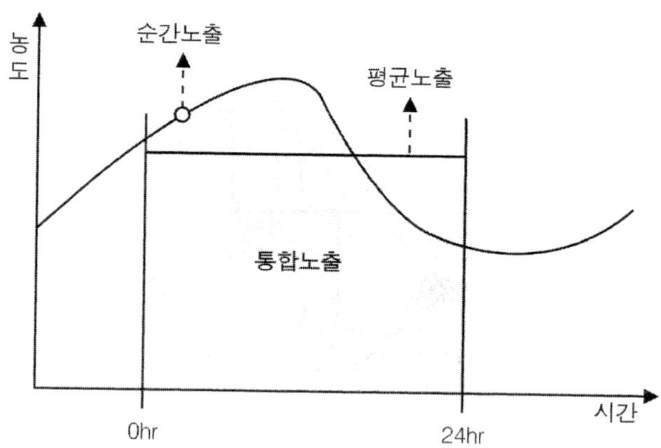


**〈그림 3-2〉 순간노출, 평균노출 및 통합노출**

들면 벤젠 1~2.5ppm의 농도로 40년 동안 노출되었다면 통합노출은 40~90ppm-years가 된다(Johnson 등 2007).

$$평균노출(X, Y, Z) = \frac{통합노출[\int_{t_1}^{t_2} C(Z, Y, Z, t)dt]}{t_2 - t_1}$$

노출의 개념을 좀 더 자세히 설명하면 다음과 같다.

(1) 농도

오염물질 종류에 따라 공간적 및 시간적으로 농도(ppb, $\mu g/m^3$)는 변할 수 있다.

(2) 노출

노출은 다음 식과 같이 일정시간 동안 평균 노출농도의 곱으로 나타낼 수 있다. 따라서 단위는 농도-시간단위(ppb-hr 또는 $\mu g/m^3$-hr)로 표현된다.

$$E(t_1, t_2) = \int_{t_1}^{t_2} C(t)dt$$

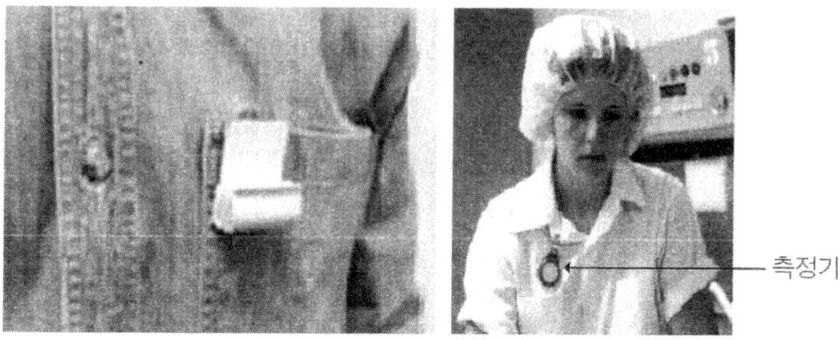


<그림 3-3> 개인노출 측정

여기서, E: 노출, C(t): 시간에 따른 농도, $t_1 \sim t_2$: 노출기간이다. 노출기간은 1일, 1주일, 1년이 될 수 있다.

개인노출 측정은 호흡기 근처(breathing zone, 호흡기에서 약 30 cm 이내)에서 공기오염물질을 채취 분석한 값으로 표현할 수 있다.

(3) 노출량(용량, dose)

호흡량을 고려하면 유입 노출량(presented dose)과 흡수 노출량(absorbed dose)으로 구분할 수 있다. 유입 노출량은 공기오염물질의 호흡기 유입(intake 또는 uptake)량을 의미하며, 흡수 노출량은 폐, 피부 등을 포함하여 실제 흡수된 양을 의미한다.

$$\text{유입 노출량 } D_p = \int_{t1}^{t2} B(t) \times C(t)dt$$

여기서 B는 호흡률(breathing rate)을 나타내며 따라서 $D_p$의 단위는 ㎍으로 나타낼 수 있다. 노출량은 일반적으로 하루당 체중당 오염물질의 양(㎍/kg/day)으로 표현한다(Macintosh 등, 1995).

$$\text{흡수 노출량 } D_a = \int_{t_1}^{t_2} f \times B(t) \times C(t)dt$$

여기서, f는 침착분율(deposited fraction) 또는 흡수분율(absorption fraction)이다.

따라서 호흡기를 통한 흡수 노출량을 하루당 체중당 오염물질의 양으로 표현하면 다음과 같다.

$$D_a = \frac{E_{ij} \times I_{ij} \times A_l}{W_i}$$

여기서, $D_a$: 국소환경에서 개인 i의 흡수 노출량(μg/kg/day), $E_{ij}$: 국소환경 j에서 개인 i의 노출(μg/m³)), $I_{ij}$: 국소환경 j에서 개인 i의 호흡률(m³/day), $A_l$: 폐의 흡수분율(무단위), $W_i$: 개인 i의 체중(kg).

그리고 소화기를 통한 노출은 수돗물(또는 음식물)에 함유된 벤젠의 노출을 생각할 수 있다. 호흡기와 마찬가지로 소화기의 노출은 다음과 같다.

$$D_{iw} = \frac{C_{iw} \times I_{iw} \times A_g}{W_i}$$

여기서, $D_{iw}$: 개인 i가 수돗물의 벤젠으로 인한 흡수 노출량, $C_{iw}$: 개인 i가 수돗물의 소화기로 유입되는 농도, $I_{iw}$: 개인 i의 수돗물 소화율(L/day), $A_g$: 위장관으로 벤젠의 흡수분율(무단위)

피부를 통한 노출은 목욕 등으로 인한 벤젠의 피부노출을 생각할 수 있다.

$$D_{id} = \frac{C_{id} \times A_d \times SA_i \times t_i \times U}{W_i}$$

여기서, $D_{id}$: 개인 i의 피부 흡수 노출량, $C_{id}$: 개인 i가 피부로 유입되는 농도, $SA_i$: 개인 i의 피부 표면적(m²), $A_d$: 피부를 통한 벤젠의 흡수율(cm/hr), $t_i$: 노출기간(hr), U: 단위환산계수

### 3.1.2 노출평가

노출평가(exposure assessment)는 유해인자의 발생원에서 수용체(인간)의 실제 또는 잠재적 노출 정도를 평가하는 중요한 분석적 도구이기 때문에 건강 위해성 평가와 역학연구에서 필수적이다. 노출평

가 방법은 직접 및 간접적 방법으로 수행될 수 있다(Nieuwenhuijen, 2003; Nieuwenhuijsen 등, 2006; 〈그림 3-5〉 참조).

직접적 방법 중 생물학적 모니터링(biological monitoring)은 유해 환경오염물질에 노출된 사람의 생물학적 검체인 소변, 혈액, 변 등에서 유해인자의 내재용량(internal dose)을 측정하여 노출 정도나 건강위험을 평가하는 것으로, 모든 노출경로(호흡기, 소화기, 피부)에 의한 통합적 노출을 제공한다. 약물 동력학(Physiologically based pharmacokinetic, PBPK)은 생체에서 일어나는 약물(환경오염물질)의 이동현상, 즉 약물의 분포, 대사, 흡수 배설에 관하여 속도론적으로 규명하는 것이다. 개인노출은 호흡기 근처의 측정이며 용량 모델에 적용될 수 있다. 생물학적 모니터링과 관련하여 최근 중요한 노출 지표로 생체지표(biomarker)가 이용되며, 생체지표는 외부인자(오염물질)와 목적기관의 세포 또는 분자의 반응물 또는 대사체로 정의된다. 주요 공기오염물질의 생체지표를 〈표 3-1〉에 나타내었다.

**〈표 3-1〉 주요 휘발성 유기화합물의 생체지표**

| VOCs | 생체지표(Biomarker) |
|---|---|
| 벤젠(benzene) | -Whole blood 중 benzene<br>-요 중 phenol<br>-요 중 muconic acid<br>-요 중 s-phenylmercapturic acid |
| 톨루엔(toluene) | -Whole blood 중 toluene<br>-요 중 hippuric acid |
| 에틸벤젠(ethyl benzene) | -Whole blood 중 ethyl benzene<br>-요 중 mandelic acid<br>-요 중 phenylglyoxylic acids |
| 자일렌(xylene) | -Whole blood 중 xylene<br>-요 중 methyl hippuric acid |
| 스티렌(styrene) | -Whole blood 중 styrene<br>-요 중 mandelic acid |
| 부타디엔(1,3-butadiene) | -Whole blood 중 butadiene<br>-Hemoglobin adducts |

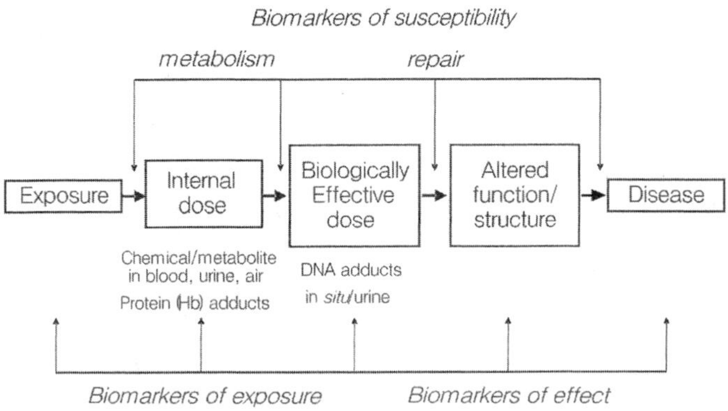


**<그림 3-4> 위해성 평가에서 노출, 생체지표, 질병의 연속적 관계 (Manini et al., 2007)**

개인노출은 대상 공기오염물질이 흡수되는 사람 신체 부위에 측정기를 부착하고 그 부근에서 양이나 강도를 측정하여 노출되는 양이나 강도로 가정하는 것이다. 예를 들면, 공기오염물질은 호흡기로 흡입되므로 호흡기 주변 30cm 이내에 측정기를 착용하고 채취하면 된다. 개인노출의 한계점은 호흡기에서만 측정하므로 다른 노출경로인 피부나 소화기의 흡수는 반영하지 못하며, 호흡기 주위에 있는 공기에서의 양이라고 할지라도 이들이 모두 호흡기로 흡수된다고 볼 수 없다. 간접적 방법은 환경 모니터링 및 모델링 그리고 설문지를 이용한다.

노출평가 접근에서 중요한 점은 직접적 방법이 간접적 방법보다 우선시되며, 직접적 방법 중 생물학적 모니터링과 개인노출은 각기 장단점이 있기 때문에 상호보완적이라는 것이다(Manini 등, 2007). 예를 들면 개인노출과 생물학적 모니터링의 동시 측정은 노출경로를 명확히 하는 데 도움을 줄 수 있으며, 개인노출 농도가 매우 낮다면 굳이 생물학적 모니터링을 할 필요가 없다고 할 수 있다. 즉, 개인노출과 생물학적 모니터링은 보완적으로 서로 적용될 수 있다

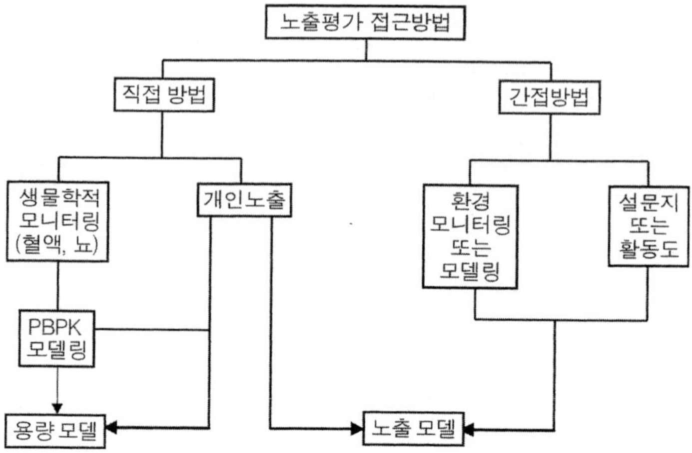


**<그림 3-5> 노출평가 접근방법**

**<표 3-2> 생물학적 노출(모니터링) 및 개인노출 비교**

| | 생물학적 노출 | 개인노출 |
|---|---|---|
| Aimed at quantifying | Dose | External exposure |
| Reference | BEI, BAT | TLV, MAK, OEL |
| Absorption | All routes | Inhalation only |
| Confounding | Metabolic phenotype | Protection devices |
| Cost | Usually high | Usually low |
| Standardization | Difficult | Easy |
| Interpretation | Difficult | Easy |
| Measurement | Biomarkers | Direct |
| Ethical issues | Possibly important | None |
| Variability | High | Usually low |

* BEI: biological exposure index, BAT: biologischer Arbeitsstoff-Toleranz Wert, TLV: threshold limit value, MAK: maximale arbeitsplatz-konzentration, OEL: occupational exposure limit.

(Maroni 등, 1999).

유해 환경오염물질의 노출은 직접적으로 건강위해를 야기할 수 있다. 사람은 공기, 음용수, 음식, 토양 등의 발생원에서 매체(공기, 물, 토양)를 통하여 이동된 유해물질에 노출될 수 있으며 호흡기,

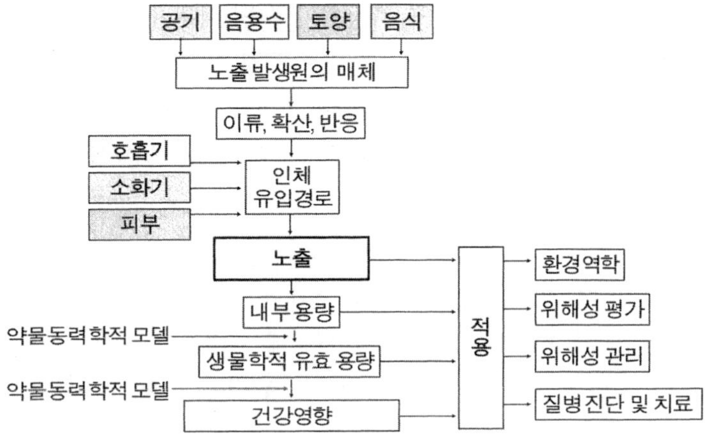


**<그림 3-6> 노출평가 및 그 적용**

소화기, 피부를 통해 인체에 유입된다(〈그림 3-6〉 참조). 유해물질 노출에 따른 건강영향은 환경역학, 위해성평가, 질병진단 및 치료를 통해 적용된다. 그만큼 유해물질의 노출평가는 건강위해성 관점에서 매우 중요하다.

### 3.1.3 실내공기질의 노출

유해 환경오염물질의 사람 노출은 직접적으로 건강영향의 위해를 가져올 수 있기 때문에 그 중요성이 매우 높다(Spengler와 Soczek, 1984). 사람은 일반적으로 한 장소에 머물지 않고 계속적 또는 주기적으로 이동하며, 각 개별 장소에서 국소환경의 유해 공기오염물질 농도가 같지 않기 때문에 총인간노출(total human exposure)의 개념을 도입하게 되었다(Ott, 1985). Edwards 등(2001)은 성인 2,523명을 대상으로 48시간 동안 호흡기 근처에서 VOCs 개인노출(2일 동안의 총노출)을 측정하였고, 동시에 48시간 동안 주택 실내, 주택 실외,

직장(사무실) 실내의 VOCs를 측정하여 주택 실내와 직장 실내의 공기질이 개인노출에 대부분 기여한 것으로 보고하였다. 이 결과는 국소환경 중 주택 실내와 직장 실내에서 보내는 시간이 많기 때문이다. 국내에서 수행된 VOCs 노출 연구에서도 주택 및 직장 실내의 공기질이 근로자 개인노출에 대부분 기여하였다(김영희, 2007). 반면 이 연구에 참여한 근로자는 사무실이 아닌 산업장 근로자였기 때문에 직장 실내에서 근로한 시간이 주택 실내에서 보낸 시간보다 적었지만 산업장에서 발생되는 유기용제 때문에 기여도가 훨씬 높았다.

환경, 생태계 및 인간 건강의 통합적 관점에서 오염된 환경으로 인한 "유해 환경오염물질 노출에 따른 건강영향을 어떻게 이해하고 확인할 것인가?" 즉, 환경 및 보건은 전 세계적으로 중요한 의제이다. 유럽의 경우 환경 및 보건 전략으로 2004년 위원회를 조직하여 실내공기질을 포함한 13개 실행계획을 진행하고 있다(Kotzias, 2005). 실행계획의 첫 번째 접근방법으로 실내공기오염과 인간의 노출 사이의 관련성을 평가하기 위하여 주택의 실내·외 공기질 측정, 개인노출평가, 직장 노출, 실내공기 오염물질의 발생강도 등을 연구하고 있다(Indoor Air Monitoring and Exposure Assessment Study, AIRMEX project).

한편 미국 환경청은 1980년대 총노출평가(Total Exposure Assessment Measurement, TEAM) 연구에서 10개 도시 백만 거주 지역을 대표하는 1,000명 이상의 사람에 대해 유기화학물질의 실내 및 실외 농도를 포함한 개인노출을 측정하였다. Wallace(1991)는 TEAM 연구에서 유해화학물질의 개인노출 농도를 가지고 위해도를 분석한 결과 실내공기오염이 모든 환경문제 중에서 공중보건에 가장 큰 위협 중 하나임을 보고하였다.

유해 환경오염물질 노출의 주요 국소환경은 실내환경이며, 실내공기질은 인간 노출과 관련하여 가장 중요한 요인 중 하나이다. 결

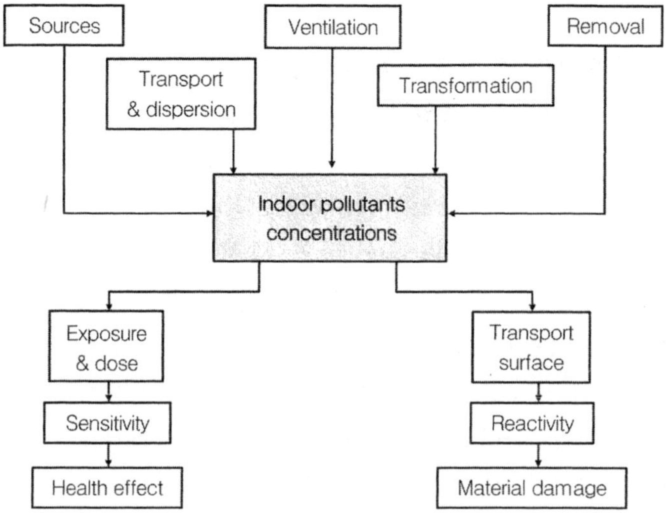


**〈그림 3-7〉 실내공기질의 개념적 틀**

론적으로 실내공기질은 환경 및 보건 개념에서 유해물질의 노출·위해의 중요 영역으로 생각할 수 있다. 〈그림 3-7〉은 실내공기질의 개념적 틀로서 실내환경의 공기질 농도에 영향을 주는 주요 요인은 발생원(sources), 제거(removal), 환기량(ventilation)이며, 실내공기질은 직접적으로 재실자의 건강영향뿐만 아니라 물질손상을 일으킨다는 사실을 보여 준다.

## 3.2 실내공기와 수용체

### 3.2.1 개 요

2007년 『환경백서』에 의하면 "환경관리 측면에서 기존의 매체중심 환경정책으로는 새로운 환경오염 추세와 국민들의 기대에 효과적으로 대처하는 데 한계가 있으므로, 수용체인 국민 건강과 생태계 보호에 중점을 둔 통합적, 사전예방적인 환경보건 정책으로의 전환이 필요하다"라고 언급하면서 수용체 중심의 환경보건정책을 제시하였다. 여기서 수용체란 오염물질을 감지할 수 있는 장소, 그 장소에 설치된 감지장치(sensor) 또는 측정장치로서, 사람의 감각 역시 정량적인 것은 아니나 감지장치이며 수용체가 된다. 좀 더 정확하게 수용체는 환경오염물질에 노출되는 사람을 의미하여, 수용체 중심의 환경관리란 환경오염물질에 노출되어 건강영향을 받는 사람 중심의 환경관리를 의미한다. 수용체 중심의 환경관리는 사람이 많은 시간을 보내는 장소인 실내환경의 공기질과 직접적으로 관련된다(Palmgern 등, 2003). 수용체 중심의 환경보건 정책은 실내환경 공기질의 중요성을 더욱 강조하게 되었다.

### 3.2.2 수용체 모델

수용체는 오염발생원과 상반되는 개념으로 사용되고 있다(Gordon, 1988). 수용모델은 대기오염 배출원이 주변지역에 미치는 영향 또는 기여도를 응용통계학적으로 추정하는 학문이다. 수용모델의 응용은 가스상 및 입자상 대기오염원의 기여도 파악, 가시도에 영향을 미치는 오염원의 정량적 파악, 지하수 오염원의 정량적 파악 등으로 다양하며, 환경과학 전반에서 이루어지고 있다. 특히 수용체인 사람의 실내공기와 관련된 노출평가에 이용될 수 있다.

산업장 등에서 발생된 입자상 공기오염물질을 고려하면, 입자상 공기오염물질은 x, y, z라는 3개 변수를 사용하면 대기 중 공간상에서 위치가 결정된다. 이 입자상 공기오염물질이 바람에 의해 이동(이류), 확산, 반응한다면, 시간 t를 포함한 4개의 변수로 입자상

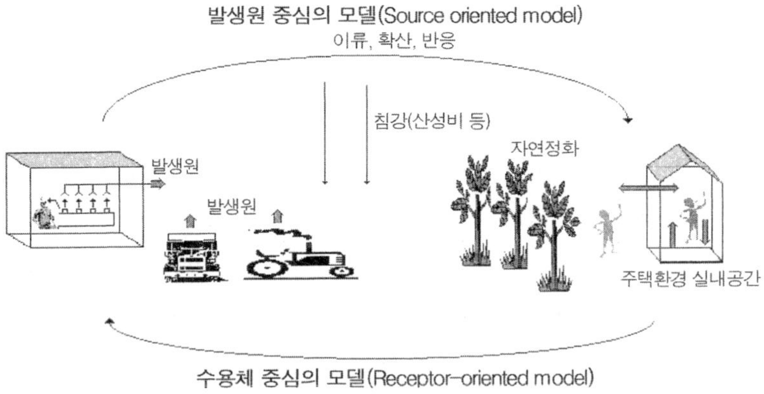


**<그림 3-8> 수용체 중심의 모델**

공기오염물질의 공간상 위치를 결정할 수 있다. 대기 및 기상 과학자들은 이 같은 변수설정과 수학식 및 공식을 이용하여 오염물질의 거동을 모델(modeling)로 표현하고 있다. 수용체 모델은 질량보전의 법칙과 물질수지(mass balance) 개념에 바탕을 두고, 수용체에서 오염원의 정량적 기여도를 추정하는 것이다. 대기오염 확산모델과 수용모델의 원리와 평가방법을 간단히 설명하면 다음과 같다.

1. 확산모델(dispersion model)

수용체의 위치에서 오염원에 중점을 두고 오염원 배출자료와 기상학적 자료, 지형적 특성 등을 고려하여 오염원에서 수용체에 미치는 영향을 예측하는 모델로 분산변수(현장실험, 화학분석, 오염물의 물리 화학적 제거과정 규명 등 동력학적 연구 필요) 결정 및 모델 자체의 유효성 검사 선행 등에 오염물의 영향을 평가하는 방법이다.

## 2. 수용모델(receptor model)

물질수지와 질량보존의 법칙에 이론적 기초를 두고 수행되는 통계기법으로 수용체에서 오염물질의 크기, 모양, 색, 입경분포, 유기무기화학 성분 및 성질, 시공간 변수 등 오염물질의 고유특성을 분석한 후, 특정 오염원의 정량적 기여도를 각종 응용통계에 적용하여 추정하는 방법이다. 수용체 위치에서 측정된 원소질량의 합은 오염원의 전체 기여 질량의 합과 같다는 가정에서 시작된다. 수용체 모델의 응용은 가스상 및 입자상 대기오염물질의 오염원 기여도를 파악하고, 가시도에 영향을 미치는 오염원을 정량적으로 파악할 수 있으며, 지하수 오염원의 정량적 파악 등으로 다양하며, 환경과학 전반에 응용 가능하다. 발생원 중심의 모델은 배출목록(emission inventory)을 위한 입자상 물질의 발생을 예측할 때 다음 식을 이용한다.

$$E = A \times EF \times (1 - ER/100)$$

여기서, E=emission(예: $SO_2$ 100kg), A=activity(예: 1kg coal combustion), EF=emission factor(예: $SO_2$ 100kg/1kg coal), ER=overall emission reduction efficiency(%).

반면 수용체 모델은 입자상 물질 발생원(디젤엔진, 부유 도로먼지, 석탄보일러 등)에서 배출량의 화학적 조성을 측정한다. 그리고 수용체에서 입자상 물질 시료를 채취 및 분석한다. 다음 단계로 발생원 각각으로부터 상대적인 배출량을 결정하기 위해 채취 및 분석된 수용체 시료에 화학물질수지(Chemical Mass Balance, CMB) 모델을 적용하여, 수용체 입장에서 발생원 정량적 기여도를 평가한다. Magliano 등(1999)이 보고한 $PM_{2.5}$의 발생원 중심의 모델과 수

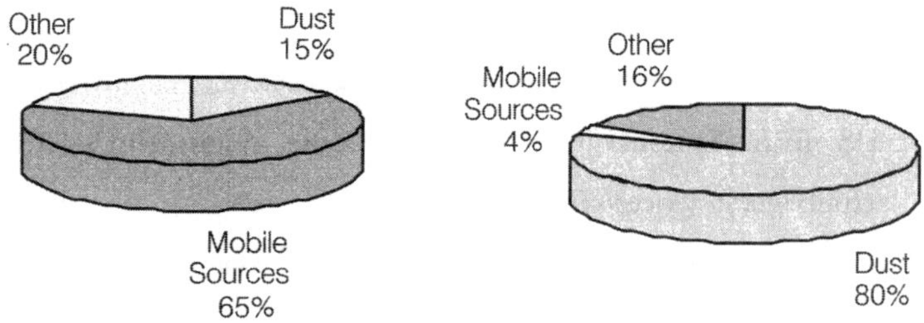


(a) 수용체의 $PM_{2.5}$ 분포 (b) 발생원의 $PM_{2.5}$ 분포

**<그림 3-9> 수용체 및 발생원 모델에 의한 $PM_{2.5}$ 분포 비교**

용체 중심의 모델을 이용한 비교 결과를 살펴보면, 발생원 중심에서는 먼지 80%, 차량 4%, 기타 16%였고, 수용체 중심에서는 차량 65%, 먼지 15%, 기타 20%로 상당한 차이를 보여 주고 있다(〈그림 3-9〉 참조). 이 결과는 그동안의 환경정책은 배출목록을 기준으로 규제한 것이 잘못되었음을 나타내고 있다. 또한 수용체 중심에서 실내환경의 노출이 중요함을 나타내고 있다.

〈노출평가관련 주요 Web-site〉(Schwela 등, 2004)

① Internet mailing list

- SRA(Society for Risk Analsysis): sra.org.resources_riskanal.php (requests@water.sesep.drexel.edu)

② General exposure assessment

- US EPA: www.epa.gov/opptintr/exposure/docs/exposurep.htm
- US EPA: www.epa.gov/opptintr/exposure/docs/peetexpo.htm
- US EPA: www.epa.gov/opptintr/exposure/docs/index.htm
- US EPA, Guidelines for Exposure Assessment: www.epa.gov/

nceawww1/exposure.htm

—US EPA's Toxic Release Inventory(TRI): www.epa.gov/tri

—US EPA National Center for Exposure Assessment's(NCEA): cfpub.epa.gov/ncea/cfm/recorddisplay.cfm

—US EPA National Center for Exposure Assessment's(NCEA), Child-specific Exposure Factors Handbook: cfpub.epa.gov/ncea/cfm/recorddisplay.cfm?deid=12464

—Hez-Map: hazmap.nlm.nih.gov/abouthazmap.html

—Material Safety Data Sheets(MSDS): hpd.nlm.nih.gov

—Tox Town: toxtown.nlm.nih.gov

—Tutor: sis.nlm.nih.gov/Tox/ToxTutor.html

—Tutor: sis.nlm.nih.gov/Main/search.html

③ Exposure assessment information

—US Agency for Toxic Substances and Disease Registry(ASTDR): www.atsdr.cdc.gov

—US Agency for Toxic Substances and Disease Registry(ASTDR) 'the specialized toxicology of children': www.atsdr.cdc.gov/child/ochchildhlth.html

—US Alliance for Chemical Awareness(ACA): www.chemicalawareness.org

—Human and Environmental Risk Assessment(HERA): www.heraproject.com

—European Centre for Ecotoxicology and Toxicology of Chemical (ECETOC): www.ecetoc.org/entry.htm

—European Commission: European Chemicals Bureau(ECB): ecb.ei.jrc.it

—Environmental Defence(ED): www.scorecard.org

—International Programme on Chemical Safety(IPCS): www.who.

int/pcs/indec.htm 및 www.who int/pcs.pcs_pubs.html

—Environmental Health Criteria Documents(EHCD): www.inchem.org/pages/ehc.html 및 www.inchem.org/pages/hsg.html

—Concise International Chemical Assessment Documents(CICAD): www.inchem.org/pages/cicards.html

—Evaluations of the Joint FAO/WHO Expert Committee on Food Additives(JECFA): www.inchem.org/pages/jecfa.html

—Evaluations of the Joint FAO/WHO Meeting on Pesticide Residues (JMPR): www.inchem.org/pages/jmpr.html

—WHO Drinking Water Quality Guidelines: www.who.int/water_sanitation_health/dwq/ guidelines/en

—WHO Air Quality Guidelines for Europe: www.who.dk/InformationSources/Publications/Catalogue/20010910_6

—WHO Guidelines for Air Quality: www.who.int/phe/air/pheair/en

—WHO Recommended Classification of Pesticides by Hazard and Guidelines to Classification 2000-2002: www.inchem.org/documents/pds/pdsother/class/pdf

—Screening Information Data Sets(SIDS) for HPV chemicals: www.inchem.org/pages/sids.html

—International Society of Exposure Analysis(ISEA): www.iseaweb.org

—Organization for Economic Co-operation and Development(OECD): www.oecd.org/home

—Organization for Economic Co-operation and Development(OECD), Occupational and Consumer Exposure Assessments: www.olis.oecd.org/olis/1993doc.nsf/LinkTo/ocdegd(93)128

—Organization for Economic Co-operation and Development(OECD), Database on Chemical Risk Assessment Models: webdomino1.

oecd.org/comnet/env/modes.nsf

－RiskWorld: www.riskworld.com

－Exposure Factors Sourcebook for Europe: www.ktl.fi/expofacts

－EIS-ChemRisks: ihcp.jrc.it

〈연습문제〉

1. 공기오염물질의 노출(exposure)과 용량(dose)의 차이를 설명하라.
2. 공기오염물질의 노출경로에는 무엇이 있는지 설명하라.
3. 순간노출(instant exposure), 평균노출(average exposure), 통합노출(integrated exposure)을 비교 설명하라.
4. 생물학적 모니터링의 정의와 중요성을 기술하라.
5. 노출평가에서 실내공기질의 중요성을 기술하라.
6. 수용체(receptor) 모델을 설명하라.
7. 생물학적 노출 및 개인노출의 장단점을 기술하라.
8. 위해성 평가에서 노출과 질병 그리고 생체지표 사이의 연속적 관계를 설명하라.
9. 벤젠(benzene)의 주요 생체지표(biomarker)는 무엇인가?
10. 노출평가 방법은 직접적 및 간접적 방법이 있다. 각각을 비교 설명하라.

제 4 장

# 실내공기질 및 건강영향

# 제 4 장 실내공기질 및 건강영향

비교적 최근까지도 실내공기오염에 의한 건강영향은 과학계에서 상대적으로 주목을 받지 못했다. 1970년대 이전에도 주택이나 비작업환경의 실내공기질에 대한 조사가 있었지만 관심의 정도는 낮은 편이었다. 그렇지만 인간은 대부분의 시간을 실내환경에서 생활하기 때문에 공기오염물질과 관련된 건강영향을 고려하면 가장 중요한 환경은 실내라고 할 수 있다(Smet et al., 1991). 세계보건기구(WHO)의 2002년 보고서(World Health Report)에서는 52질병을 야기할 수 있는 다양한 위해 요인의 기여율을 평가하였는데, 사람들이 대부분의 시간을 보내는 실내환경이 공기오염물질의 주된 노출공간으로 그 중요성을 강조하였다.

## 4.1 공기와 건강영향

국내·외에서 실외 대기질과 건강영향의 관련성은 비교적 충분히 인식되고 있다(서울시 보건환경연구원, 2006). 특히 경제적으로 발전된 선진국과 빠르게 발전하는 개발도상국가들은 개인생활 및 환경질의 전례 없는 변화가 다양한 다수에게 도시 대기오염물질의 노출을 야기시켰다(Lipfert, 1997). 또한 면역력이 약한 노약자 및 유아에 대한 대기오염물질의 건강 위해성은 충분한 증거를 가지고 있을 만큼 분명하다. 실내공기질 문제가 명확하지 못한 본성을 갖고 있는 데 반해, 대기오염을 특징짓는 광화학 스모그, 황사, 오존층, 산성비 등의 영향은 명확하다. 물론 대기오염에 따른 건강영향에 대한 정량적 연구는 미비한 편으로(한화진 등, 1998), 최근 환경부는 산단지역(시화 울산, 광양, 포항)을 중심으로 환경성 질환에 대해 20년 동안 지역주민의 건강검진을 평가하는 코호트(cohort) 역학연구를 수행하고 있다.

미국 국민들의 시간별 활동행태(activity pattern)를 조사한 결과에 의하면 평균적으로 하루 중 실내환경 88%, 차량 내 7%에서 활동하였으며 단지 5% 정도가 실제적으로 실외에서 보낸 것으로 보고되었다(Robinson과 Nelson, 1995). 하루 중 실외활동을 포함한 열 군데의 국소환경에서 보낸 시간을 분석하여 〈그림 4-1〉로 나타내었다(한국실내환경학회, 2004). 국내에서 조사 보고된 연구결과도 비슷하게 80% 이상을 실내환경에서 생활하는 것으로 나타났다(양원호 등, 2002).

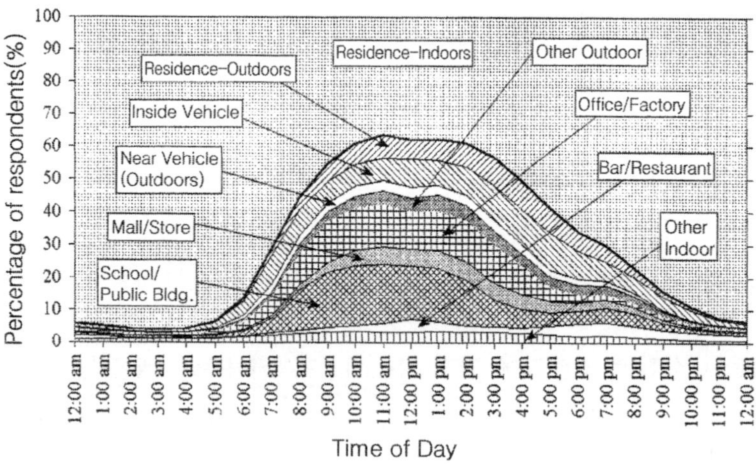


**〈그림 4-1〉 하루 중 각 국소환경(microenvironment)에서 보낸 시간**

실내에서의 대부분 활동이 실내공기 오염물질 노출에 따른 유해한 건강영향을 반드시 일으킨다고 할 수는 없지만, 일반적으로 실내공기질이 실외대기질보다 공기오염물질 농도가 높다는 것이다. 또한 실내공기질 농도가 실외보다 낮더라도 사람 개인노출은 실외대기질보다는 실내공기질과 연관성이 더 높다. 예를 들면 복사기 등을 제외하면 오존($O_3$)의 발생은 대부분 실내환경에 없으며, 광화학스모그에 따른 오존 발생만 고려할 때도 개인노출은 실외보다는 실내공기질과 더 높은 연관성을 보였다(WHO, 1999). 공기오염물질을 실내와 실외로 구분할 때 인식해야 할 중요한 점은 실내공기질과 실외공기질은 공기오염물질의 종류나 농도가 같지 않다는 것이다(〈그림 4-2〉 참조). 결국 실내에서의 많은 시간활동은 실내공기질이 개인노출에 주요 요인임을 나타내는 것이다.

실내공기질 오염에 의한 건강장해(환경성 질환) 사이의 인과관계를 파악하여 정량화하는 것은 중요하지만, 그동안의 과학적 연구들

〈그림 4-2〉 실내공기질과 실외공기질의 차이

은 실내환경의 주요 공기오염물질인 VOCs, TVOCs, HCHO, 분진 및 생물학적 유해인자와 재실자 건강영향의 상관성을 명확히 보여주지 못하고 있다. 이 사실은 실내환경의 공기오염물질이 문제가 없다는 것을 의미하는 것은 아니며, 대신에 'lamp-post effect' 즉 lamp가 비치는 장소만 볼 수 있고 비치지 않는 곳은 볼 수 없다는 것이다(Sundell, 2004). 따라서 공기오염물질 측정방법에서도 실내공기질은 대기질 및 작업환경 공기질의 측정방법이 똑같이 적용될 수 없음을 나타내는 것이며 다른 측정 및 분석 기술이 발전되어야 함을 의미한다.

## 4.2 실내공기와 건강영향

WHO의 2002년 보고서에서는 질병을 야기할 수 있는 다양한 위해 요인의 기여율을 평가하였는데, 실내공기 오염물질 중 고체연료(석탄, 나무 등) 연소에 따른 실내 스모크(indoor smoke)는 전 세계적으로 질병의 2.7% 정도로 그 원인이 되었다. 또한 이 보고서에서는 고체연료 이용에 의한 실내공기오염은 160만 명의 사망과 3,900만 명의 DALYs(Disability-Adjusted Life Years; 장해 및 사망으로 인한 손실된 생명년 수를 조합한 방법)를 보고하였다. 또한 WHO에서는 국제적으로 폐렴은 5세 이하 어린이들의 조기사망에 가장 중요한 원인이며, 실내공기오염의 노출에 따른 위해도는 2배 이상으로 폐렴과 기타 급성 하기도 감염(Other acute lower respiratory infections, ALRI)으로 인해 매년 2백만 명 사망자 중 90만 명 이상이 실내공기 오염물질 노출에 따른 것으로 보고하고 있다. 여성은 특히 취사와 난방에 의한 실내공기 오염물질 노출 가능성이 높으며 남성보다 만성 호흡기질환의 위해 가능성이 2배 이상 높다. 흡연을 제외하고 만성폐쇄성폐질환(Chronic Obstructive Pulmonary Disease, COPD)에 기인한 여성의 경우는 전 지구적으로 270만 명 사망 중에서 대략 70만 명이 실내공기오염 노출에 따른 것으로 나타났다. 석탄 사용은 중국 같은 저개발 국가에서는 일반적이며 취사와 난방을 주로 여성이 관여한다고 생각하면 석탄 연소에 의한 실내공기 오염물질의 발생은 특히 여성에게 폐암을 야기할 수 있다.

최근 몇 년 동안 전 세계적으로 천식의 발병률이 증가하고 있으며, 그 원인은 주택 환경의 변화가 실내공기질의 변화를 야기시킨 것과 일치하였다는 보고가 있다(Jones, 1998). 특히 주택 실내환경의 진드기, 바퀴벌레, 애완용 동물, 곰팡이류의 포자가 주요 요인이며, 연소 및 흡연에 의한 질소산화물, VOCs, HCHO도 영향을 주는 것으로 보고되고 있다.

12장에서 자세히 언급하겠지만, 한 유기체(인간)는 공기오염물질

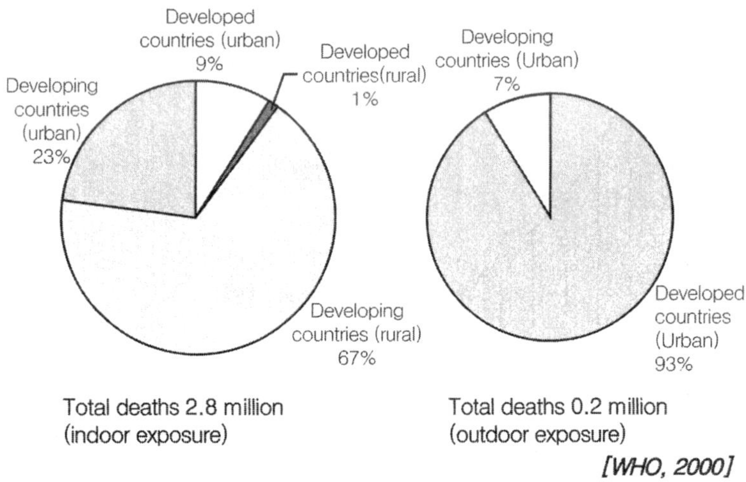


**<그림 4-3> 실내 및 실외 공기 오염물질 노출에 따른 사망 추정치**

의 일정 농도까지는 건강영향을 받지 않을 수 있으며 이것을 역치(threshold)라고 정의할 수 있다. 역치 이상에서는 공기오염물질 노출에 따른 건강영향을 받을 수 있음을 의미하며, 공기오염물질의 영향은 농도와 노출기간에 의존한다. 노출기간이 짧으면 고농도의 공기오염물질에도 허용 가능하듯이 저농도에서는 장기간 노출이 가능하다(〈그림 4-4〉 참조). 오늘날 비산업장 건축물의 대부분은 고농도 노출에 따른 직접적인 건강영향은 없지만, 장기간의 만성적인 다양한 증상 및 질병에 기여하고 있다(Redlich 등, 1997).

한편 실내공기오염에 따른 개인노출 평가는 개인공간인 실내환경, 측정기기의 선택 등으로 쉽지 않기 때문에 실내공기질과 건강영향 사이의 과학적 관심은 상대적으로 최근에 갖게 된 것이다. 사실 실내공기노출에 의한 건강 위해는 실외대기노출에 의한 것보다 상대적으로 덜 알려져 있다. 현재 우리가 알고 있는 실내공기노출에 의한 건강영향은 대부분 대기환경 및 작업환경의 연구 및 보고

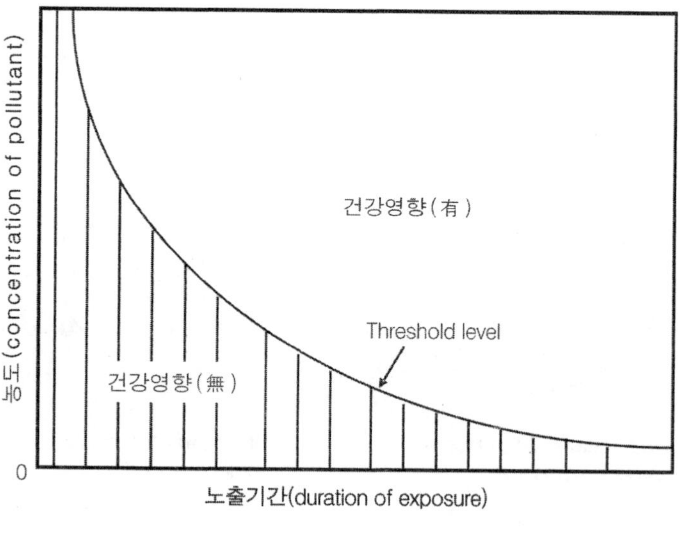


**〈그림 4-4〉 역치와 공기오염물질 농도에 따른 건강영향**

서를 참고한 것이다. Bascom 등(1995)에 의하면 실내 유해물질의 노출은 잠재적으로 다양한 건강영향을 줄 수 있다고 보고하였다. 또한 사람의 실내공기 오염물질 노출에 따른 건강영향은 개인 민감성, 정신적 및 육체적 건강상태, 노출빈도 및 기간에 의존한다. 실내공기 오염물질은 일순간의 병적 상태, 장해, 질병 및 최악의 경우 죽음을 야기할 수 있다(Berglund 등, 1995).

### 4.2.1 인체의 산소 소비 및 이산화탄소 발생

호흡은 폐포 내에서 공기를 구성하고 있는 화학성분의 분압 현상에 의하여 이루어지는데 산소를 취하고 $CO_2$ 및 수증기를 배출함으로써 흡기(吸氣, inspiration air)와 호기(呼氣, expiration air)의 공기조성 성분은 변화된다. 호흡을 통해서 취해진 $O_2$는 혈중 헤모글로빈(Hb)과 결합하여 $HbO_2$로서 각 세포조직에 운반되고 조직에서 발생된 $CO_2$는 폐포로 운반되어 호기로 배출된다. 이때 동맥혈 내의 $O_2$ 19%, $CO_2$ 47%, 정맥혈에서 $O_2$ 13%, $CO_2$ 52%로 변화되어, 흡기 중의 $O_2$ 20.94%, $CO_2$ 0.03%이며, 호기 중의 $O_2$는 약 16.44%, $CO_2$는 3.84%이다.

사람의 육체 활동에 따라 $O_2$가 소비되는 양은 인체의 에너지 소비율과 비례하여 변화한다. 편안한(at rest) 자세의 사람은 대략 시간당 $1m^3$의 공기를 이용한다. 미국 공조학회(ASHRAE)에서 발표한 활동에 따른 $O_2$ 요구량을 〈그림 4-5〉에 나타내었다. Met(Metabolic Equivalent)는 동작 시 소비된 에너지(안정대사 포함)가 안정대사의 몇 배인가를 나타내는 수치로 다음 식에 의해 구해지며, 어떤 동작에 소요되는 대사량 또한 각 개인에 따라 다르며 같은 동작에 소요되는 대사량 또한 각 개인에 따라 다르며 같은 동작이라 하여도 체중이 다른 사람은 다르게 나타난다.

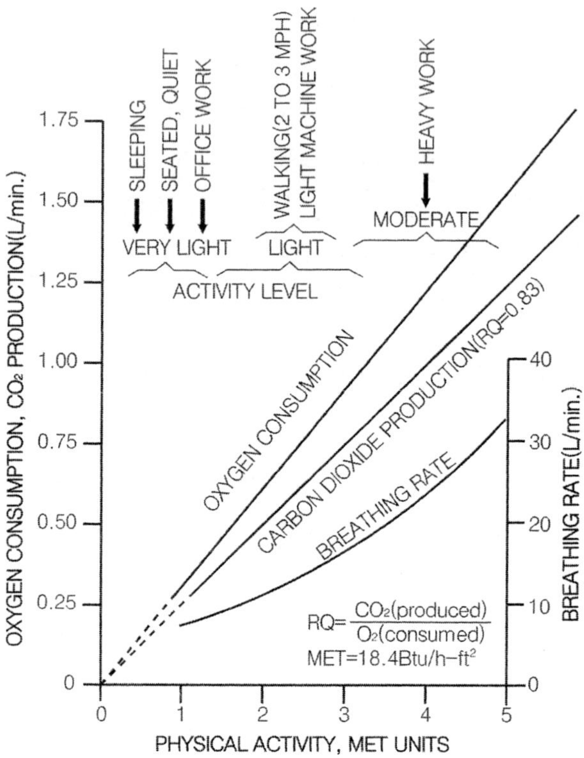


**<그림 4-5> 인체의 물리적 활동에 따른 산소 소비율 및 이산화탄소 발생률 (ASHRAE Standard 62-2001)**

**<표 4-1> 다양한 활동에 따른 산소 요구량**

| 활 동 | 산소 요구량 |
|---|---|
| Rest | 0.2~0.5 L/min |
| Light work | 0.75~1.0 L/min |
| Moderate work | 1.0~1.5 L/min |
| Heavy work | 1.5~2.0 L/min |
| Extremely heavy work | 2.0~3.0 L/min |

Met = 운동대사(동작 시 대사량) / 안정대사(안정 시 대사량)

여기서, 좌식작업(sedentary job, 1.5~2.1MET), 경작업(light job, 2.2~3.5MET), 중간작업(medium job, 3.6~6.3MET), 중작업(heavy job, 6.4~.5MET), 그리고 최중작업(very heavy job, 7.5MET 이상)으로 분류하고 있다.

### 4.2.2 가스상 공기오염물질

#### 1. 포름알데히드

포름알데히드(formaldehyde, HCHO)는 환경에서 발견되는 가장 많이 알려진 알데히드이다. HCHO는 휘발성 화합물이지만 VOC 분석에 적용되는 GC(gas chromatography)에 의해서 검출될 수 없기 때문에 VOCs와 다르게 분류된다. 자극적인 냄새가 있는 무색의 기체로 인화점이 낮아 폭발의 위험이 있으며, 물에 대한 용해도가 높기 때문에 40% 수용액을 포르말린이라고 한다. HCHO는 화학적으로 반응성이 큰 환원제로 많은 물질과 결합하여 쉽게 중합체를 형성하기 때문에 젤라틴, 아교 등과 같은 단백질과 결합하여 응고시킨다. 또한 살균제, 방부제, 접착제로 이용되고, 피혁제조나 사진 건판, 폭약 등을 만들 때 이용되며 베클라이트와 같은 석탄계, 요소계, 멜라민계 합성수지를 만드는 등 공업상의 용도가 넓다.

HCHO의 주된 발생원은 파티클보드(particle board), 중비중섬유판(Medium-Density Fiberboard, MDF), 합판(plywood), 레진(resins), 접착제(adhesives)와 같은 건축자재이며 카펫에서도 발생될 수 있다. 최근에는 발암성으로 사용이 금지되었으나 건물의 단열을 보완하기 위하여 벽 구멍에 주입되었던 UFFI(urea formaldehyde foam insulation)

도 HCHO의 발생원이다. 실외 대기의 HCHO 배경농도는 일반적으로 0.1ppm 이하지만, 실내환경의 HCHO 농도는 일반적으로 실외보다 높다(Niemala 등, 1985). 국내에서 보고된 주택 실내의 HCHO 농도는 주로 신축 아파트에 대한 것으로 심 등(2006)이 보고한 결과에 의하면 저층에서 103.11±40.29$\mu g/m^3$, 중층 145.63±49.22$\mu g/m^3$, 고층 63.25±32.26$\mu g/m^3$였다.

HCHO가 사람에 미치는 영향은 호흡기, 소화기, 피부를 통한 경로로 침투되고 이중 호흡에 의한 독성이 가장 높은 것으로 알려져 있다. HCHO는 1ppm 이하 농도에서는 눈, 코, 목의 자극증상을 보이고 동물실험에서는 발암성(비암)이 있는 것으로 보고되었다. HCHO의 급성영향을 〈표 4-2〉에 나타내었다(Hines 등, 1993). 그리고 HCHO는 피부와 호흡 기도를 자극한다(Bardana와 Montanaro, 1991).

HCHO는 동물실험에서 발암이 확인되었으며(Morgan 1997), 사람에게는 작업환경 연구에서 잠재적 발암물질로 보고되었다. 일반 실내환경 노출에 따른 사람의 발암성 보고는 아직 없으며 이동주택(mobile home)의 실내 HCHO 농도와 비인두(nasopharyngeal)암의 유의한 상관성을 Vaughan 등(1986)이 보고한 사례가 있다.

**〈표 4-2〉 HCHO 노출에 따른 급성 영향**

| HCHO 농도(ppm) | 건강영향 |
|---|---|
| < 0.05 | 보고된 것이 없음 |
| 0.05～1.5 | 신경생리학적(neurophysiologic) 영향 |
| 0.05～1.0 | 냄새 서한도(odor threshold limit) |
| 0.01～2.0 | 눈의 자극 |
| 0.10～25 | 상기도 자극 |
| 5～30 | 하기도 자극 및 폐 자극 |
| 50～100 | 폐부종(edema), 염증, 폐렴 |
| > 100 | 혼수(coma), 사망 |

## 2. 휘발성 유기화합물질

유기화합물질(organic compounds)이란 분자구조에서 적어도 탄소(C)와 수소(H) 원자를 포함한 것을 말한다. 유기화합물은 휘발성 유기화합물(VOCs), 준휘발성(Semivolatile, SVOCs), 비휘발성(Nonvolatile, NVOCs)으로 구분한다. 증기압에 따라 $10^{-2}$kPa 이상 VOCs, $10^{-2}$~$10^{-8}$kPa 준휘발성, $10^{-8}$kPa 이상은 비휘발성이다(한국공기청정협회, 2000). 또한 VOCs의 끓는점이 100°C 미만인 유기화합물로 정의하기도 한다. VOCs의 고증기압 및 저끓는점은 실내환경에서 쉽게 증기화할 수 있음을 나타낸다. Brooks 등(1991)은 900개 이상의 화학 및 생물학적 물질 중 350개 VOCs 농도가 1ppb를 초과하는 것으로 보고하였다.

한편 실외 대기환경 중 VOCs는 증기압이 높아 공기 중으로 쉽게 증발되고, 대기 중에서 질소산화물과 공존 시 태양광의 작용을 받아 광화학반응을 일으켜 오존 및 PAN(peroxyacetyl nitrate) 등 산화성 물질을 생성시켜 광화학 스모그를 유발하는 물질을 총칭하는 것으로 환경보건학적으로 2가지 중요한 측면을 볼 수 있다. 그 첫 번째는 방향족 탄화수소나 할로겐화 탄화수소류와 같이 그 자체로서 직접적으로 인체에 유해한 측면이고, 두 번째는 방향족 탄화수소류와 같이 그 자체로는 인체에 직접적인 유해성은 상대적으로 적지만 대기 중에서 질소산화물과 광분해 반응에 관여하여 2차적으로 오존과 알데히드류와 같은 산화성물질의 생성을 유발하는 소위 광화학 스모그의 전구물질로서 역할을 한다는 것이다(백성옥 등, 2002).

실내환경에서 VOCs 농도에 대한 보고는 국내·외에서 비교적 많은 편이지만, 개별적 VOCs는 잠재적 발생원에서 온도, 습도 등에 따라 변하기 쉽다. 또한 VOCs는 매우 많은 종류가 있기 때문에 덴마크의 Molhave에 의하여 총휘발성유기화합물질(Total Volatile Organic Compounds, TVOCs)이라는 개념이 고안되었다. TVOCs란 일반적으로 검출되는 VOCs의 총합(∑VOCs)으로 표시되며 특별히 알고 있지 않은 물질을 포함한 경우에 이를 톨루엔(toluene)에 대한 상당농도로 환산하여 표시하는 방법이다.

VOCs 농도는 특히 새로 건축된 건물에서 실외 대기농도에 비해 매우 높을 수 있다. 더욱이 입주하는 사람들이 새 가구 등을 구입하거나 장식 등으로 VOCs 농도를 가중시킬 수 있다. 물론 건축 시 마감재를 설치하는 근로자는 특히 고노출될 수 있으며, 시너(thinner)와 함께 페인트를 칠하는 근로자에게 데칸(decane, $C_{10}H_{22}$)의 호기 농도가 대략 100배(2.9~290$\mu g/m^3$) 높은 것으로 보고되었다(Wallace 등, 1991).

VOCs 노출은 급성 및 만성 건강영향을 일으킬 수 있다. Norback 등(1995)은 20~45세 사이의 88명 천식환자들 사이에서 야간 호흡곤란증(prevalance of nocturnal breathlessness)과 VOCs 농도 사이 양(+)의 상관관계를 보고하였다. 그러나 VOCs 독성에 관한 대부분의 정보는 고농도의 동물실험이며, 대부분의 실내환경이 저농도임을 고려할 때 건강영향을 밝히는 것이 계속적으로 요구된다.

고농도 VOCs는 중추신경을 억제하여 마취작용을 일으키며, VOCs 노출은 민감한 눈, 피부, 기관지, 폐를 자극한다. Molhave(1991)는 22개 VOCs의 혼합물질이 8$\mu g/m^3$ 농도에 노출된 사람에게서 불쾌한 점막 자극이 있음을 보고하였다. 또한 사무실 근로자에게 VOCs 노출은 점막자극, 중추신경장해를 나타내었다(Hodgson 등, 1991). 이런 증상들은 뒤에 언급할 빌딩증후군의 원인물질로 VOCs를 지목하게 하고 있다.

고농도 VOCs 노출에 대해, Otto 등(1992)은 22개 VOCs 25$\mu g/m^3$에 노출된 사람들이 두통, 졸림, 피로 및 혼란의 증상을 나타내었고, 188$\mu g/m^3$ 고농도에서 현기증 및 혼수상태 증상을 보이고 이어서 경

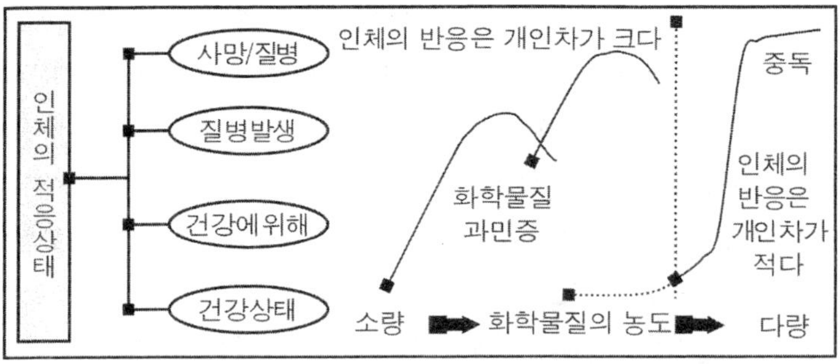


**<그림 4-6> VOCs 농도와 건강에 미치는 영향**

련을 일으킨 것으로 보고하였다. VOCs 35,000$\mu g/m^3$ 농도에서는 죽음까지 야기할 수 있다(Sandmeyer, 1982). 그러나 이런 고농도의 노출은 근로자가 일하는 작업장 실내환경의 농도이며, 일반 실내환경에서는 보고되지 않았다. Wallace(1991)는 일반 실내환경의 VOCs(benzene, vinyl chloride, p-dichlorobenzene, chloroform, ethylene dibromide, methylene chloride, carbon tetrachloride)의 일반적 농도에서 발암위해도($1 \times 10^{-6}$)가 10배 초과하는 것으로 보고하였다.

최근 VOCs의 직접적 노출보다 실내환경에서 VOCs의 화학적 반응에 의한 것이 더 중요하다는 이론이 제기되었다. 이것은 빌딩증후군의 증상을 보인 실내환경의 VOCs 농도가 비교적 저농도이기 때문이다. VOCs는 실내환경의 표면과 반응할 수 있으며, $NO_2$ 또는 입자상 물질과도 반응할 수 있기 때문에 VOCs 반응에 의한 제3의 생성물이 더 큰 영향을 야기할 수도 있다는 것이다(Wolkoff 등, 1997; Grosjean 등, 1992).

### 3. 라돈

과거에 라돈의 공기노출 및 라돈 낭핵종(radon daughters)은 우라늄(uranium) 또는 인산(phosphate) 광산에서만 문제인 것으로 믿어 왔다. 그러나 최근에는 이런 광산에서 멀리 떨어진 주택 및 빌딩에서 라돈에 고노출되고 있기 때문에 실내공기 오염물질로 인식되게 되었다. 라돈(Radon, Rn-222)은 지구상에서 발견된 약 70여 가지의 자연 방사능 물질 중의 하나이다. 라돈은 다양한 미네랄을 포함한 라디움(radium-226)의 감소에서 생성된다(Lyman, 1997). 라돈은 인간이 가장 흡입하기 쉬운 기체성 물질이며 반감기(half-life)는 대략 3.82일간으로 라듐의 핵분열 때 생성되는 물질이다(〈표 4-3〉 참조). 라돈은 무색, 무취의 기체이며 액화되어도 색을 띠지 않는 물질로서 핵분열 때 방출된다. 라돈 가스는 공기보다 9배나 무겁기 때문에 지표에 가깝게 존재하므로 그 영향이 높을 수 있다. 바위와 토양에서 발생되는 라돈은 공기 중으로 방출된다. 전 세계적으로 토양을 통하여 발생되는 라돈 배출률은 0.0002~0.07Bequerels(Bq)/$m^3$ · sec이며, 지리학적인 토양 특성과 지질층에 의존한다(Levesque 등, 1997).

특이하게 라돈은 실내 · 외 환경 모두에서 배출되지만 실내환경에서만 위해성이 고려되고 있다. 그것은 실외 대기에서 발생되는

**〈표 4-3〉 우라늄-238의 감소**

| 핵종 | 반감기 | 감소 입자 |
|---|---|---|
| U-238 | $4.5 \times 10^9$년 | Alpha |
| Th-234 | 24일 | Beta |
| Pa-234 | 1.2분 | Beta |
| U-234 | $2.5 \times 10^5$년 | Alpha |
| Th-230 | $8 \times 10^4$년 | Alpha |
| Ra-226 | 1620년 | Alpha |
| Radon-222 | 3.8일 | Alpha |
| Po-218 | 3분 | Alpha |
| Pb-214 | 27분 | Beta |
| Bi-214 | 20분 | Beta |
| Pb-210 | 22년 | Beta |
| Bi-210 | 5일 | Beta |
| Po-210 | 138일 | Alpha |
| Pb-206 | 안정적임 | — |

라돈은 급속히 확산되어 사람에게 위해한 영향을 줄 정도의 수준에 도달하지 않기 때문이다. 하지만 밀폐된 실내환경에서는 실외보다 수천 배 높아질 수 있기 때문에 문제가 될 수 있다(Wanner, 1993). 라돈 및 라돈 부산물질의 사람 건강영향은 호흡기계 질환발생으로, 특히 폐암을 유발시키는 것으로 보고되고 있다. 라돈의 알파(α)－붕괴에 의하여 라듐의 낭핵종이 생성되는데 이 낭핵종은 기체가 아니라 입자로 흡입 시 알파(alpha)선을 방출하기 때문에 폐암이 발생되는 것으로 알려져 있다. 현재까지는 주택 실내환경의 라돈 노출에 의한 위해 정도는 복잡하며 불확실성이 많다. Steindorf 등(1995)은 광부들의 라돈 양(라돈)－반응(폐암) 평가에서 주택 실내환경의 노출 기여도는 5～15% 정도인 것으로 보고하였다. 또한 Lagarde 등(1997)은 라돈 노출이 100Bq/m$^3$ 증가할 때마다 폐암의 초과 상대위험비는 0.15～0.20인 것으로 보고하였다. 특히 실내환경(주택 등)이 음압일 때 토양에서 지하를 통하여 유입이 잘 이루어진다. 음압 영향 인자는 굴뚝효과에 의해 발생된다.

특히, 라돈의 경우 흡연과 상승작용이 있는 것으로 알려져 있다.

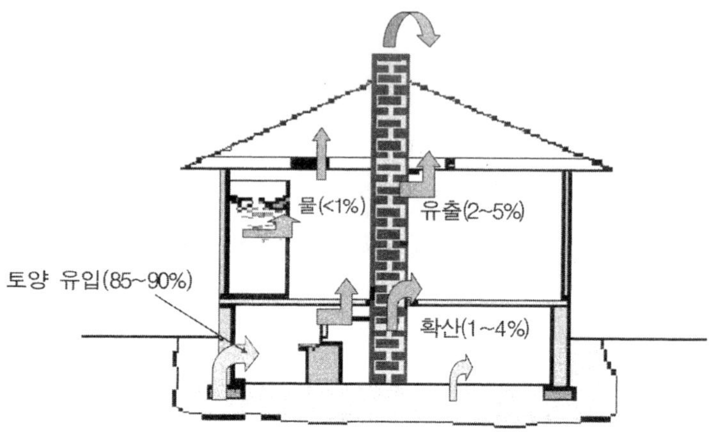


**〈그림 4-7〉 주택 실내환경의 라돈 유입경로**

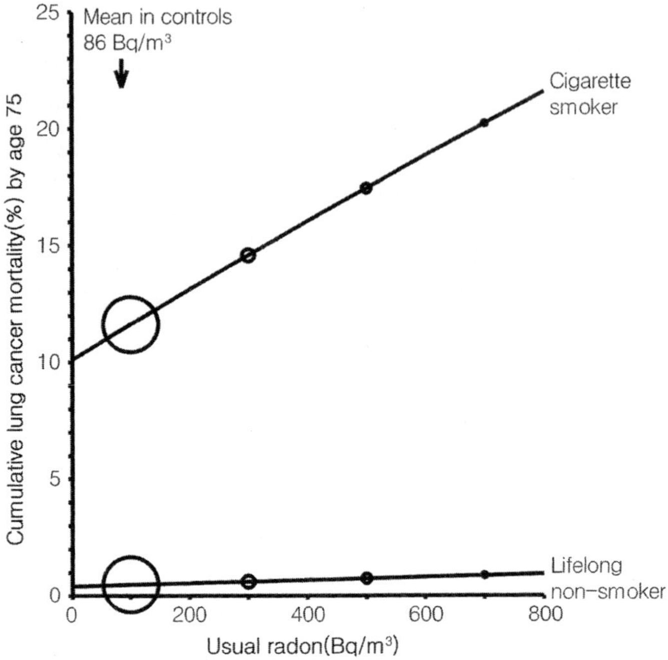


**<그림 4-8> 흡연자와 비흡연자의 라돈 농도에 따른 폐암 사망률**

Darby 등(2007)은 영국의 일반 주택에서 측정한 라돈의 경우 측정한 라돈의 농도가 100Bq/m$^3$ 증가할 때마다 8.4%의 폐암 위해의 증가를 보였다. 또한 75세에서 일반적 라돈 농도 0, 100, 400Bq/m$^3$는 비흡연자의 경우 일생 동안 0.4%, 0.5%, 0.7%의 폐암 증가를 보였고, 흡연자의 경우 25배인 10%, 12%, 16%를 나타내었다.

## 4. 이산화질소

사람의 질소산화물(nitrogen oxides: $NO+NO_2$)의 노출은 실내 및 실외, 도시와 시골, 계절 등 다양한 범위에서 이루어질 수 있다. 도심 지역에서 실외 대기에 존재하는 $NO_2$의 농도는 고정측정망에서 측정된 자료로 일반적으로 잘 알려져 있지만, 실내에서의 농도는 연소도구, 환기량, 주택특성 등에 의존하기 때문에 제대로 알려져 있지 않다. 질소산화물에 의한 건강장해는 호흡기 자극제로서 기침, 점액성 또는 거품성 객담 생산, 호흡곤란, 흉통, 폐부종의 증상과 증후, 청색증, 빈호흡(tachypnea), 빈맥(tachycardia), 눈 자극 증상을 나타낸다. 그리고 2차적 자연 발병으로 폐부종이 올 수 있으며, 드물게는 생존자에서 폐쇄성 세기관지염(bronchiolitis obliterance)을 일으킨다.

도심 배기가스와 도시의 대기오염물질 중에는 상당한 양의 질소산화물이 함유되어 있다. 또한 실내 아이스 스케이트장의 얼음 표면처리 기계로부터 방출된 $NO_2$로 인한 하키선수와 관중의 호흡기 질환이 보고되었다(Karlson 등, 1996). 일반 주택에서 취사나 난방으로 이용되는 비배기(unvented) 연소 장치들을 사용할 때는, 실내 $NO_2$의 농도는 때때로 실외 대기농도를 초과할 수 있다.

Pershagen 등(1995)의 연구에 의하면 4개월에서 4세 사이의 소녀들의 $NO_2$ 노출은 기관지염과 연관되어 있었으며($p=0.02$), 그 소녀들의 주택 실내에서 가스레인지를 사용하는 것이 주된 위해 요인이었다. 또한 아버지의 천식과 어머니의 흡연은 기관지염 발생의 독립적 위해 요인들이었다. 다른 연구에서는 실외 대기 $NO_2$ 평균농도가 $40\mu g/m^3$를 초과할 때 천식 증상을 가지고 있는 7~15세의 학교 학생들의 폐기능 저하를 야기시킬 가능성이 있는 것으로 나타났다(Moseler 등, 1994). 많은 역학연구에서 실내 $NO_2$는 비록 저농도일지라도 반복하여 장기간 노출 시 폐기능의 감소와 특히 소아들에게는 기관지염, 천식 및 폐질환 등의 호흡기 질환 발생률이 높다고 하였지만, 이런 결과는 다른 연구자들에게서 일정하게 나타나지 않았다. 비슷하게 실외 대기의 $NO_2$도 호흡기 질병이나 폐질환 영향에 일정한 결과를 보이진 못했다(WHO, 1997). 이런 결과는 $NO_2$의 노출경로 및 노출량이 명확하게 확인되지 못했기 때문으로 생각한다. 영국의 Jarvis 등(1996)의 연구에 의하면 주택 내에서 가스레인지를 사용하는 여성들에게 호흡기 질병이 높았으며, 또한 폐기능 감소를 보였지만 남성에게서는 특별한 영향이 보이지 않아 여성이 $NO_2$에 특히 민감함을 보고하였다. 한국에서는 취사도구로 가스레인지의 사용이 일반적이기 때문에 $NO_2$의 노출 및 건강위해 평가가 요구된다(Yang 등, 2004).

### 5. 이산화탄소

이산화탄소($CO_2$)는 무색, 무취의 가스로 사람의 신진대사 과정에서 생성되어 호흡 시 배출된다. $CO_2$는 완전연소 생성물로 가스, 케로센, 나무, 석탄, 석유 연소 시 발생된다. 일반적인 실내의 $CO_2$ 농도는 700~2,000ppm 범위이며 비배기 연소장치를 사용할 경우 3,000ppm을 초과할 수도 있다. $CO_2$는 질식(asphyxiant)가스이며 또한 호흡기를 자극한다. 실내/실외 농도비가 일반적으로 1~3의 범위임을 고려하며 실내환경의 $CO_2$ 농도가 3,000ppm 이상의 고농도일 때 유의한 건강영향을 일으킬 것으로 생각한다(NASA, 1973). 중간 정도의 $CO_2$ 농도는 불쾌감과 숨 막힘을 느끼게 한다.

### 6. 일산화탄소

일산화탄소(CO)는 연료의 불완전 연소 산물로 독성이 강한 무취의 가스이다. 석유, 가스, 석탄 등의 난방기가 실내환경의 주요 CO의 발생원이다. 도로변 근처의 실내환경 및 주차 공간에서 차량의 주차 시 발생된 CO가 환기를 통하여 실내로 유입될 수 있다. 담배 또한 주요 실내환경의 CO 발생원이다. CO는 체내에 산소를 운반하는 역할을 하는 혈액 중의 헤모글로빈(Hb)과 결합하여 일산화탄소－헤모글로빈(COHb)을 만들어 혈액의 산소운반능력을 저하시켜 그 농도에 따라 사망에 이를 수 있다. 특히, 우리나라의 경우 1950년을 전환기로 가정연료가 장작과 목탄에서 연탄으로 바뀌면서부터 1980년대까지만 해도 CO 발생률이 월등히 높았으며, CO 노출에 따른 사망자가 급격히 증가하여 사회문제가 되기도 하였다.

### 4.2.3 입자상 공기오염물질

#### 1. 호흡성 분진

공기 중에 부유되어 있는 고체나 액체의 입자(particle)들을 총칭하여 입자상 물질 또는 에어로졸(aerosol)이라고 한다. 대기환경에서는 PM(particulate matter)으로 나타내며 입자크기는 대부분 0.001～10㎛의 범위이다. 이 정도의 입자크기를 가진 PM은 대부분 사람의 호흡기를 통해서 공기와 함께 흡입 노출될 수 있기 때문에 건강영향 측면에서 중요하다. 대기환경에서는 $PM_{10}$과 $PM_{2.5}$, 실내환경에서는 $PM_{10}$ 기준이 있으며, 산업보건 분야에서는 호흡성분진(respirable suspended particulates, RSP)에 대한 노출기준이 있다.

$PM_{10}$은 'particles less than 10microns in aerodynamic diameter'의 약자로 호흡기에 흡입되어 축적될 수 있다. 10㎛는 머리카락 두께의 1/7 정도이다. 그리고 $PM_{2.5}$는 공기역학적 직경이 2.5㎛ 이하이다. 입자크기가 2.5～10㎛인 것은 거대입자(coarse particle)이며, 2.5㎛ 이하의 입자크기는 미세입자(fine particle)라고 한다. $PM_{2.5}$는 폐포까지 흡수되는 크기이므로 건강상 위험이 매우 높다. 특히 $PM_{2.5}$의 발생원은 모든 종류의 연소과정(차량, 산업공정 등)에서 발

생된 가스상 공기오염물질이 화학적 변환에 의하여 형성될 수 있다는 것이다(gas to particulate).

입자상 물질은 방향족 탄화수소 화합물, 중금속, 질산염 및 황산염을 포함한 유기 및 무기물질의 혼합물로 구성되어 있으며, 발생원이 다르면 그 구성성분도 다르다. 이와 같이 입자상 물질의 이질적인(heterogeneous) 본성 때문에 특정 화합물의 노출과 건강영향 관계를 밝히는 것이 쉽지 않다. 입자상 물질의 개인노출은 대기 및 실내환경의 농도보다 높은 것도 특이하다. Clayton 등(1993)이 낮 동안 측정한 $PM_{10}$의 개인노출은 실내 및 실외 대기의 농도보다 50% 이상 높았으며, Janssen 등(1998)의 연구도 비슷한 결과를 나타내었다. 일반적으로 실외 대기의 호흡성 분진에 대한 노출 연구는 실내환경에 비해서 많이 이루어지고 있으며, 역학연구도 대부분 실외 대기의 입자상 물질에 대한 노출 및 건강영향에 관한 것이다. 입자상 물질의 노출은 실내환경에서 시간을 보내는 사람을 고려할 때 실외보다는 실내에서 더 높게 노출될 수 있지만 상대적으로 보고된 연구는 매우 적다.

입자상 물질은 코와 인두를 지나 후두, 기관, 기관지, 세기관지, 종말세기관지, 폐포로 들어간다. 입자상 물질의 크기와 용해도는 호흡기 침착에 영향을 미치며, 특히 입자상 물질의 크기에 따라 침착되는 호흡기 부위와 독성이 서로 다르다. 기도와 기관지에 침착된 먼지는 점액 섬모운동에 의하여 상승, 상기도로 이동되어 가래 또는 소화기를 통해 제거된다. 이것을 1차 방어작용이라고 한다. 하지만 섬모가 없는 폐까지 도달한 미세먼지는 정화가 느리기 때문에 수개월 동안 폐에 존재한다. 한편 폐에 침착된 먼지는 대식세포(phagocytic cell)에 의하여 포위되고, 포위된 먼지의 일부는 미세기관지로 운반되어 점액 섬모운동에 의하여 정화된다. 폐에서 먼지를 포위하는 식세포는 일정한 수명이 다하면 사멸하고 다시 새로

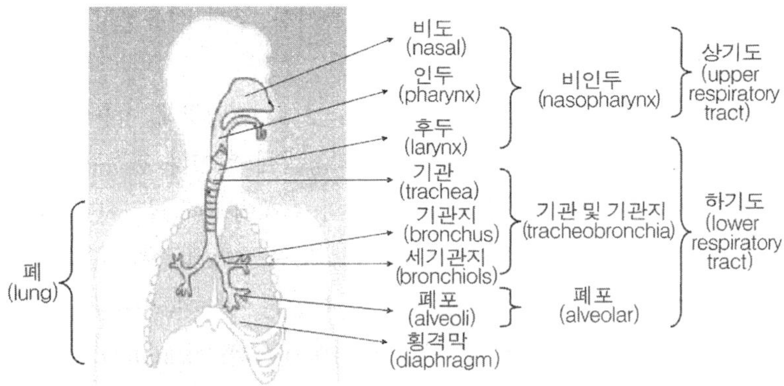


**<그림 4-9> 호흡기 구조**

운 식세포가 정화 과정을 계속한다. 그러나 유리규산, 석면 등의 물질이 폐에 침착하면 산이 생성되어 식세포는 수 시간 또는 수일 내에 사멸된다. 식세포가 사멸하면서 생성된 단백질 분해효소와 기타 독성 물질은 얇은 폐포벽을 파괴하며, 이러한 과정은 계속되므로 진폐증으로 진전될 수 있다. 특히 석면이나 유리규산은 대식세포에 의해 제거되지 않는다.

### 2. 석면

석면은 길이를 가진 고체입자이다. 구체적으로 섬유는 먼지의 폭과 길이의 비가 1 : 3 이상인 것을 말한다. 이러한 특성 때문에 다른 PM은 공기 중에 존재하는 양(μg)으로 표현하지만 섬유는 개수(number)로 나타낸다. 섬유의 대표적인 것이 석면과 유리섬유이다. 석면은 그리스어로 '불멸의 물건'이라는 의미이다. 100만 년 전의 화산활동에 의해 발생된 화성암의 일종으로 천연의 사문암(蛇紋巖)이나 각섬석(角閃石)으로부터 추출한 직경 0.02~0.03㎛ 정도의 유연성이 있는 견사상(繭絲狀) 광택이 특이한 극세 섬유상의 광물이다(한국석면환경협회, 2007).

석면은 최근까지도 건축 분야를 중심으로 다양하게 이용되어 왔다. 석면은 흡음, 단열, 내부식성, 내약품성에 뛰어나 건축재료부터 보일러나 온방 파이프의 피복, 자동차의 브레이크나 클러치판, 석유스토브의 심지, 페인트, 벽지, 시멘트 보드 등 5,000 종류 이상의 제품에 사용되고 있다. 종류로는 95%의 석면은 사문석(serpentile) 형태의 백석면(chrysotile)이고, 나머지 중 4%가 감섬석(amphibole) 형태의 청석면(crocidolite), 0.5%가 황석면(amosite)이다.

석면의 급성 노출은 피부자극을 야기하지만, 대표적 유해성은 폐암, 중피종(pleural mesothelioma), 석면폐증(asbestosis)이다. 폐암은 석면분진이 폐장의 세포에 작용하여 세포가 이상 증식하는 악성종양으로 ACGIH 기준 $A_1$(confirmed human carcinogen)이다. 중피종은 흉막, 복막, 심막 등의 체강장막을 덮고 있는 중피 조직에 발생하는 악성종양이며, 석면폐증은 석면분진이 폐 속에 들어올 경우 폐조직이 만성 섬유증식을 일으키는 진폐증의 일종이다(한국화학시험연구원, 2006). 석면과 담배 흡연은 상승적 위해 영향이 있다. 산업장 근로자들에 대한 석면 노출 및 위해는 잘 알려져 있으며, 비산업장의 석면 노출에 대한 유해 보고도 있다. Roggli 및 Longo(1991)는 학교 건물에서 석면을 포함한 음향용 석고(acoustic plaster)에 수년간 노출된 조교의 중피종 사례를 보고하였다.

한편 국내에서는 2007년 1월부터 건축자재용과 자동차용 석면제품 사용을 금지하고 2009년까지 모든 석면 제품의 제조·수입·사용 등을 금지한다(노동부). 또한 기존 건축물의 해체 또는 제거 시 석면이 발생되기 때문에 환경부는 석면 또는 유사물질(유리섬유, 암면)의 제거, 처리 전문업체를 허가하여 수집운반, 중간 및 최종처리가 안전하게 될 수 있도록 하고 있다.

### 3. 미생물성 물질

실내공기오염을 논할 때 우리는 주로 화학적 오염물질을 언급하지만, 실제 실내환경에는 다양한 생물학적 물질이 존재하기 때문에 호흡기를 통해 유입되는 생물학적 입자(biological particles)들의 건강영향을 간과해서는 안 된다. 생물학적 인자들은 아토픽(atopic) 기전, 감염 과정 또는 직접적인 독성을 통하여 질병을 야기할 수 있다. 카펫, 쇼파 등의 집먼지는 생물학적 알레르겐의 주요 발생원이다(Lewis 등, 1994).

실내환경에 존재하고 있는 미생물성 물질들은 인간의 활동이나 애완동물과 관련이 있으며 이들 물질의 종류로는 세균, 진균, 바이러스, 포자, 곰팡이 등이 있다. 포자, 곰팡이, 균류와 같은 미생물들은 다습하고 환기가 불충분하여 실내공기질이 양호하지 못한 경우 잘 증식하게 되며 전염성 질환과 알레르기 질환을 유발시키기도 한다.

#### 1) 레지오넬라병(재향군인병)

일명 냉방병으로 불리는 레지오넬라병은 냉방 시설과 관계가 있다. 주로 6~11월 사이에 많이 발생하고 그 원인은 건물의 냉각탑에 고여 있는 냉각수가 오염됐을 경우 균이 발생하여 냉각 시스템을 거쳐 실내로 유입되어 냉방병을 발생시킨다. 레지오넬라병은 Legionnaire pneumophila가 대표적인 원인균으로 흙 속이나 고여 있는 지하수 등의 자연계에 폭넓게 존재하는데 생물체 기생이 필수조건이 아니고 기회 감염세균으로 인체에 침입하면 질병을 일으키게 된다.

#### 2) 알레르기

먼지나 꽃가루 등에 의해 알레르기성 비염 증상과 천식을 야기할 수 있으며, 실내환경에서 발생하는 다른 오염물질에 노출됨으로 인해서 알레르기성 질환이 발생된다. 박테리아, 꽃가루, 진균, 조류, 방선균류, 절지동물 분절(arthropod fragments) 등은 알레르기 반응을 일으키게 하는 항원으로 밝혀졌으며 실내공기 중에 넓게 분포되어 있다(〈표 4-4〉 참조). 이와 같이 공기 중에 분산되어 있는 미생물성 물질들은 실내환경 조건에 따라 더욱 증가되어 전염병을 매개로 하는 역할을 하거나 직접적으로 피부 질환, 알레르기성 질환, 기관지 천식 등을 유발시킨다. 실내환경에서 가장 많이 연구된

**〈표 4-4〉 박테리아 및 진균 노출과 연관된 질병 및 증상**

| 질병 및 증상 | 원인 유기체 |
|---|---|
| 비염 및 상기도 증상<br>천식<br>Humidifier fever(아메바에 의한 알레르기 반응)<br>과민성 폐렴(extrinsic allergic alveolitis)<br>아토피성 피부염(atopic dermatitis) | Alternaria, Cladosporium, Epicoccum<br>Various |

**〈표 4-5〉 실내 알레르기(allergy) 인자**

| 발생원 | 속(genus) | 종(species) | 알레르겐 |
|---|---|---|---|
| 먼지 진드기(dust mite) | *Dermatophagoides*<br>*Dermatophagoides*<br>*Euroglyphus*<br>*Hirstia*<br>*Lepidoglyphus*<br>*Malayoglyphus*<br>*Malayoglyphus*<br>*Sturnophagoides* | *pteronyssinus*<br>*farinae*<br>*maynei*<br>*domicola*<br>*destructor*<br>*intermedius*<br>*carmelitus*<br>*brasiliensis* | *Der p*<br>*Der f*<br>*Eur m*<br>*Hir d*<br>*Lep d*<br>*Mal I*<br>*Mal C*<br>*Stu b* |
| 고양이 | *Felis* | *domesticus* | *Fel d* |
| 개 | *Canis* | *Familiaris* | *Can f* |
| 설치류(쥐, 토끼 등) | *Mus*<br>*Rattus* | *musculus*<br>*norvegicus* | *Mus m*<br>*Rat n* |
| 바퀴벌레 | *Blattela*<br>*Periplanetta* | *germanica*<br>*alternato* | *Bla g*<br>*Per a* |
| 진균(fungi) | *Alternaria*<br>*Aspergillus*<br>*Cladosporium* | *alternato*<br>*fumigatus*<br>*herbarium* | *Alt a*<br>*Asp f*<br>*Cla h* |

발생원은 집 먼지 진드기이다. 집 먼지 진드기는 유아 천식의 주요 원인물질로도 보고되었다(Tariq 등, 1998). 먼지 진드기와 같이 바퀴벌레도 천식을 유발하는 것으로 보고되고 있다. 특히 박테리아는 그 표면 분비물이나 상처로 찢어진 곳에서 자라나며 그 이외의 독소 역시 마찬가지이다. 각종 박테리아는 조직이나 기관에 대수롭지 않은 염증에서 종양에 이르는 범위까지 간접적 영향을 끼친다. 박테리아와 진균의 노출에 따른 잘 알려진 질병 및 증상을 〈표 4-4, 5〉에 나타내었다(Peat 등, 1998).

### 4.2.4 환경성 담배연기

일반적으로 실내흡연으로 불리는 환경성 담배연기(Environmental Tobacco Smoke, ETS)는 간접흡연(passive smoking)으로 표현되고 있다. 간접흡연이란 흡연자에 의해 비흡연자가 실내에서 담배의 연소 화합물질에 노출되는 것을 말하며, 환경성 담배연기는 주류연(Mainstream Smoke, MS)와 부류연(Sidestream Smoke, SS) 2가지로 구분된다. 주류연이란 흡연자가 담배를 흡입하여 폐 속에서 여과한 후 호흡기를 통해 배출되는 것이며, 부류연은 담배 자체의 연소로 직접 배출되는 것이다.

담배는 그 연소에 의해 입자상 물질과 가스상 오염물질을 발생시킨다. 흡연은 담배연소, 담배피우는 방법, 담배 종류에 따라 유해공기오염 물질의 발생량 및 발생 농도의 차이가 있지만, 연소과정에서 부유 입자상 물질, CO, $CO_2$를 비롯한 4,500종류 이상의 오염물질을 발생시키므로 담배연기는 실내환경에서 주요 오염원으로 볼 수 있다(〈그림 4-10〉 참조). Doll 등(2004)의 연구에 의하면 35세부터 비흡연자와 흡연자의 생존율이 10년 정도 차이가 있다고 보고하였다(〈그림 4-11〉 참조).

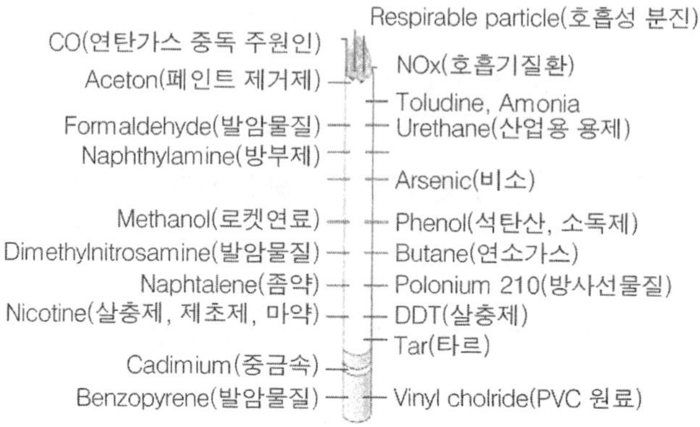


<그림 4-10> 담배 흡연에 의한 주요 배출 유해물질

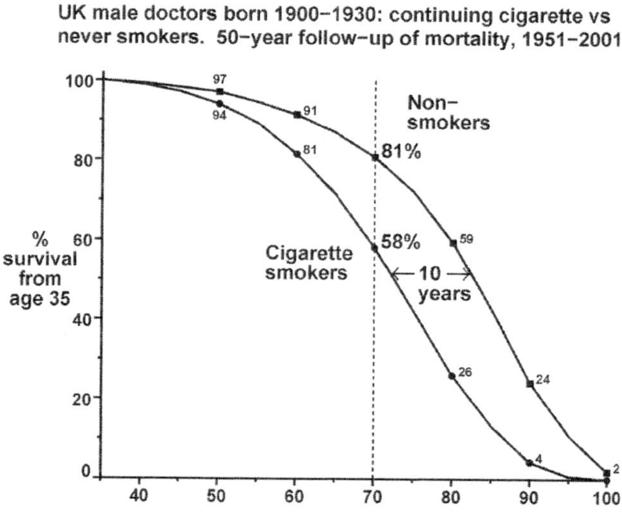


<그림 4-11> 흡연자와 비흡연자의 35세 이상에서 생존율

환경성 담배연기는 직접 담배를 피우는 사람에게 폐암, 후두암, 간암 등을 유발하고, 순환기와 소화기에도 건강영향을 일으킨다. 직접 담배를 피우는 것은 흡연자 자신의 개인 생활양식이라고 할

수 있지만, 실내환경의 흡연은 비흡연자에게 치명적 건강영향을 야기할 수 있기 때문에 문제가 매우 크다. 더욱이 부류연은 주류연보다 더 유해한 물질을 배출시킨다(〈표 4-6〉 참조).

Wang 등(1994)이 보고한 결과에 의하면, 주택 내 간접흡연으로 인한 ETS의 노출은 여성에게 폐암의 위해성을 증가시키는 것으로 나타났다. 직장 내 흡연에 의한 간접흡연도 마찬가지로 건강영향을 일으킬 수 있는 것으로 보고되고 있다(Rosenbaum 등, 1996). 흡연자에 대한 인간 건강의 위해성은 인정되고 있음에도 불구하고,

**〈표 4-6〉 무(無)필터 담배에서 주류연(MS)과 부류연(SS) 배출량**

| 오염물질 | MS의 배출량 | SS/MS |
|---|---|---|
| 인간 발암물질 | | |
| (known human carcinogens) | | |
| Benzene | 12~48㎍ | 5~10 |
| 2-Naphthylamine | 1.7ng | 30 |
| 4-Aminobiphenyl | 4.6ng | 31 |
| Nickel | 20~80ng | 13~30 |
| Polonium-210 | 0.04~0.1pCi | 1~4 |
| 인간 발암가능물질 | | |
| (probable human carcinogens) | | |
| Formaldehyde | 70~100㎍ | 0.1~50 |
| Hydrazine | 32ng | 3 |
| N-Nitrosodimethylamine | 10~40ng | 20~100 |
| N-Nitrosodiethylamine | ND~25ng | <40 |
| N-Nitrosopyrrolidine | 6~30ng | 6~30 |
| 1,3-Butadiene | 69.2㎍ | 3~6 |
| Aniline | 360ng | 30 |
| Benzo[a]pyrene | 20~40ng | 2.5~3.5 |
| N-Nitrosodiethanolamine | 20~70ng | 1.2 |
| Cadmium | 110ng | 7.2 |
| 기타 유해물질 | | |
| Carbon monoxide | 10~23ng | 2.5~4.7 |
| Acrolein | 60~100㎍ | 8~15 |
| Ammonia | 50~130㎍ | 3.7~5.1 |
| Nitrogen oxides | 100~600㎍ | 4~10 |

* pCi: picocurie(1Curie=$3.7\times10^{10}$Becquerel), ND: non-detectable.

* Ref: US EPA Report(1992).

ETS 노출에 따른 건강영향은 아직도 논란의 소지가 있다. 그 이유는 ETS 관련 연구논문에서 인터뷰나 자가 기입 설문지를 통해 개인이 ETS에 노출되었는지를 구분하기 때문에 그에 따른 건강영향 평가가 명확하지 못했기 때문이다(Jenkins 등, 1996). ETS 노출평가에 대해 Jaakkola(1997)는 니코틴(nicotine)과 호흡성 분진의 개인노출 측정이 가장 직접적인 평가방법이며, 간접적으로는 흡연 가능한 실내환경에서 지역시료, 설문지, 시간활동 행태를 고려한 모델이라고 하였다. 또한 노출 후 인간 생체 내 유입 후 대사과정에서 영향을 받을 수 있지만, 생체학적 노출지표로서 소변 등에서 니코틴과 코티닌(cotinine) 측정이 노출량으로 이용될 수 있음을 지적하였다.

### 4.2.5 빌딩증후군

1970년대 초 이후 비산업환경인 병원, 학교, 사무실 건물에서 근로 관련 건강영향 증상 호소 또는 불만이 있었다. 어떤 경우에는 증상 호소의 직접적 원인 인자를 발견할 수 있었지만, 대부분의 경우 원인을 찾지 못했다. Turiel 등(1983)은 사무실 건물에서 일하는 근로자의 건강영향 증상 호소를 연구하였으며, 건상영향 호소는 주로 안구, 코, 목의 자극 증상이었다. 이 연구 결과에 의하면 근처의 건물과 비교하여 대상 건물에서 건강영향 발병률이 높았으며, 그 원인을 밝히기 위하여 연구진은 외부 공기 유입률, 실내공기 온도, 습도, 미생물 및 분진 농도, CO, $NO_2$ 등을 측정하였다. 환기율에서 외부 공기 유입률은 15%, 실내 재순환률은 85%였고, 결론적으로 실내공기질 농도는 낮았지만 다양한 공기오염물질이 복합적 및 상승적으로 작용하여 건물 재실자에게 영향을 주는 것이었다.

일명 빌딩증후군(SBS; Tight Building Syndrome, TBS)으로 알려진 용어는 재실자의 20% 이상이 실내환경에서 2주 또는 그 이상 동안 다양한 건강영향 증상이 나타날 때 지칭하는 것으로 1982년 세계보건기구(WHO) 회의에서 처음 언급되었다. 여기서 20% 이상으로 정의한 것은 ASHRAE가 평안을 정의할 때 제시한 것이다. 일반적으로 재실자가 근무 후 또는 주말에 건물을 벗어나게 되면 증상이 감소되거나 완전히 없어지게 된다. SBS는 단지 실내환경에 국한되는 것이 아니라 근로만족도, 작업량 등 다른 요인도 함께 작용한다. 그런데 SBS는 건강 불평을 언급하는 사람들에게 특정 원인을 확인할 수 없었다(Lahtinene 등, 1998). 따라서 빌딩관련질병(Building Related Illness, BRI)이란 용어를 사용하였으며, BRI는 의학적으로 진단이 가능한 질병이며 그 원인을 확인할 수 있을 때를 말한다(Ryan과 Morrow, 1992).

SBS 증상은 일반적으로 5가지로 나타낼 수 있으며, 단독 또는 복합적이다. 또한 증상은 주기적 또는 일시적일 수 있으며, 비특이적으로 감기 또는 호흡기 질병과 비슷하게 나타난다(Burroughs와 Hansen, 2004).

① 안구자극(eye irritation)

염증 없이 눈의 건조, 이물감, 충혈 등을 경험한다. 증상은 날마다 변화가 있으며 렌즈(lenses)를 착용한 재실자는 더욱 민감하다.

② 비자극(nasal manifestations)

대부분의 코자극 증상은 코막힘이며, 재실자가 건물 실내로 들어가면 빠르게 증상이 나타나며 지속된다. 비루(鼻漏: 코 점액이 지나치게 많이 나오는 증상) 증상도 빈번할 수 있다.

③ 인후 및 하기도 증상(throat and lower respiratory tract symptoms)

목구멍의 지속적 건조가 주요 증상이다. 재실자는 많은 양의 음료수를 섭취하면 증상이 완화되곤 한다. 일반적 하기도 증상은 숨가쁨, 깊은 호흡의 어려움 등이며, 실외에서 몇 차례 깊은 호흡을 하면 완화된다.

④ 두통, 피로, 불쾌감(headache, fatigue, general malaise)

두통은 오후에 주로 발생하며 증상은 가벼운 것부터 심각한 편두통을 느낄 수 있다. 두통 및 연관된 피로, 어지러움은 집중력을 감소시키며, 불쾌감은 SBS에서 자주 언급된다.

⑤ 피부증상(skin problem)

건조피부는 특히 여성 재실자에게 자주 언급되는 불만이다. 건조공기 또는 과도한 공기 이동은 피부표면에서 발진을 야기할 수 있으며, 피부표면 발진은 공기오염물질에 의해서도 가능하다.

빌딩증후군은 재실자의 건강영향뿐만 아니라 결석률(학생, 근로자 등)의 증가와 생산성을 감소시킬 수 있다. Niemela 등(2006)은 기존에 발표되었던 23개 연구논문을 근거로 BRI와 생산성, 관련성을 조사하였는데, 그 결과에 의하면 BRI 증상의 10% 감소는 생산성의 1.5% 증가를 보였으며, 보험회사의 자료를 이용하여 분석한 것에 의하면 자극 증상의 10% 감소는 결근율을 0.7% 감소시키는 것으로 보고하였다.

한편 SBS는 실내공기질뿐만 아니라 조명, 음향, 업무 스트레스 등 복합적 원인에서 발생될 수 있다. SBS의 복합적 원인을 Valnjørn 등(1996)은 그 연구 결과를 〈그림 4-12〉로 나타내었다. 〈그림 4-12〉의 물리화학적 노출과 증상 유병률(%)의 관계에서 2개의 로지스틱(logistic) 곡선은 좋은 그리고 나쁜 정신 심리적 조건을 나타낸다. 물리화학적 노출의 합이 높을 경우 정신 심리적 부하는 유병률의

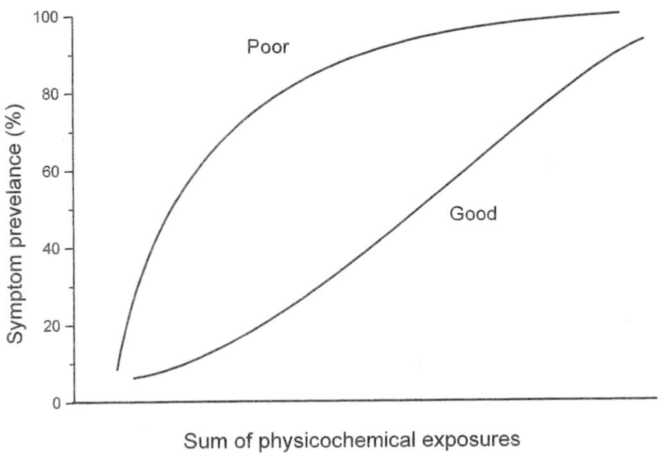


<그림 4-12> 물리화학적 노출과 유병률 증상 관계에서 발생하는 심리사회적 요인

차이를 보이지 않지만, 노출의 합이 적을 경우 정신 심리적 요인이 우선적임을 나타내고 있다(Schneider 등, 1999).

### 4.2.6 새집증후군

새집이나 수리(리모델링)한 집에 입주한 뒤 전에 없던 두통이나 아토피 피부염, 천식 등의 질환에 시달리는 현상을 새집증후군(Sick House Syndrome, SHS)이라고 한다. 새집증후군의 원인 물질은 건자재 및 마감재 그리고 내장가구에서 발생되는 HCHO 외에 VOCs인 톨루엔, 자일렌, 에틸벤젠, 벤젠, 스틸렌, 아세트알데히드 등으로 보고되고 있다. HCHO 및 VOCs의 최초 6개월 동안 급속히 발생되며 그 이후 최대 4년까지 미량 발생되는 것으로 보고되고 있다(손부순 등, 2004). 새집증후군과 함께 복합화학물질민감증(MCS)도 실내환경에서 자주 언급되는 용어로 다양한 화학물질이 저농도에서 복합적으로 작용하여 재실자에게 건강영향을 주는 것을 의미한다. MCS에 의한 증상은 공기오염물질의 노출 농도에서 관련 화학물질에 대한 독성학적 특성을 일정하게 나타내지 못하기 때문에, MCS가 실제적 질병이라고 정의하는 데 상당한 의학적 논쟁이 있다. 하지만 MCS가 실내공기질 악화의 원인일 수 있기 때문에 의학적 판단에도 불구하고 실내공기질 전문가는 주의를 기울여야 한다(Hays 등, 1995).

〈연습문제〉

1. 오존($O_3$)의 경우 실내환경 내 발생원이 없음에도, 일반적으로 개인노출은 실외 대기보다 실내환경에서 측정된 오존농도와 연관성이 높은 이유는 무엇 때문인가?
2. 흡연자와 비흡연자의 라돈 농도에 따른 폐암 사망률이 차이가 있는 이유는 무엇 때문인가?
3. 실내공기오염 물질 노출과 건강영향 관계에서 역치(threshold)란 무엇을 의미하는가?
4. Met(metabolic equivalent)를 설명하라.
5. 포름알데히드(HCHO)의 발생원과 노출에 따른 건강영향을 기술하라.
6. 총휘발성유기화합물(TVOCs)이란 무엇인가?
7. 라돈(radon)의 노출이 실외 대기환경에서 문제가 되지 않는 이유는 무엇 때문인가?
8. 석면 노출에 따른 건강영향에는 무엇이 있는가?
9. 빌딩증후군(SBS)의 주요 증상은 무엇인가?
10. 새집증후군의 주요 원인 공기오염물질은 무엇으로 알려져 있는가?

제 5 장

# 실내공기질 영향 요인 및 모델링

# 제 5 장 실내공기질 영향 요인 및 모델링

실내환경의 공기오염물질 농도는 실내공간 체적, 공기오염물질 발생률, 반응 또는 침강에 의한 감소율, 실내외 환기율 그리고 실외공기 농도에 의존한다(Maroni 등, 1995). 그리고 온도, 습도, 기류 등도 실내공기질에 영향을 준다. 본 장에서는 실내공기질에 영향을 주는 요인을 살펴보고, 영향 요인을 고려한 실내공기질 모델을 이해한다.

## 5.1 실내공기환경

실내공기환경은 매우 복합적인 동적 시스템이다. 실내환경에서 일어나는 주된 물리적 현상은 열 전달, 질량 전달, 운동량 전달이며 실내환경과 실외환경의 연속적 반응이다. 〈그림 5-1〉과 같이 실내환경은 실외환경을 포함한 다양한 발생원, 재실자, 냉·난방, HVAC (heating, ventilation and air-conditioning) 시스템 등에 의해 결정된다. 이런 결정 요인들은 열 및 질량 전달과정에 의해 실내공기질을 결정하게 된다.

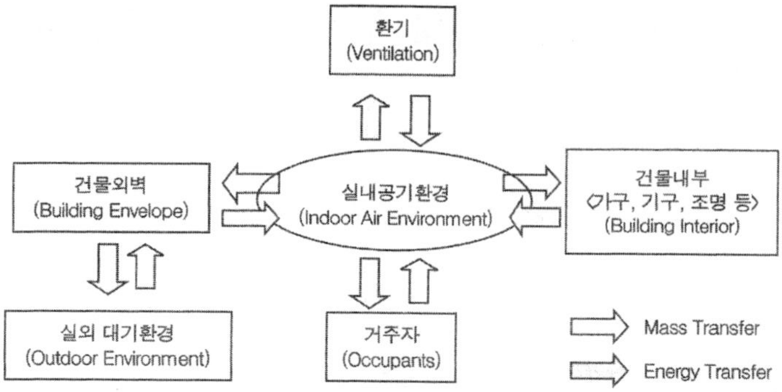


<그림 5-1> 실내환경의 동적 시스템 개요

## 5.2 실내공기질 모델

### 5.2.1 모델링

모델링(modeling)은 자연현상을 수식으로 표현한 것으로 간략히 정의할 수 있다. 실내환경 중 공기 중에 정지해 있는 입자상 물질을 고려해 보자. 정지해 있는 입자상 물질은 공간에서 좌표로 x, y, z라는 3개 변수로 위치를 나타낼 수 있다. 입자상 물질이 실내환경의 기류 때문에 이동한다면 시간을 포함한 4개의 변수로 먼지의 공간상 위치를 결정할 수 있다. 또한 이 입자상 물질의 공간상 농도를 표시하기 위해서는 질량이라는 변수가 또다시 추가될 수 있다. 여기서, 질량은 여러 화학원소 및 화합물로 이루어져 있으므로, 구성 화합물의 숫자만큼 변수의 수가 증가한다. 자연과학자들은 이 같은 변수 설정과 더불어 수학적 지식과 공식을 이용하여 오염물질의 거동을 표현하고 있다. 이와 같은 작업을 모델링이라 하며, 주된 목적은 복잡한 현실세계를 수식을 통해 나타내고 모방하려는 것이다. 모델링은 단지 실내환경을 포함한 환경분야뿐만 아니라 자연과학 전 분야에 적용될 수 있다.

모델링의 장점은 첫째, 미래를 예측할 수 있다는 것이다. 미래의 예측은 현재에서 계획 및 준비를 할 수 있기 때문에 중요하다. 둘째, 저비용으로 많은 장소의 농도를 예측할 수 있으며, 전체 농도에서 특정 발생원의 기여도를 평가할 수 있다. 셋째, 새로운 발생원의 영향을 예측할 수 있다. 반면 모델링은 공기 중 확산과 변환 등의 복잡한 현상을 정확히 재현할 수 없기 때문에 그 예측이 항상 틀릴 수 있다는 것이다. 물론 실내환경 전문가뿐만 아니라 모든 자연과학자들은 모델링의 정확도를 최대한 높이려 계속 노력하고 있다. 이 이유 때문에 모델(model)이라는 용어보다는 현재도 진행 중인 모델링(modeling)이란 용어를 사용한다. 모델링의 종류를 간략히 살펴보면 다음과 같다.

### 1. 물리모델(physical model)

자연현상을 연구실 수준으로 축소시켜 실험하는 것이다. 예를 들면, 실제 주택의 크기를 1/10 수준 정도로 축소하여 연구실에 설치한 후, 축소된 실험실에서 공기질의 변이 또는 거동을 측정 또는 평가하여 실제 주택을 모델링하는 것이다. 풍동장치(wind tunnel) 실험도 여기에 속한다.

### 2. 수학모델(mathematical model)

결정론(deterministic) 모델과 통계(statistical)모델로 구분한다. 결정론 모델은 자연현상을 수학적으로 기술한 것으로 발생, 확산, 영향 등에 대해 수식으로 표현한 것이다. 공기오염물질의 확산 모델이 대표적이다. 통계모델은 이용 가능한 자료와 측정 자료를 가지고 통계 방법에 적용하는 것이다.

실내환경에서 실내공기질 모델은 매우 유용하게 사용될 수 있기 때문에 중요하다. 실내환경의 경우 대기환경과 달리 공기오염물질 측정 시 사생활권인 주택, 사무실, 공공건물의 실내공기질을 측정하는 것은 쉽지 않으며 많은 시간을 요구하는 힘든 과정이다. 따라서, 실내환경의 경우 모델은 실내공기질 측정의 유효한 대안이 될 수 있으며, 또한 실내 발생원 확인, 발생량 추정, 실외 대기의 영향 등 매우 다양하게 응용될 수 있다(Charloulakou et al., 2002)

### 5.2.2 실내환경의 물질수지

실내환경의 가구류, 내장재, 연소기구 등에서 발생되는 공기오염물질의 발생량 측정만으로는 지금까지 알려진 오염물질의 종류 및 노출로 인한 건강영향을 명확하게 규명하기에는 부족한 점이 있다. 이것은 실내공기질이 실내 발생량뿐만 아니라 실외공기, 환기량,

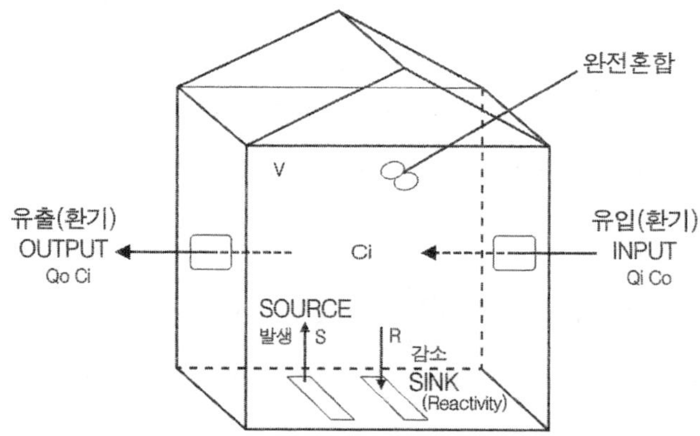


<그림 5-2> 실내공기질의 주요 영향 인자

실내공간에서 오염물질의 감소, 실내공간의 표면적, 공기혼합 상태, 기류, 온도, 습도, 미확인 요인 등에 영향을 받기 때문이다(Hays, 1991; Yang 등, 2004; 〈그림 5-2〉 참조).

### 1. 1구역 모델(one-compartment model, box model)

물질수지(mass balance, 물질에 대한 수지 균형을 수량적으로 취급하는 것)는 완전 혼합된 하나의 공간으로 공기 질량의 유입 및 유출 사이의 관계를 기술하며 실내공기질을 설명하기 위해 자주 이용된다. 즉, 실내공기질 영향 요인 중 질량의 흐름을 고려하여 수학적 수식으로 나타낼 수 있다. 물질수지는 질량보존의 법칙(물리적 및 화학적 변화 전후의 질량은 불변한다)을 이용하여 수식으로 나타낸 것으로, 질량의 흐름과 질량 제고의 변화를 회계하는 것에 지나지 않는다. 예를 들면 다음과 같다.

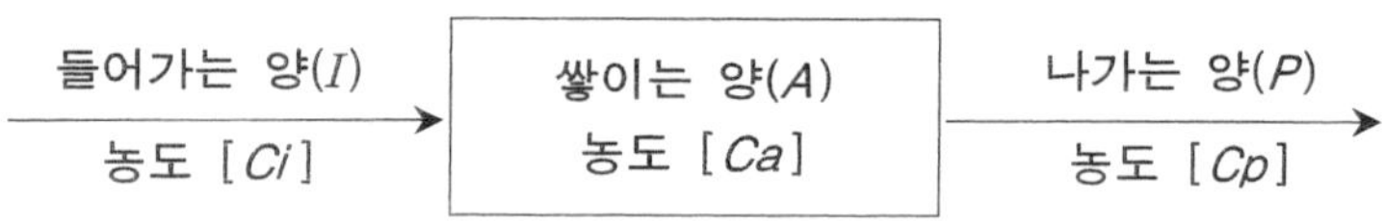


예) 지난 일주일 동안의 프로판 탱크에 20kg의 프로판 가스를 주입하고 14kg을 사용하였다. 처음에 5kg이 들어 있었다면, 주말에는 얼마나 남아 있는가?

풀이) 도입 질량+초기 질량=배출 질량+잔존 질량

20kg 5kg 14kg 답) 11kg

화학반응이 있거나 없는 모든 계에 적용되는 물질수지의 원리를 나타내면, {계안에서의 질량의 축적량}={계 경계를 통한 질량의 유입량}+{계 안에서 질량의 생성량}−{계 경계를 통한 질량의 유출량}−{계 안에서 질량의 소비(감소)량}이다. 여기서 생성(generation)과 소비(consumption or sinks)는 화학반응에 의하여 생기는 것과 없어지는 것을 의미한다. 축적량은 양의 값이 될 수도 있고 음의 값이 될 수도 있다. 그리고 이것은 일정한 시간, 가령 1년, 일일, 한 시간, 1초 또는 미소시간에 관하여 쓴 것임을 알아야 한다.

물질수지에 의한 실내공기질 모델은 실내공기 오염물질 농도와 관련 변수들 사이의 관계를 나타낼 수 있는 유용한 방법이며, 오염물질의 확산과 이동, 오염물질 발생강도, 환기율, 감소율 등의 요인들을 기술한다. 실내공기 오염물질은 다음의 4가지 가정에 의해 결정된다.

첫째, 공기오염물질은 비압축성이다.

둘째, 공기가 실내·외로 유입 및 유출할 때 오염물질의 충돌(impaction)과 확산 등으로 인한 손실은 무시한다.

셋째, 실내공기 오염물질은 가능한 실내공간 내 표면반응으로 감소 및 제거된다.

넷째, 실내에서 건자재, 연소도구 및 흡연 등으로 공기오염물질이 발생된다.

실내환경을 하나의 공간으로 가정하면, t와 t+dt의 무한소(無限小) 동안 공기오염물질의 질량 변화는 획득한 공기오염물질의 질량에서 손실된 공기오염물질의 질량을 빼준 것이다.

Change in Mass in dt = Mass Gain in dt − Mass Loss in dt

여기서 t와 t+dt의 무한소 동안 공기오염물질의 질량변화(dC, mg/m³)는 실내환경 체적(V, m³)에서 다음과 같이 물질수지로 나타낼 수 있다.

$$V \cdot dC_i = Q \cdot C_o \cdot dt + S \cdot dt - QC_i \cdot dt - R \cdot dt$$

(획득)　　　　　(손실)

여기서 양변을 dt로 나누어 주면 식 (1)로 나타낼 수 있다.

$$V\frac{dC_i}{dt} = mQC_o + S - mQC_i - R \tag{1}$$

유입　발생　유출　감소

여기서 $C_i$=실내오염물질 농도(mass/volume=$\mu$g/m$^3$), $C_o$=실외오염물질 농도(mass/volume=$\mu$g/m$^3$), Q=유량(volume/time=m$^3$/hr), S=실내오염물질 발생원 강도(mass/time=$\mu$g/hr), R=실내오염물질 제거율(mass/time=$\mu$g/hr), V=실내공간 부피(volume=m$^3$), t=시간(time=hr), m=실내공간의 혼합계수(mixing factor, $0 \leq m \leq 1$).

식 (1)에서 각 항의 단위는 질량유량(mass flow rate, mass/time)으로 부피질량(volume flow rate, volume/time)과 농도(mass/volume)의 곱으로 나타낼 수 있다. 또한 유입, 발생, 유출, 감소의 항을 측정할 수 있으면 실내환경 공기오염물질의 농도를 예측할 수 있다. 또한 실내공기질의 예측은 직접적으로 재실자의 노출을 추정할 수 있다(Dimitroulopoulou 등, 2001).

식 (1)에서 실내오염물질 제거율(R)은 감소상수(K, hr$^{-1}$)와 실내에 존재하는 질량(VCi)으로 나타낼 수 있다(R=K(감소상수)×M(질량)).

$$R = KVC_i \tag{2}$$

식 (2)를 식 (1)에 대입하고 대상 실내공간에서 완전혼합(completely mixed condition, m=1)을 가정하면, 식 (1)은 다음과 같이 식 (3)으로 나타낼 수 있다.

$$\frac{dC_i}{dt} = IC_o + \frac{S}{V} - IC_i - KC_i \tag{3}$$

여기서 I=Q/V(1/hr)로 공기환기횟수(air exchange per hour, ACH).

시간 t=0일 때 초기농도를 C(0)라면, 식 (3)에서 시간에 따른 농도변화는 미분방정식(differential equation)을 이용하여 식 (4)로 나타낼 수 있다.

$$C(t) = \frac{(IC_o + S/V)}{I+K}[1 - e^{-(I+K)t}] + C(0)e^{-(I+K)t} \tag{4}$$

실내공기 오염물질의 농도가 평형상태(t=∞)에 도달할 때 시간에 따른 농도 변화는 정상상태(steady-state, $dC_i/dt=0$)로 가정할 수 있으며, 실내·외 공기오염물질 농도에 적용하여 식(5)에 나타내었다.

$$C_{i(ss)} = \frac{IC_o + S/V}{I+K} \tag{5}$$

여기서 Ci(ss)=정상상태의 평균 실내공기 오염물질 농도이다. 또한 $C_o$(실외공기 오염물질 농도)=0과 K(감소상수)=0으로 가정하면, 다음과 같다.

$$C_{i(ss)} = \frac{S/V}{I} = \frac{S}{Q} \tag{6}$$

식 (6)은 환기에서 필요 환기량을 산정할 때 유용하게 이용된다. 또한 식 (5)는 실내 및 실외 공기질의 관계로 표현할 수 있다. 식 (6)은 입자상 공기오염물질 노출 시 쉽게 응용될 수 있다. 예를 들면, 입자상 물질의 중력침강에 의한 종말속도(terminal velocity)를 적용하면 다음과 같다.

$$C_{i(ss)} = \frac{S}{Q + V_T A} \tag{7}$$

여기서 $V_T$=종말속도, A=실내환경 바닥 면적이다.

식 (4)에서 $C_o$(실외오염물질 농도)=0과 K(감소상수)=0, S(발생)=0 그리고 초기농도가 0이 아니라면 다음과 같이 지수함수적 감소로 표현할 수 있다.

$$C(t) = C_0 \cdot e^{I \cdot t} \tag{8}$$

식 (1)~식 (7)은 실내환경을 하나의 공간으로 가정하고 물질수지식으로 표현한 것이다. 사무실, 병원 등의 실내환경에서는 기계적 환기, 재순환 공기, 보충용 공기 및 공기정화장치 등의 설치로 다소 복잡한 물질수지 식으로 표현할 수 있다(〈그림 5-3〉 참조; Hayes, 1989).

〈그림 5-3〉은 〈그림 5-2〉에 비해 다소 복잡해 보이지만 전체적 물질수지의 개념 및 적용은 같다. 〈그림 5-3〉에서 실내로 유입되는 실외 공기는 3가지로, 창문 또는 문틈으로 들어오는 침투, 실외에서 공기정화장치(필터)를 거쳐 유입되는 보충용 공기, 실내에서 재순환되어 유입되는 재순환공기이다. 여기서 보충용 공기와 재순환 공기는 실내환경의 온도(가온 또는 냉각), 습도, 청정도 등을 고려

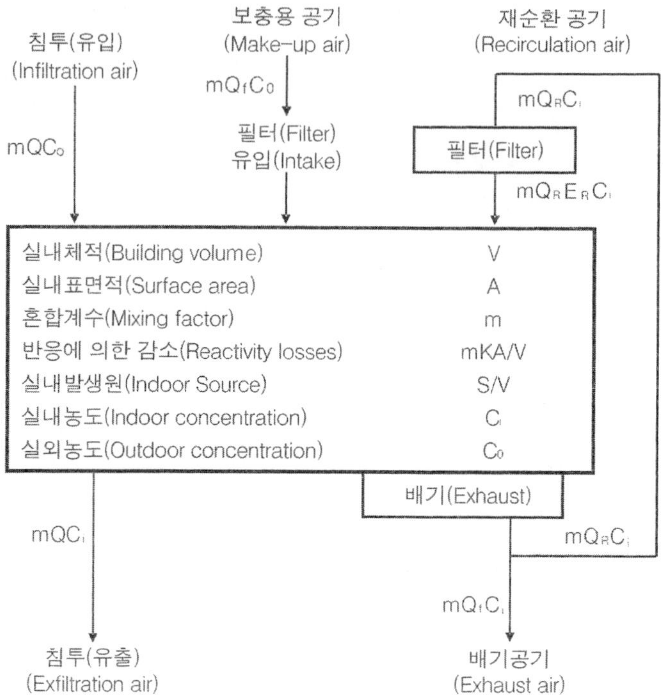


**<그림 5-3> 실내환경의 물질수지**

한 공기조화이다. 식 (1)과 마찬가지로 물질수지를 나타내면 다음과 같다.

$$V\frac{dC_i}{dt} = mQ(C_o - C_i) + mQ_f(E_R C_o - C_i) + mQ_R(E_R - 1)C_i + S - R$$

침투 실외 보충용 공기 재순환 공기 발생 감소

여기서 $C_i$=실내오염물질 농도($\mu g/m^3$), $C_o$=실외오염물질 농도($\mu g/m^3$), V=실내공간 부피($m^3$), Q=침투 유량($m^3/hr$), $Q_f$=공기정화장치(필터)를 통과한 실외공기 유입량($m^3/hr$), $Q_R$=공기정화장치(필터)

를 통과한 실내공기 재순환 유입량($m^3$/hr), $E_f$=보충용 공기 정화효율, $E_R$=재순환 공기 정화효율, m=실내공간의 혼합계수(mixing factor, $0 \leq m \leq 1$), S=실내오염물질 발생원 강도(μg/hr), R=실내오염물질 제거율(μg/hr).

## 2. 2구역 모델(two-compartment model)

건축물 내의 실내환경은 실제로 2구역 이상이다. 예를 들면 주택의 경우 안방, 건넌방, 거실, 부엌 등 4구역 이상으로 구분되어 있으며, 기타 다른 실내환경도 일반적으로 2구역 이상으로 되어 있다. 〈그림 5-4〉는 지상과 지하 1층으로 구성되어 있는 2구역 실내환경으로, 가솔린 탱크와 매립장에서 침출된 유해 공기오염물질이 지하를 통하여 주택 실내로 유입되고 있다.

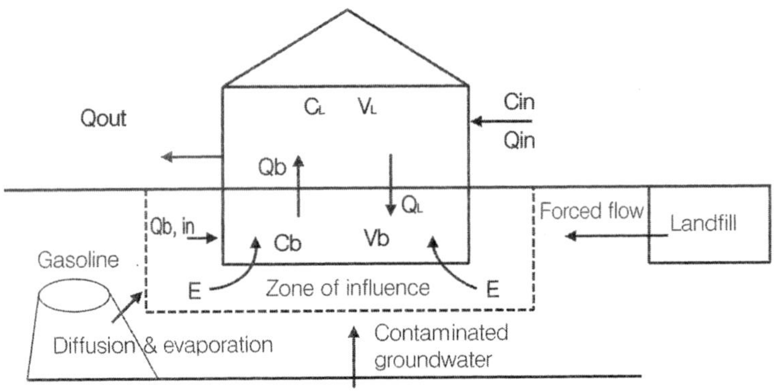


〈그림 5-4〉 2구역 모델

지하와 지상 1층의 실내환경에서 완전혼합을 가정하면, 물질수지는 다음과 같이 표현할 수 있다.

$$V_b \frac{dC_b}{dt} = Q_{b,in} C_{in} + Q_L C_L - Q_b C_b + E \tag{9}$$

$$V_L \frac{dC_L}{dt} = Q_{in} C_{in} - Q_{out} C_L + Q_L + Q_b C_b - Q_L C_L \tag{10}$$

여기서 $V_b$: 지하체적($m^3$), $C_b$: 지하의 공기오염물질 농도($\mu g/m^3$), $Q_{b,\ in}$: 대기에서 지하로 유입되는 공기량($m^3/h$), $C_{in}$: 대기의 공기오염물질 농도($\mu g/m^3$), $Q_L$: 지상 1층에서 지하로 유입되는 공기량($m^3/h$), $C_L$: 지상 1층의 공기오염물질 농도($\mu g/m^3$), $Q_b$: 지하에서 지상 1층으로 유입되는 공기량($m^3/h$), E: 토양에서 지하로 유입되는 공기오염물질 양($\mu g/h$), $V_L$: 지상 1층의 체적($m^3$), $Q_{in}$: 대기에서 지상 1층으로 유입되는 공기량($\mu g/h$), $Q_{out}$: 지상 1층에서 대기로 유출되는 공기량($m^3/h$)

식 (9)와 식 (10)에서 지상 1층에서 지하로 유입되는 공기량이 없다고 가정하면($Q_L=0$), 실외 대기에서 실내로 유입되는 공기오염물질의 농도가 무시할 정도의 저농도로 가정할 수 있게 된다($C_{in}=0$). 그러면 식 (9)와 식 (10)은 각각 식 (11)과 식 (12)로 간략하게 나타낼 수 있다.

$$V_b \frac{dC_b}{dt} = E - Q_b C_b \tag{11}$$

$$V_L \frac{dC_L}{dt} = - Q_{out} C_L + Q_b C_b \tag{12}$$

식 (11)과 식 (12)에서 시간이 0일 때(t=0) 지하와 1층의 농도는 각각 0($C_b=C_L=0$ at $t=0$), 시간이 t일 때 농도를 각각 $C_b=C_b$와 $C_L=C_L$이라 하고, 1계 미분방정식을 이용하면 식 (11)과 식 (12)는 각각 식 (13)과 식 (14)가 된다.

$$C_b = \frac{E}{Q_b}\left[1 - EXP(-\frac{Q_b}{V_b}t\right] \tag{13}$$

$$C_L = \frac{E}{Q_{out}(\frac{V_b Q_{out}}{Q_b V_L}-1)}EXP(-\frac{Q_b}{V_b}t) - \frac{E}{Q_{out}} \times \left[1 + \frac{1}{V_b Q_{out}/Q_b V_L - 1}\right]EXP(-\frac{Q_b}{V_b}t) + \frac{E}{Q_{out}} \tag{14}$$

식 (13)과 식 (14)에서 시간이 무한대일 때(t → ∞) 즉, 정상상태(steady-state)로 가정하면 식 (15)와 식 (16)이 된다.

$$C_b = \frac{E}{Q_b} \tag{15}$$

$$C_b = \frac{E}{Q_{out}} \tag{16}$$

Moseley 등(1992)의 연구에 의하면, 지하 가솔린저장탱크에서 50m 떨어진 주택의 총탄화수소(total hydrocarbons) 농도는 폭발수준(>1.3%)까지 측정되었고, 4개월 후에는 250m 거리의 학교까지 유입되어 선생님과 학생들에게 건강영향을 주었으며 교실에서 측정된 총탄화수소 농도는 8.4mg/$m^3$까지 도달하였다. 이 연구에 직접적으로 2구역 모델이 적용될 수 있으며, 국내에서는 지하수로부터 실내환경으로 유입되는 라돈의 연구에 2구역 모델을 적용하였다(유동한 등, 2001). 지난번 서울 용산의 미국기지에서 지하수로 유출된 포름알데히드 사건은 생각하면, 그전 과거의 유출로 인한 주변 주택의 실내 유입을 2구역 모델에 적용하여 추정할 수 있으며, 주택 실내의 포름알데히드 농도는 재실자의 노출에 따른 건강 위해를 간접적으로 추정할 수 있다.

### 3. 실내공기질 모델

식 (1)에서 실내공기질에 영향을 주는 각 요인은 각기 모델화할 수 있다. 실내환경 공기질의 영향 요인인 발생원, 실내공기질, 노출 및 위해성 모델 과정을 〈그림 5-5〉에 나타내었다(Hoddinott 등, 2000).

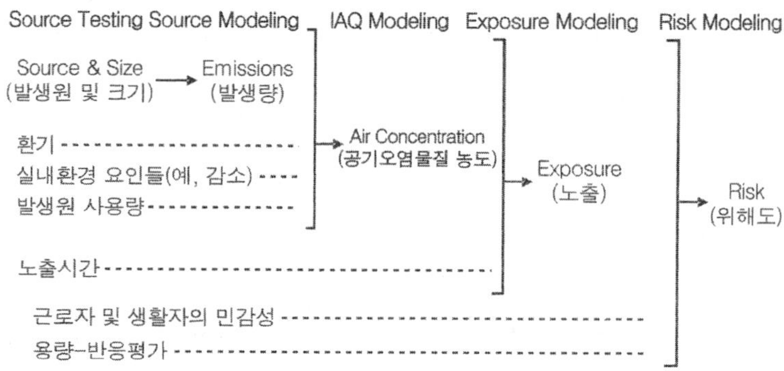


〈그림 5-5〉 실내환경의 발생원, 실내공기질, 노출 및 위해성 모델링

### 4. 모델링의 검증

실내공기질 모델링의 결과(예측)는 실제 실내환경의 측정(실측)값과 비교하여 검증(calibration과 verification)을 할 수 있다. 검증의 방법은 통계적 방법으로 회귀곡선(regression curve), 카이스퀘어 적합도 검정(χ-square goodness of fit), 민감도 분석 등을 이용할 수 있다. 〈그림 5-6〉은 Chaloulakou 등(2002)이 도로변 학교 교실에서 실내공기질 모델을 이용하여 예측한 CO 농도와 측정기를 이용하

여 실측한 결과를 검증한 결과이다.

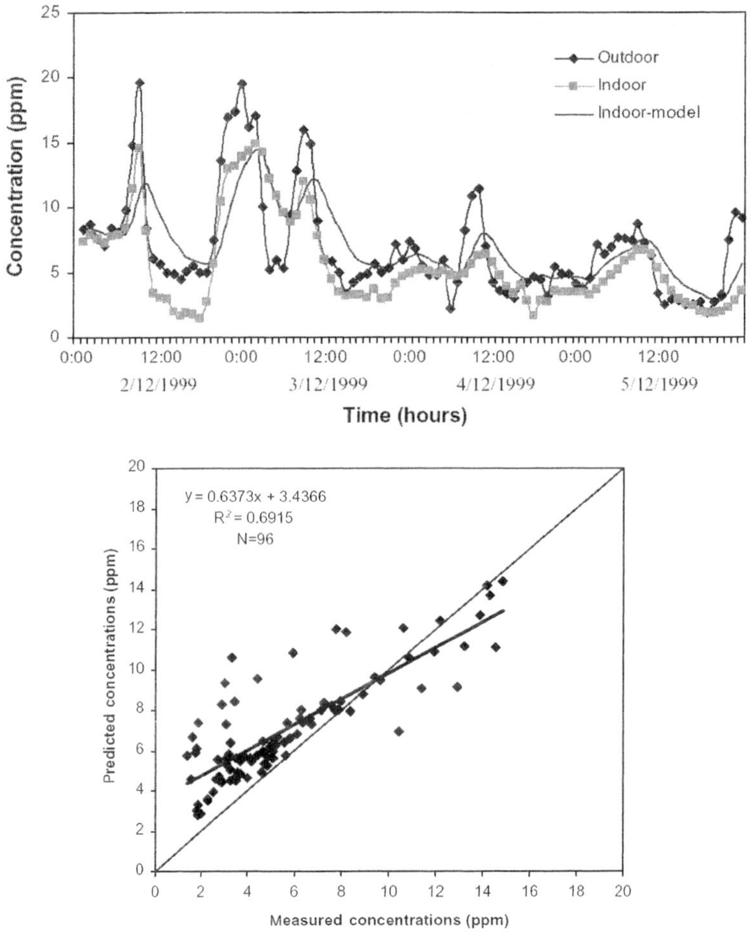


<그림 5-6> 실내공기질 모델의 예측결과와 실측결과의 비교 및 검증

〈연습문제〉

1. 실내공기질 영향 요인을 기술하라.
2. 물질수지(mass balance)란 무엇인가.
3. 모델링(modeling)이란 무엇인가?
4. 실내공기질에서 모델링의 중요성이 강조되는 이유는 무엇인가?
5. 실내공기질 모델 중 2구역 모델이 적용된 사례를 기술하라.

제 6 장

# 실외공기질

# 제 6 장 실외공기질

실내공기질과 실외 대기 공기질은 독립적으로 구분된 것이 아니라 환기를 통해 끊임없이 연관되어 있다. 실외 공기오염물질의 실내공기질 기여도는 환기의 종류(자연 또는 기계식), 환기율, 공기오염물질의 특성(반응성, 독성) 등에 따라 다르지만, 실외 대기의 발생원은 실내환경 공기에 영향을 준다. 따라서, 실내공기질 관리는 실외 대기질 관리와 함께 반드시 고려되어야 한다.

## 6.1 대기오염

### 6.1.1 대기의 구성

우리가 살고 있는 지구는 공기로 둘러싸여 있으며, 고도에 따른 물리적 양상으로 구분할 때에는 대류권(troposphere), 성층권(stratosphere), 중간권(mesosphere), 열권(thermosphere) 등으로 분류할 수 있다. 대류권 공기는 지상으로부터 약 1,000km 상공에 있는 대기층을 구성하고 있으며 지상에서 11~12km 이내의 대기층이 대류

권이고, 12km 이상은 오존층이 존재하는 성층권이다. 20km 이내의 대기층 공기성분은 대체로 지구표면의 구성 화학성분과 흡사한 점이 많다. 대기권 내의 주요 화학성분은 질소와 산소로 전체의 99%를 차지하고 나머지 성분의 거의 대부분은 알코올과 이산화탄소로서 이 네 가지 물질이 전체의 99.99%를 차지한다. 나머지 여러 가지 희소 성분은 다양한 자연적인 생성과정을 통해 대기 중으로 유입된다.

## 6.1.2 대기오염

현대의 문명사회에서 급속한 산업발전에 따른 공기오염물질의 발생은 대기를 통해 더 먼 거리로 확산, 이동함으로써 오염의 확대 재생산에 기여하게 되었다. 대기오염물질은 크게 나누면 1차 오염물질과 2차 오염물질로 분류할 수 있는데, 1차 오염물질은 발생원으로부터 직접 대기로 방출되는 분진이나 미립자를 말하고, 2차 오염물질은 오염물질이 대기의 정상성분과의 반응, 태양에너지에 의한 광화학반응 등에 의하여 변질된 것, 즉 광화학 스모그를 말한다. 또한 기준성 오염물질과 비기준성 오염물질로 구분하기도 한다(김기현 등, 2002).

### 1. 1차 대기오염물질

1차 대기오염물질(primary pollutants)을 입자상물질과 가스상물질로 구분한다. 입자상물질은 먼지, 재, 연무, 연기, 작은 물방울, 안개, 훈연, 에어로졸, 검댕 등이 있다. 먼지는 일반적으로 고체 입자를 말하는데 콜로이드(colloid) 입자보다는 크고 공기 중 혹은 다른 개체 중에서 임시적으로 현탁되어 있는 상태로 될 수 있다. 먼지는 서로 뭉쳐지는 힘은 없으나 전자장(電磁場) 내에서는 서로 엉켜 붙을 수도 있다. 가스상물질은 우리 주변에서 흔히 접하게 되는 CO, 질소산화물(NOx), 황산화물(SOx), 탄화수소(HCs), 오존 등을 말한다.

### 2. 2차 대기오염물질

대기 중에 방출된 1차 오염물질은 대기 중에서 서로 반응하거나 분해하여 발생원으로부터 배출되었을 때와 상이한 새로운 물질(secondary pollutants)을 형성시켜 순환하면서 대기를 오염시킨다. 특히 태양광(자외선)이 존재할 때 반응이 높아진다.

$$NO_2 \xrightarrow{\text{자외선}} NO + O$$

$$O + O_2 \rightarrow O_3$$

$$O_3 + NO \rightarrow NO_2 + O_2$$

대기 중에 방출된 $NO_2$는 자외선에 의해서 NO와 O로 분해되고 이 원자상태의 산소는 분자상태의 산소와 반응하여 $O_3$를 생성하고, 이 $O_3$는 다시 NO와 반응하여 $NO_2$와 $O_2$가 되는 광화학 순환을 갖는데, 여기에 1차 오염물질인 HCs가 반응하여 알데히드를 만들고 이 알데히드는 NO와 $NO_2$에 의해서 다시 PAN이 생성되는데, 이 물질들을 총칭하여 광화학산화물(oxidants)이라 부른다. 이 광화학산화물이 황산 mist, CO, 기타 유기물과 혼합되어 대기오염을 초래하는 상태를 광화학 스모그라 하며 로스앤젤레스 스모그(Los Angeles Smog)가 그 전형적인 예이다.

### 3. 대기질의 자정작용

대기의 자정작용은 공기 자체적으로 스스로 깨끗해지려고 하는 작용을 말한다. 우리 주변에 존재하는 공기는 인간이나 동물이 호흡하면서 내뿜는 탄산가스, 자동차 배출가스, 산업체에서 나오는 매연 등 여러 가지 환경 오염원에 의해서 오염되고 있지만 공기 스스로 자체 정화작용이 계속해서 일어나고 있다. 따라서 대기 중에 오염물질이 많지 않으면 공기의 자정작용(self-purification)에 의해서 스스로 깨끗해지려는 정화능력을 가지고 있어서 공기는 다시 정상 성분으로 복원되기 마련이다. 그러나 오늘날과 같이 대도시의 교통체증, 공업단지의 매연 등으로 공기가 극심하게 오염되어 스스로 깨끗해지려는 정화능력의 한계를 벗어나게 되면 대기의 오염상태는 더욱 심화되어 공기의 자정작용에 의해서 공기가 정화되기는 어렵고 이를 인위적으로 깨끗하게 하는 공기정화장치가 필요하게 된다. 공기의 자정작용은 다음과 같이 일어난다.

① 식물의 동화작용에 의한 $CO_2$와 산소의 교환작용
② 산소, 오존 및 과산화수소($H_2O_2$)에 의한 산화작용
③ 자외선에 의한 살균작용
④ 희석작용
⑤ 강우 및 강설에 의한 공기 중의 용해성 가스와 부유먼지 제거의 세정작용

### 6.1.3 대기오염의 영향

#### 1. 가시도 감소

대기오염의 영향 중 우선적으로 생각할 수 있는 것이 가시도(可視度)의 감소이다. 가시도의 감소는 공기의 작은 입자(0.5~1㎛)에 의해서 빛이 분산되어 일어나는데 런던과 같은 대도시의 경우 자동차 운행에도 지장을 주는 경우가 있다.

## 2. 인체에 대한 피해

대기오염물질의 유해작용은 오염물의 독성 및 자극성에 기인하며 대부분 호흡기와 눈에 나타나고 그 증상은 급성과 만성으로 나눌 수 있다. 급성의 경우는 기온역전과 같은 이상 기상조건에 의해 사망하는 경우이다. 미국의 도노라와 런던 스모그 사건(episode) 등이 여기에 속한다. 또 로스앤젤레스의 경우와 같은 저농도로 연속적이고 간헐적으로 나타나는 경우에는 많은 사람에게 자극과 불쾌감을 일으키는데 영구적인 상해는 아직 증명되지 않고 있다. 한편, 국제 암연구소(International Agency for Research on Cancer, IARC)에서는 대기오염물질 노출이 경제적 빈부에 따라 차이가 있으며, 이것이 암 발생과 연관성을 나타낼 수 있다고 보고하였다(1997).

## 3. 식물에 대한 영향

어떤 종류의 식물은 인간이나 동물보다 대기오염에 더 민감하고 특히 농작물이나 과수에서 많은 피해를 입는 경우가 있다(WHO, 2000). 제련소 주위에서는 $SO_2$에 의해 세포가 파괴되며 잎이 건조되어 엷게 되며 황갈색 혹은 회백색으로 퇴색되어 반점이 생긴다. 불소화합물은 기공을 통하여 내부로 들어가며 일정량 이상 축적되면 잎세포 부분이 건조하여 농갈색이나 황갈색으로 변한다. 광화학 스모그에 의해서도 상추, 시금치, 샐러리 등에 피해를 입는 경우가 있다. $Cl_2$와 같은 유해가스는 독성이 $SO_2$보다 수십 배 강하여 잎을 회색으로 변화, 괴사시킨다.

4. 동물에 대한 영향

불소화합물과 같은 오염물질을 가축들이 섭취하면 불소증(fluorosis)이라는 질병에 걸려서 뼈와 이가 석회질로 변하고 체중도 감소하고 절름발이가 되는 것이다. 미국에서 그 사례를 보고한 바 있다.

5. 경제적인 피해

대기오염으로 재산에 대한 피해도 크다. $SO_2$는 금속류를 부식시키며 광화학 스모그의 발생은 고무제품을 상하게 하고, 분진이 많은 지역에서는 세탁물이 더럽혀지고 건물에 쌓여서 미관을 해치게 된다. 건물에 페인팅을 한번만 더한다 해도 그 손실이 생길 수 있다.

### 6.1.4 대기오염의 방지대책

대기오염은 산업화에 따르는 부산물이다. 따라서 오염방지 문제는 기술적인 문제인 동시에 경제적, 사회적, 정치적 문제인 것이다. 대기오염은 시간과 지역에 따라 오염원과 오염물질의 종류가 다르고 산업형태, 기상, 지형에 따라서도 그 특성이 다르므로 그 대책도 역시 같을 수가 없다. 일반적인 대책으로는 연료의 탈황대책과 자동차 배기가스 대책, 대기오염 방지시설의 확충과 감시체제의 정비, 공업지대의 입지 선정에 관한 대책, 대기환경보전법의 강화와 대기오염 방지에 대한 교육 및 계몽활동, 대기오염 감시원의 확충 등을 들 수 있다.

연료대책으로는 도시나 공장지대에서 저유황유의 사용, 탈황시설 확충, 생산과 소비과정에서 연료의 소비를 절감하여 오염물질을 최소화시킬 수 있는 생산기술의 혁신과 열관리의 개선이 중요하다. 호주(Australia)의 4개 주(시드니, 아델라이데, 멜버른, 퍼스)에서 수행된 VOCs 개인노출 결과에 따르면, 자동차 연료 중 벤젠의 농도를 1% 이하로 규정한 퍼스(Perth)가 2~3.5% 이하로 규정한 다른 주보다 유의하게 저노출되었다(Hindwood 등, 2007).

공장대책으로는 공장의 입지는 지리적, 기상학적 조건을 검토하여 확산, 희석될 수 있는 위치에 선정하고 자원의 회수와 재이용이 용이하며 질소화합물, 황산화물, 탄산수소, 기타 유해가스의 발생이나 배출방지를 위한 시설투자와 기술개발을 들 수 있다. 또한 교통기관의 대책이 급부상하고 있다. 도로 포장률을 높여 배기가스의 배출량을 감소시키며 저유황유 사용을 유도하고 트럭과 대형버스에서부터 매연후처리장치 부착도 관리방법 중의 하나가 될 것이다. 보다 근본적인 대책은 공공기관의 배치 등 도시 관리일 것이다. 인구의 도시집중 방지와 합리적인 도시계획, 대기오염물질의 관측과 감시, 그리고 지역에 알맞은 환경기준 설정, 주거지역 내의 공해산업 이전, 오염물질을 유발하는 산업을 억제하거나 오염방지시설의 설치 의무화, 대기오염방지를 위한 국제적인 기술협력, 대기오염방지에 관한 교육과 계몽활동 강화 등이다.

## 6.2 대기오염의 실내공기질 영향

실외 대기환경은 실내공기질 측면에서 보면 양면성을 가지고 있다고 할 수 있다. 예를 들면, 대기오염이 심각한 지역에서는 환기를 통하여 실내공기질에 직접적으로 영향을 끼치며, 반면 대기질이 양호한 지역에서는 실내공기질을 향상시킬 수 있기 때문이다. Ekberg (1996)는 유해 공기오염물질의 농도가 높은 실외 대기환경 상태에서는 실내환경으로 유입되는 환기량을 감소시킬 경우 실내공기오염을 유의하게 감소시킬 수 있다고 보고하였다. 한편 최근 지구온난화에 따른 전 지구적 온도상승은 단순히 실외 대기환경에 국한될 것 같지만, 지구온난화는 대기환경뿐만 아니라 실내환경에도 큰 영향을 일으키는 것으로 보고되고 있다. 대만에서 수행된 연구에 의하면 지구온난화에 따른 온도상승은 실내환경의 온도상승을 야기시켜 여름철 노약자의 사망이 급격하게 증가한 것으로 보고하였다(Su, 2007).

특히 차량이 많은 도시에 건축물이 위치하거나 산업장 지역 근처면 실외 대기질은 실내공기질에 안 좋은 영향을 끼칠 수 있다. 영국의 환경부에서 보고한 주요 실내공기 오염물질의 실외 발생원을 〈표 6-1〉에 나타내었다.

에너지 절약형 빌딩(energy-efficient building)은 밀폐식으로 실외공기의 유입을 최소한으로 줄이도록 건설되었고, 최근에는 비주택 건축물에 대한 저에너지 환기 디자인 빌딩의 지침 등 기계적 환기 및 공기조화 대신 자연환기 전략을 사용하고 있다. 여기서 고려해야 할 것은 도심의 실외 대기오염 정도는 일반적으로 심각하며 자연환기는 충분한 실내공기질을 제공할 수 없을 수 있다(Kukadia와 Palmer, 1998).

Phillips 등은 4곳의 자연환기식 건축물에서 실내외 공기 환기율이 실내공기질의 결정 요인임을 보고하였다(1993). 외부의 공기량이

**〈표 6-1〉 주요 실내공기 오염물질의 실외 발생원**

| 오염물질 | 산업장 발생(%) | 차량 발생(%) |
|---|---|---|
| 벤젠(benzene) | 32 | 65 |
| 일산화탄소(CO) | 3 | 90 |
| 납(Pb) | 31 | 60 |
| 질소산화물(NOx) | 38 | 49 |
| 입자상 물질($PM_{10}$) | 56 | 25 |
| 이산화황($SO_2$) | 90 | 2 |
| 휘발성 유기화합물(VOCs) | 52 | 34 |
| 오존($O_3$) | 대기 광화학반응에 의함 | |

증가할수록 외부 공기오염물질이 실내에 더 많이 존재하는 것이다. 이 보고는 사실 당연한 결과라고 볼 수 있다. 한편 Ekberg(1996)는 건축물의 실내환경에는 실내 발생량과 감소량이 있기 때문에 공기 환기량만 주된 결정 요인이라고 볼 수 없음을 주장하였고, 실외 공기의 단기간 고농도가 건축물 실내환경에 유의하게 영향을 줄 수 있음을 보고하였다. 제5장의 '실내공기질 영향 요인'의 내용을 살펴보면 이 결과 또한 충분히 이해할 수 있다.

스웨덴의 5개 사무실 빌딩의 VOCs를 측정한 결과에 의하면, TVOCs를 GC/FID로 분석한 농도는 0.16~0.35mg/$m^3$를 나타내었으며, 근무시간 동안은 밤(근무하지 않음)보다 실내의 농도가 실외보다 2배 정도 높았으며, 실외 발생원 또한 실내에 큰 영향을 주는 것으로 나타났다(Ekberg, 1994). 입자상 물질의 경우도 실외 농도가 실내환경 농도에 더 많은 영향을 주는 것으로 보고되었다(Branis 등, 2005).

실외 공기질의 실내환경 영향은 벤젠 등 각종 유해물질에 대해

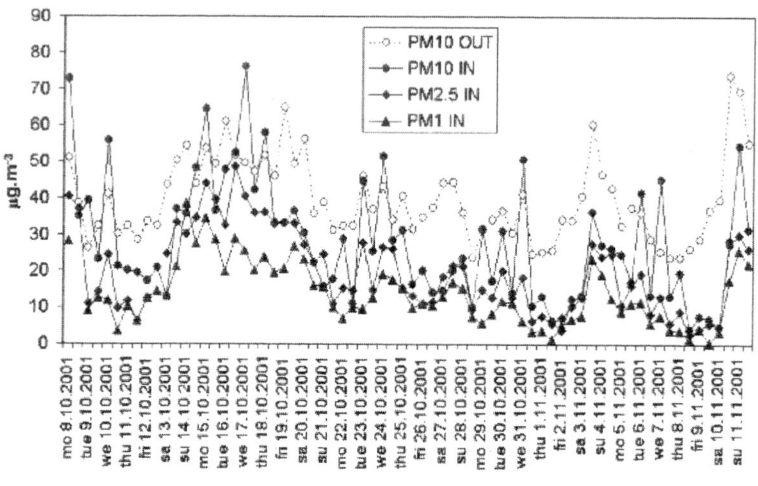


<그림 6-1> 학교 교실의 실내외 PM 농도 추이

다양하게 보고되고 있다(Lai 등, 2007; Hays, 1989; Li와 Chen, 2003; Brauer와 Brook, 1997). 특히 실내 발생원이 없는 경우 실내공기질은 실외 공기의 환기를 통한 유입이 전적으로 영향 요인임을 알 수 있다. Branis 등(2005)은 학교 교실의 미세먼지(PM)를 실내와 실외에서 동시에 측정하였으며, 교실 실내의 PM 농도 추세가 실외 PM 농도와 비슷한 추세를 보이는 것으로 보고하였다(〈그림 6-1〉 참조).

〈연습문제〉

1. 대기오염의 영향을 기술하라.
2. 실내 공기질과 실외 대기질의 연관성을 기술하라.
3. 실내 공기오염물질의 발생원이 있는 경우와 없는 경우 각각 실외 공기질의 실내 공기질 영향 정도를 기술하라.
4. 최근의 지구 온난화는 대기오염의 중요한 문제로 인식되고 있다. 지구 온난화의 실내공기질 영향을 기술하라.
5. 실내공기질 관리가 반드시 실외 공기질과 함께 고려해야 되는 이유는 무엇 때문인가?

# 제 7 장

# 실내외 환기

# 제 7 장 실내의 환기

실내환경에서 공기의 유입과 유출인 환기는 실내공기질을 결정하는 매우 중요한 요인이며, 실내공기질 개선의 핵심적인 부분이다. 그럼에도 실내환경에 적용 및 응용하기 어려운 부분이 많다. 예를 들면 환기량이 높다면 실내환경의 공기오염물질 축적을 감소시킬 수 있지만 동시에 실외 대기오염물질의 유입이 높아질 수 있기 때문이다(Hoppe et al., 1998). 다음은 Crosby(1997)의 글 내용으로 환기의 양면적인 것을 보여 준다.

I had a little bird.
And its name was Enza.
I opened the window.
And influenza.

## 7.1 실내환경의 환기 개념

### 7.1.1 환 기

환기(ventilation)란 오염된 실내공기를 희석 또는 배출하기 위하여 청정한 공기와 교환하는 것으로 정의할 수 있다. 주의할 것은 환기의 목적은 반드시 실내공기오염만 고려하는 것이 아니라 온도, 습도 및 기류 등 쾌적용 공기질을 포함한다는 것이다. 건축물 환기와 실내공기질 중요 관련성을 인식한 것은 상대적으로 최근의 일이다. 미국 공조학회(ASHRAE)가 실내공기질에 의한 빌딩증후군을 고려하여 환기 기준을 변경한 것은 1989년이다. 1981년 ASHRAE 기준(62-1981)에서는 건축물의 에너지 효율을 위하여 오히려 환기율의 감소를 제안하였었다. 그 당시 환기기준은 사람의 호흡에 의한 이산화탄소($CO_2$)와 산소($O_2$)의 균형을 주된 것으로 인식하였으며, 흡연에 의한 담배연기가 허용되는 곳에서는 추가적 환기율을 고려하도록 하였다.

실내공기질 개선을 포함한 쾌적용 공기질의 환기를 공기조화(air conditioning)로 명칭하며, 공기조화란 주어진 실내 또는 특정 공간에서 사람 또는 물품을 대상으로 온도, 습도, 환기, 청정도 및 기류 등을 그 공간의 용도에 적합한 상태로 조정하는 것이다. 공기조화는 사용 목적에 따라 쾌적용(comfort) 공기조화와 산업용(industrial) 공기조화로 구분한다. 쾌적용 공기조화는 사람을 대상으로 하는 공기조화로서 보건용 공기조화라고도 한다. 쾌적한 주거환경을 유지하여 인체의 건강・위생 및 근무환경을 향상시키는 것을 목적으로 한다. 적용되는 장소는 주거 공간 및 사무실, 각종 점포, 오락실, 병원, 호텔 등이다. 산업용 공기조화는 산업제품의 생산과정, 보관 등을 대상으로 하여 최적의 열 환경 및 공기청정도를 유지하여, 제품의 품질을 향상시켜 줄 뿐만 아니라 불량률의 감소를 목적으로 한다. 적용되는 장소는 정밀하고 균일한 제품을 요구하는 정밀기계 공장, 공기의 온・습도 영향을 받기 쉬운 제약, 섬유, 반도체 공장의 클린룸(clean room), 발열이 고장의 원인이 되는 전산실 등이다. 공기조화를 분류할 때 흔히 공기조화의 어느 한 가지 요소만을 취급하는 냉난방이나 환기설비만을 공기조화라 하는데, 생활의 질이 향상되고 건물이 고급화되는 현대사회에서 공기조화는 단순한 air conditioning이 아닌 공기조화의 모든 요소를 고려하는 HVAC(Heating Ventilating & Air Conditioning)를 뜻한다고 할 수 있다. 공기조화기(공조기)는 흔히 AHU(air handling unit)라 부르는 것으로, 온습도를 조정하기 위한 냉각 또는 가열, 가습장치 및 공기 중의 분진 및 오염물질을 제거하기 위한 공기여과기와 송풍기 등을 조립하고 케이싱을 설치하여 일체의 유닛(unit)으로 해서 현장에 반입한 것으로 HVAC를 위한 중요한 장치이다.

한편 작업환경의 산업보건 분야에서는 작업실내환경의 유해요인인 먼지, 용매, 각종 특정 화학물질과 중금속 그리고 불필요한 고열을 제거하여 작업환경을 관리하는 기술로서 자연 또는 기계적 수단을 통해 작업환경 실내공기를 외부 공기로부터 흡입하여 주거나 실내외 공기를 교환하여 주는 것으로 환기를 정의하고 있으며 오염원에서 오염물질을 제어하는 국소배기장치(Local Exhaust Ventilation, LEV)에 중점을 두고 있다.

### 7.1.2 환기와 실내공기질

실내에서 사용되는 기기나 건축재료의 다양화로 인해 예상하지 못한 공기오염물질 배출이 증가하는 실정이다. 한정된 실내환경에서 인공적인 설비에 의하여 오염된 공기가 계속 순환된다면, 실내 각종 오염물질의 농도는 점차 증가하게 되고 실내공기질은 더욱 악화될 수 있다. 이처럼 실내공기오염이 심화되면, 실내환경에서 생활 또는 근무하는 재실자에게 건강영향을 미칠 수 있다. 이런 문제의 대책으로 환기량을 증가시켜 실내공기 오염물질을 실외 대기에 의해 희석시키는 방법이 가장 간편하며 적절한 방법으로 생각할 수 있다. 그러나 환기량의 증가는 실내 온열환경의 악화 및 냉·난방된 공기가 실외로 유출되는 결과를 초래하므로 에너지 절약 및 쾌적성의 공존을 지향하는 최근의 건축설비에 대한 요구에 역행한다. 따라서 가능한 저환기량으로 실내환경의 공기오염물질 정도를 저하시킬 수 있는 고환기 효율의 환기방식 개발이 필요하다(이정재, 2003).

실내공기질 법규 및 가이드라인 발전에 영향을 준 기관은 대표적으로 WHO와 ASHRAE의 필요 환기량이다. 필요 환기량은 '오염물질의 농도를 설계 기준농도 이하로 유지하기 위해 필요한 최소한의 유입 외기량'으로 정의할 수 있다. 18세기에 이미 수용 가능한 실내공기질을 유지하기 위한 중요한 방법으로 환기의 중요성이 인식되었다. 1836년 Tredgold는 인간의 신진대사를 기본으로 최소 환기요구량을 제안하였다(Janssen, 1999). 하지만 이 제안은 열적 평안을 유지하기에도 너무 적은 양이었다. 1800년대 이후 2000년까지 최소 환기량을 〈그림 7-1〉에 나타내었다(Avgelis 등, 2004).

유럽 최초의 환기량 가이드라인은 $CO_2$ 농도를 기준으로 19세기 말에 1인당 7L/s이었다. 20세기 세계전쟁과 1970년대 에너지 위기는 신선한 공기의 공급과 에너지 소비 사이의 관계가 조화를 이루

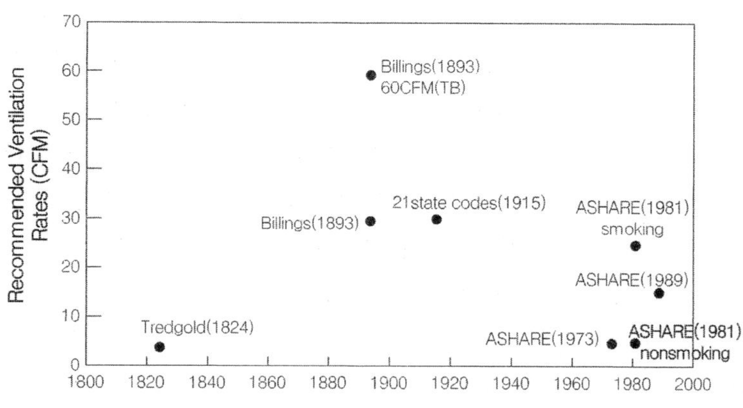


〈그림 7-1〉 필요 환기량

면서 실내공기 오염물질을 감소시킬 필요가 대두되었다(Liddament, 1996; 〈그림 7-2〉 참조). 하지만 1970년대 에너지 위기는 실내공기질보다 에너지 관리 측면에서 건축물의 밀폐화를 증가시켰고 환기량을 감소시키는 방향으로 진행되었다.

이러한 경향은 1인당 2.5L/s(5cfm)의 필요 환기량이라는 결과를 초래하였다. 북유럽의 경우 추운 겨울날씨 때문에 난방의 요구가 높으며 이것은 실내공기질의 악화를 초래하였고, 비슷한 경향은 기온이 온화한 지중해 지역에서도 냉방의 요구 때문에 실내공기질이 문제되는 모습을 나타내었다.

WHO는 1964년 공기오염물질의 인간 및 환경에 대한 가이드라인에서 기준 농도값과 노출시간을 제시하였다. 1972년에는 전통적 공기오염물질인 $SO_2$, 부유분진, CO, 옥시단트(oxidants)의 공기질 가이드라인을 설정하였다. 반면 ASHRAE는 특별히 실내공기질 측면에서 냉난방, 환기, 공기조화 시스템 관리 및 건축물의 디자인과

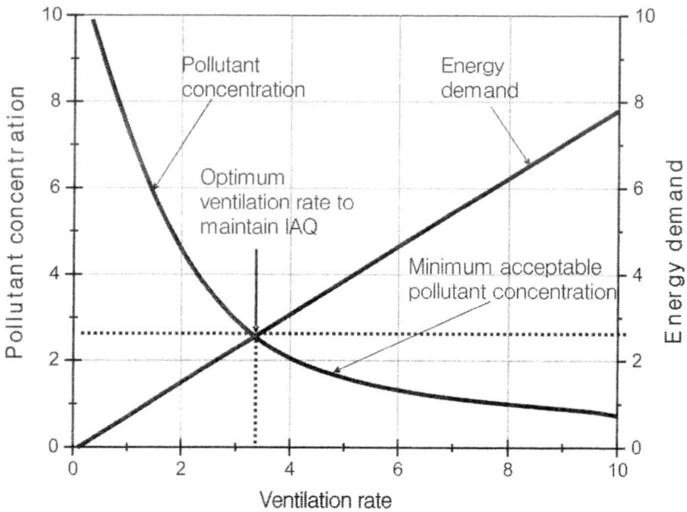


〈그림 7-2〉 환기량, 실내공기질 및 에너지 요구

구조를 언급하였다. 실내공기질 측면에서 ASHRAE 기준은 1973년 기준 62를 제안하였고, 이것은 점진적으로 재조정되어 현재까지 5단계로 구분할 수 있다.

1단계 ASHRAE 환기기준(62-1973)은 'Standard for Natural and Mechanical Ventilation'으로 다양한 실내공기 오염물질에 대해 수용 가능한 실내공기질을 유지하기 위한 최소한 그리고 추천 외부 유입량을 정의하고 있다. 1단계를 재조정한 2단계는 1981년(62-1981) 'Ventilation for Acceptable Indoor Air Quality'로 흡연 및 비흡연 실내환경의 환기량을 제안하였고, 수용 가능한 실내공기질을 유지하기 위한 공기질 절차를 소개하였다. 3단계는 1989년(62-1989)에 갱신되었다. 여기서는 환기 디자인과 실내환경 재실자의 건강위해 가능성을 최소화하기 위한 최소 필요 환기량을 제시하였다. 그리고 10년 후 1999년 4단계로(62-1999), 가장 중요한 측면은 열적 평안을 제외한 것이다. 또한 신진대사로 인한 $CO_2$의 잘못된 이해 및 명확성 부족을 강조하였다. 마지막으로 최근(62-2001)에는 7개의 의제와 상업적 및 거주지 환기 시스템 디자인의 표준을 정립하였고, 이런 표준이 수용 가능한 실내공기질을 제공할 수 있음을 나타내었다.

### 7.1.3 환기 개념의 변화

건축물의 구조, 건축재료, 에너지 비용 및 건강 관심의 변화는 환기의 개념 또한 바뀌게 하고 있다. 건축물 자체가 오염원이 될 수 있으며, 건강, 비용, 심미적인 면이 환기의 개념을 특정지울 수 있다. 환기 개념에 대해 이론(異論)의 소지가 있지만 〈표 7-1〉에서 보듯이 공기오염물질 발생원과 그에 따른 개념이 변화하고 있는 것을 볼 수 있다. 1900년대 초에는 주로 독성물질과 결핵 및 독감 같은 감염성 오염물질에 따른 환기가 고려되었으며, 사람의 호흡

<표 7-1> 1800년 이후 환기개념의 변화

| 연도 | 개 념 | 오염 발생원 |
|---|---|---|
| 2050 | 개인적, 미적기준 | 사람, 건축물, 외부 실외환경 |
| 2025 | 건강(보건), 생산량, 쾌적성 | |
| 2000 | 쾌적성, 건강(보건) | 사람+건축물 |
| 1975 | 쾌적성 | 사람 |
| 1900 | 감염성 | |
| 1800 | 독성 | |

* Fanger(1996).

및 채취를 고려한 쾌적성이, 2000년대에는 건강을 중요시하는 환기개념으로 변천하였다. 미래에는 센서기술, 전자기술, 청정기술 등의 발전과 함께 건강, 생산량, 쾌적성은 기본으로 하며 개인적, 미적 기준에 의한 환기개념으로 바뀔 것으로 예상된다.

## 7.2 환기방법

환기방법은 기본적으로 침투(infiltration), 자연환기(natural ventilation), 기계적 환기(mechanical ventilation)로 구분할 수 있다.

### 7.2.1 침 투

침투는 건축물의 창과 문을 모두 닫은 상태에서 실내외 공기 유출·입을 의미한다. 침투는 건축물 실내외 공기가 온도 및 압력차에 의해 발생되며, 실외의 기류에 의해서도 발생될 수 있다. 따라서 외부 기온, 풍향·풍속 등의 외기 조건에 좌우되기 쉽기 때문에 안정된 환기량을 얻기 어렵다는 결점이 있다. 최근 주택 빌딩의 건축은 침투를 감소시키는 방법으로 설계 시공되고 있다.

### 7.2.2 자연환기

자연환기는 실내외 공기의 온도차, 압력차 및 기류에 의해 발생하며, 건축물의 창과 문이 열린(opening) 상태에서 실내외 공기가 유출입되는 것을 의미한다. 굴뚝효과(stack effect)는 자연환기의 한 부분으로 실내 및 실외 온도 차이에 의한 압력 차이로 설명할 수 있다(Godish, 1991; 〈그림 7-3〉 참조). 겨울철 실내 난방은 따뜻한 공기를 위쪽으로 이동시키며 이는 천장을 통하여 외부로 유출된다. 유출된 양만큼의 차가운 공기가 건축물 바닥부분에서 유입된다. 여름철의 경우 유출과 유입이 반대로 되지만, 겨울철 난방에 의해 실

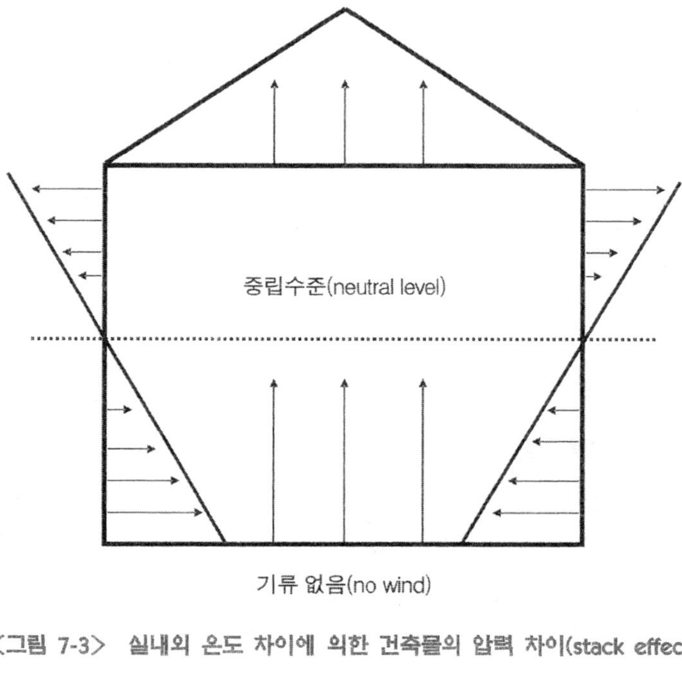


**〈그림 7-3〉 실내외 온도 차이에 의한 건축물의 압력 차이(stack effect)**

내외 온도차가 클 경우 특히 유출과 유입 현상이 유의하게 나타난다. 〈그림 7-3〉에서 중립수준(Neutral Pressure Level, NPL)은 실내압력과 실외압력이 같은 점이며, 건축물의 높이, 구조 등에 따라 변한다. NPL은 건축물 높이의 대략 0.3~0.7배이다. 굴뚝효과는 일반적으로 건축물의 높이에 따라 증가하며, 대략적으로 굴뚝효과에 의한 압력 차이는 $10^{-3}$inches $H_2O$(0.25pascals)/1층이다. 건물의 높이가 큰 경우 굴뚝효과는 수직의 통로가 있는, 예를 들면 엘리베이터 또는 계단 등이 있는 경우 특히 나타난다.

### 7.2.3 기계적 환기

기계의 힘을 이용한 환기로서 전체환기 및 국소환기로 구분할 수 있다. 전체환기는 오염된 실내 전체공기를 외부의 신선한 공기로 교환하는 방식을 말하며 희석환기(dilution ventilation)라고도 한다. 국소배기는 전체환기와 달리 오염물질 배출원 가까이에 후드(hood)를 설치하고 후드에 덕트(duct), 공기정화장치(air cleaning device), 송풍기(fan) 등의 시스템을 이용하여 환기시키는 방식으로서 효율 면에서 전체환기보다 앞서는 방식이다.

## 7.3 환기량 측정

건축물의 환기량 측정에는 다양한 방법들이 있지만, 중요 방법은 건축물의 환기량을 평가하는 추적가스(tracer gas)법과 건축물의 밀폐 정도를 결정하는 가압(pressurization)법이다.

## 7.3.1 시간당 공기교환 횟수

실내환경 분야에서는 시간당 공기교환 횟수(air changes per hour, ACH)를 일반적으로 사용하며, 다음과 같이 계산한다.

$$ACH = \frac{Q \times 3600}{V} \quad (1)$$

여기서 Q=환기량($m^3$/sec), V=실내환경 체적($m^3$).

## 7.3.2 추적가스법을 이용한 침투 및 자연환기의 측정

추적가스법은 농도감소(concentration decay)법, 일정농도(constant concentration)법, 일정방출(constant emission)법, 수동식 추적가스(passive tracer)법으로 구분할 수 있다. 추적가스는 비독성이며, 저농도에서 검출 가능하고 실외 대기에 존재하지 않는 안정한 물질을 이용한다. 대표적으로 이용되는 추적가스는 육불화황($SF_6$), 질소산화물(nitrous oxide), 과불화물 등이다. 또한 대기에 존재하지만 이산화탄소($CO_2$)도 이용될 수 있다.

제5장에서 식 (1)을 다시 나타내면 다음과 같다.

$$VdC_i = mQC_o dt + Sdt - mQC_i dt - Rdt \quad (2)$$

**<표 7-2> 환기측정에 이용되는 추적가스 및 검출 범위**

| | 최대 검출 농도 | 분자량 | 최소 검출농도 | 측정방법 |
|---|---|---|---|---|
| $CO_2$ | 5,000ppm | 44 | 400ppm | 비분산적외선법 |
| Nitrous oxide | 25ppm | 44 | 0.1ppm | 적외선법 |
| $SF_6$ | 1,000ppm | 146 | 0.1ppm<br>1.0ppm | 적외선 전기포집 |
| PFTs | – | 200~400 | 0.001ppb | 전기포집 |

$$( V\frac{dC_i}{dt}=mQC_o+S-mQC_i-R )$$

여기서 $C_i$=실내오염물질 농도(mass/volume=$\mu$g/m$^3$), $C_o$=실외오염물질 농도(mass/volume=$\mu$g/m$^3$), Q=유량(volume/time=m$^3$/hr), S=실내오염물질 발생원 강도(mass/time=$\mu$g/hr), R=실내오염물질 제거율(mass/time=$\mu$g/hr), V=실내공간 부피(volume=m$^3$), t=시간(time=hr), m=실내공간의 혼합계수(mixing factor, $0\leq m\leq 1$).

1. 육불화황($SF_6$)

$SF_6$은 반응성이 없는 매우 안정적인 것으로 일반 실내외 환경에서 존재하지 않는 물질이다. 따라서 $SF_6$ 표준가스를 실내환경에 분사한 후 일정 시간 동안 팬(fan) 등을 이용하여 완전 혼합시키고, $SF_6$ 농도를 측정하면 실내외 공기 환기량을 측정할 수 있다. $SF_6$ 농도는 $SF_6$ 표준가스를 분사한 후 측정하기 때문에 식 (2)에서 S=0이며, 비반응성 물질이므로 R=0, 실외에 존재하지 않는 물질이므로 Co(실외 농도)=0으로 하면 식 (2)에서 다음 식 (3)으로 정리할 수 있다.

$$\frac{dC_i}{dt}=-IC_i \qquad (3)$$

식 (3)은 일차반응식(first-order Process: A → Products)으로 미분방정식을 이용하여 계산할 수 있다.

$$\int_{C_0}^{C_t}\frac{1}{C}dC=-I\int_0^t 1dt$$

$$[ln]_{C_0}^{C_t}=-I[t]_0^t$$

최초 시작 시간(0)의 농도를 $C_0$로 하면,

$$In\,C_t - In\,C_0 = -1(t) \quad (4)$$

따라서 환기량(ACH)은 다음 식으로 정리할 수 있다.

$$ACH = \frac{lnC_0 - lnC_t}{hour} \quad (5)$$

여기서 주의할 것은 '측정시간 범위를 어느 정도까지 하는 것이냐'이다. 이것에 대해 양 등(2000)은 최초 농도($C_0$)에서 반감기(half-life)가 지난 시점($C_t$)을 택하면 통계적으로 유의한 차이가 없는 환기량을 측정할 수 있는 것으로 보고하였다. 그리고 가장 정확한 방법은 시작과 종료 2점만 측정하는 것보다는 일정(예: 1분) 간격으로 연속 측정하여 시간과 농도의 회귀방법(regression)의 기울기로 결정하는 것이다(〈그림 7-4〉 참조).

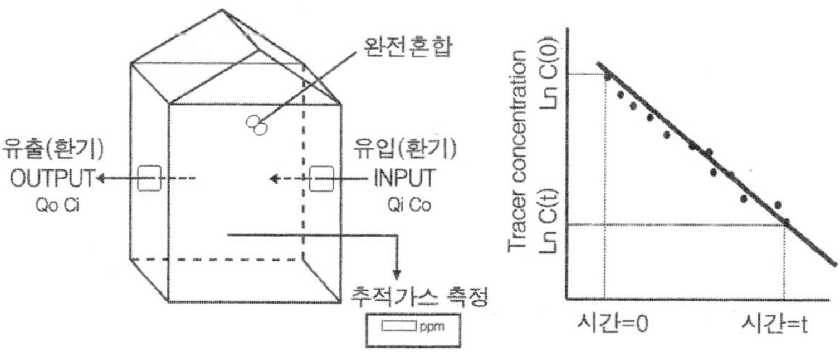


〈그림 7-4〉 농도감소법을 이용한 환기량 측정

## 2. 이산화탄소($CO_2$)

사무실이나 극장과 같이 사람이 밀집되어 있는 장소의 환기량은 공기 중 $CO_2$ 농도를 측정하여 평가할 수 있다. 사람들이 모두 빠져나간 직후 $CO_2$ 농도가 높을 때 $CO_2$ 농도를 측정하고, $CO_2$가 전혀 발생하지 않는 상태(모든 사람이 없는 상태)에서 일정한 시간이 경과했을 때 다시 $CO_2$ 농도를 측정한 후 다음 식 (6)을 이용하여 환기량을 평가할 수 있다.

$$ACH = \frac{ln(C_1 - C_0) - ln(C_2 - C_0)}{hour} \qquad (6)$$

여기서 $C_1$: 처음 측정한 $CO_2$ 농도(ppm), Co: 외부공기 중 $CO_2$ 농도(약 300ppm), $C_2$: 일정 시간이 경과한 후 측정한 $CO_2$ 농도(ppm), hour: 경과한 시간.

식 (5)가 식 (6)과 다른 이유는 실외 대기의 $CO_2$ 농도를 고려해야 하기 때문이다. 또한 식 (6)은 $CO_2$ 표준가스를 이용하여 적용할 수 있다.

## 3. 수동식 추적가스

최근 미국 BNL(Brookhaven National Laboratory)에서 개발한 것으로 수동식 방법에 의해 환기율을 측정하는 방법이다. PFT(perfluorocarbon tracer) 방법으로 과불화탄소를 이용하여 짧게는 2시간부터 장기적으로 몇 달 동안 평균 환기량을 측정할 수 있다(〈그림 7-5〉 참조). 이 방법은 환기에 의해 과불화탄소가 감소하는 방법을 이용한 것으로 수동식의 편리함 때문에 실내환경 현장에서 이용하기 편리한 장점을 가지고 있다. Pandian 등(1993)이 PFT를 이용하여 측정한

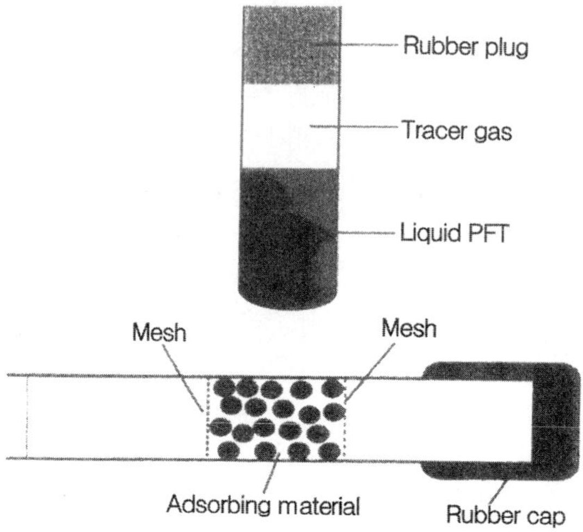


**<그림 7-5> 수동식 PFT**

미국 주택 4,000채의 환기량은 대수정규분포를 보였으며 기하평균 0.9 ACH 및 기하표준편차 3.4 ACH를 나타내었다. 이 방법의 장점은 $SF_6$과 $CO_2$를 이용한 것은 현장 측정의 어려움도 있지만 측정 당시의 환기량만 나타내는 반면, PFT 방법은 재실자가 생활하는 상태 그대로의 환기량을 일정 기간 동안 평균적으로 측정할 수 있다는 것이다.

### 7.3.3 기계적 환기에서 환기량 측정

기계적 환기장치가 존재할 때 침투는 무시할 수 있으며, 기계적 환기장치의 유속과 덕트의 단면적을 곱하여 환기량을 계산할 수 있다. 덕트의 유속은 피토관(pitot tube) 또는 유속계(anemometer)를 이용하여 횡단법(traverse method)으로 여러 점을 측정한 후 평균하여 계산한다.

$$Q = A \times V$$

여기서 Q: 공기유량(환기량: $m^3$/sec), A: 덕트 단면적(cross-sectional area: $m^2$), V: 공기속도(m/sec).

### 7.3.4 환기효율

〈그림 7-6〉과 같이 실내환경의 유입구와 유출구가 있을 경우, 유입공기가 실내의 어떤 점 A까지 오는 시간을 공기연령(age of air)이라 부른다. 점 A에서 재실자가 호흡하는 경우, 공기연령이 작으면 신선한 공기를 빨리 호흡할 수 있다. 점 A에 있던 공기가 유출구에 도달할 때까지의 시간을 여명이라 부른다. 점 A가 오염물질의 발생원의 경우, 여명이 작으면 오염물질을 빨리 배출할 수 있다. 그리고 유입구에서 유출구에 도달하는 시간을 공기수명이라 하

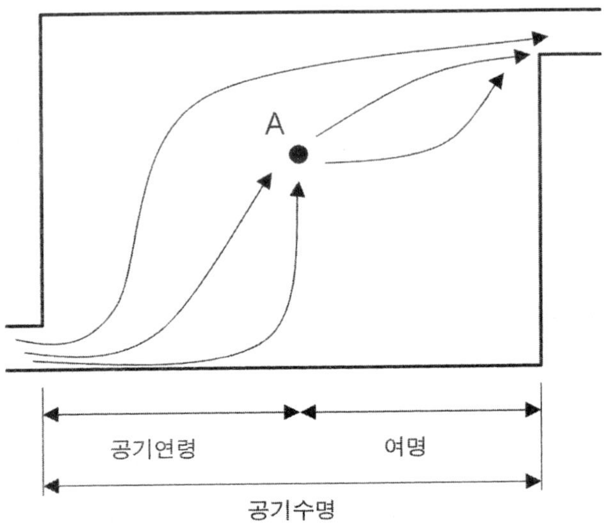


**〈그림 7-6〉 공기연령 및 공기수명**

며, '공기수명=공기연령+여명'의 관계가 된다.

국소평균공기연령(Local Mean Air Age, LMA)이란 신선한 외기가 실내 임의의 점까지 도달하는 데 걸리는 시간을 의미하고, 주로 급기의 실내 분배 성능을 정량화하는 데 사용된다. 실내공기의 완전 혼합 환기상태에서 시간당 환기량에 대한 실내체적의 비(volume/air flow rate)를 명목시간상수(nominal time constant, τ)라고 한다. 명목시간상수는 유입공기의 평균 체류시간을 의미한다. 국소급기지수(local air supply index)는 국소평균공기연령에 대한 명목시간상수의 비율로 정의하며 다음 식 (7)과 같다. 이것을 실내(room) 전체 영역으로 확장하여 평균하면 실내평균 급기효율, 즉 환기효율(ventilation effectiveness)이 된다(한창우 등, 2004; Cheong 등, 2001).

$$효율(\alpha)=\tau/LMA \tag{7}$$

## 7.4 필요 환기량

일반적으로 주택에서는 침투 및 자연환기에 의해서 실내외 공기교환이 이루어진다. 그러나 최근의 거주용 빌딩에서는 침투를 감소시키고, 환기를 위한 창문의 사용은 감소하는 추세이다. 이와 같이 거주자들에게는 공학적 환기시스템에 관심이 큰 편이다. 공학적 환기시스템에 의해 제공된 환기량은 에너지 비용을 최대한 감소시키면서도 실내공기 오염물질에 재실자가 노출되는 것을 방지해야만 한다. 따라서 실내공기질 측면에서 정확한 환기율을 결정하는 것은 실내환경 내 다양한 실내공기 오염물질, 공기오염물질 발생률 및 감소율에 대한 연구 부족, 수용 가능한 실내노출 등 매우 복잡한 작업이다. 실내공기질이 수용 가능한 필요 환기량은 식 (2)에서 R=0을 가정하면 다음과 같다(Parent 등, 1998).

$$V\frac{dC_i}{dt} = QC_o + S - QC_i \tag{8}$$

식 (8)에서 정상상태에 도달했을 경우,

$$Q \geq \frac{S}{C_i - C_O} \tag{9}$$

여기서 S는 식 (1)에서 실내 발생량($\mu$g/hr)이며, $C_i$에 실내환경기준($\mu$g/$m^3$)을 적용하면 필요 환기량(Q, $m^3$/hr)을 계산할 수 있다. 식 (9)에서 실외 대상 공기오염물질의 농도를 0이라고 가정하면 식 (10)으로 나타낼 수 있다.

$$Q \geq \frac{S}{C_i} \tag{10}$$

식 (9)의 예를 들면 Q: 사람당 외기 필요 환기량, S: 사람당 $CO_2$ 발생량, $C_i$: 실내환경의 $CO_2$ 농도 $C_o$: 실외 $CO_2$ 농도라고 하자. 제4장의 〈그림 4-5〉에서 좌식작업의 활동수준이 1.2Met일 때 $CO_2$ 발생률은 0.31L/min이다. 실험실 및 현장 연구에서 사람당 실외 공기 요구량인 7.5L/s의 좌식작업은 손님이 방문했을 때 약 80% 이상이 만족할 수 있는 수준이다. 실내환경의 $CO_2$ 농도와 실외 대기의 $CO_2$ 농도 차이는 다음과 같으며, 결국 실외 $CO_2$ 농도(대략 300ppm)를 고려한 실내환경의 $CO_2$ 농도는 1,000ppm을 기준으로 설정할 수 있다.

$$C_i - C_O = S/Q = 0.31L/\text{min}/(7.5L/s \times 60s/\text{min}) = 0.000700\ CO_2\ L/Air\ L$$
$$= 700ppm$$

식 (9)에서 $C_i$에 실내공기 지표인 $CO_2$를 기준으로 필요 환기량(Q)을 대부분 제시하고 있다. 하지만 최근 Sherman 등(2004)은 신축 주택 실내환경에서는 발암성 물질인 포름알데히드(HCHO)를 기준으로 필요 환기량을 결정하는 것이 더 바람직하며 최소 0.28ACH, 가이드라인으로 0.5ACH를 제안하였다. 또한 임 등(2007)은 휴대용 가스레인지를 사용하는 음식점의 경우 $CO_2$보다 $NO_2$를 기준으로 필요 환기량을 결정할 것을 보고하였다. 결국 공기오염물질이 2개 이상 혼합물질인 경우 필요 환기량의 계산도 혼합물질이 상가작용을 하느냐 또는 독립적으로 작용하느냐에 의하여 결정된다. 상가효과가 있는 물질들이 공존할 때에는 각 오염물질의 농도를 실내환경기준 이하로 유지하도록 환기량을 계산한 후, 각각의 환기량을 모두 합하여 필요 환기량을 정한다. 반면 독립적인 영향을 나타내는 물질들이 공존할 경우 각 물질에 대한 환기량을 계산하고, 그중에서 가장 큰 값을 선택하여 필요 환기량으로 한다(ACGIH, 1992).

〈연습문제〉

1. 실내환경의 체적은 1,800$m^3$이다. 환기량을 10$m^3$/min라고 하면, 시간당 환기 횟수(ACH)와 명목시간상수(Nominal time constant)는 얼마인가?

   풀이) ACH=Q/V=(10$m^3$/min×60min/1hr)/1800$m^3$=0.33/hr

   명목시간상수=V/Q=3hr

2. 사무실의 환기량을 측정하기 위하여 직원이 모두 퇴근한 후 이산화탄소($CO_2$) 표준가스(standard $CO_2$ gas cylinder)를 이용

하여 사무실 실내의 $CO_2$ 농도를 1,500ppm까지 증가시켰다. 측정자는 $CO_2$ 측정기(monitor)를 사무실 실내에 설치하고 사무실 실외로 나온 후, 5시간 후에 검사해 보니 $CO_2$ 농도가 350ppm까지 감소하였다. 이 사무실의 환기량(air changes per hour, ACH)을 계산하라. (단, 외기의 $CO_2$는 농도는 400ppm, 사무실 실내는 완전혼합 상태이다.)

풀이) 외기의 $CO_2$ 농도가 400ppm임을 고려할 때, 이 환기측정은 적정하지 못하기 때문에 다시 측정을 해야 한다.

3. $SF_6$ 가스를 이용하여 주택의 침투(또는 자연환기)를 측정하려고 한다. 시간(t)=0일 때 $SF_6$ 농도는 30$\mu g/m^3$이고, 시간(t)=30min일 때 5$\mu g/m^3$이었다. 주택의 체적은 1,500$m^3$이다. 이 주택의 침투(또는 자연환기)량을 계산하라.

풀이) $ACH=(\ln 30-\ln 5)/0.5hr=3.6/hr$

$Q=ACH\times V=3.6/hr\times 1500m^3=5375.3m^3/hr$

4. 사무실에서 20명이 회의 중일 경우 $CO_2$ 농도를 700ppm 이하로 유지하기 위해 필요한 외기량은? (단, 1명당 $CO_2$ 가스의 발생량이 보통 20L/hr명이지만 흡연을 고려하여 35L/hr명으로 계산, 외기의 $CO_2$ 농도는 300ppm)

풀이) $Q\geq S/(Ci-Co)=(35L/hr\cdot 1인\times 20인)/(700\times 10^{-6}-300\times 10^{-6})$

$=2000,000L/hr$

5. 실내환경의 $CO_2$의 허용기준을 0.1%, 외기의 $CO_2$ 농도는 0.03%, 1인 1시간당 $CO_2$의 배출량을 21L/hr라 할 때 필요 환기량을 계산하라.

풀이) $Q\geq S/(Ci-Co)=(21L/hr\cdot 1인)/(700\times 10^{-2}-300\times 10^{-2})=30,000L/hr$

6. 체적이 200$m^3$인 교실에 학생 30명이 공부를 하고 있다. 여름철이기 때문에 인체의 체취를 고려, 실내 $CO_2$의 기준농도를 0.07%로 하였을 때 환기횟수를 계산하라. (단, 1인 1시간당

$CO_2$의 배출량을 21L/hr, 외기의 $CO_2$ 농도는 0.03%)

풀이) $Q \geq S/(Ci-Co)=(21L/hr \cdot 1인 \times 30인)/(0.0007-0.0003)$

$=1,575m^3/hr$

$ACH=Q/V=(1,575m^3/hr)/200m^3=7.9/hr$

7. 추적가스 질소산화물(NO)을 이용하여 환기량을 측정하려고 한다. 실내환경에서 질소산화물의 초기 농도를 25ppm으로 하려면 몇 g을 주입시켜야 하는가? (단, 실내환경이 정상상태이며, 온도는 25°C, 실내환경의 체적은 $200m^3$)

풀이) $(5L/200m^3) \times (1m^3/1,000L)=25ppm$

$5L \times (1mol/24.45L) \times (30g/1mol)=6.1g$

# 제 8 장

# 실내 발생

# 제 8 장 실내 발생

실내환경에는 다양한 공기오염물질의 발생원이 있다. 건축물의 마감재 및 건자재, 생활용품, 취사 및 난방, 그리고 작업 실내환경은 제품 생산에 이용되는 원재료, 공정 등 다양한 종류와 범위에서 공기오염물질이 발생될 수 있다.

## 8.1 실내 및 실외 발생원

실내환경 공기오염물질의 발생원은 실외 대기와 비교하여 차이점을 보인다(〈표 8-1〉 참조). 쉽게 이해할 수 있는 내용이지만 특이

〈표 8-1〉 공기오염물질의 실내외 발생원 비교

| 실내 발생원 | 실외 대기 발생원 | |
|---|---|---|
| | 자연적(natural) | 인위적(anthropogenic) |
| ▪ 인간 재실자(예: 피부, 머리카락 등)<br>▪ 식물, 애완용 동물<br>▪ 취사 및 난방<br>▪ 건축자재<br>▪ 흡연<br>▪ 연소도구<br>▪ 유지보수 도구<br>▪ 청소활동 등 | • 토양 및 암석 조각<br>• 산림화재<br>• 해염(sea salt)<br>• 화산<br>• $H_2S$, $NH_3$, $NO_X$ 및 HCs 로부터 형성된 입자상 물질 | ▸ 연료 연소<br>▸ 산업장의 생산 공정 등에서 배출<br>▸ 비산업장 배출<br>▸ 차량배기 |

**<표 8-2> 사람에 의한 공기오염물질 발생률**

| | 일반적 농도(ppb) (389 People in Lecture Class at 9:30a.m.) | 발생률(mg/day per Person) | |
|---|---|---|---|
| | | 강의 | 시험 |
| 유기물 | | | |
| Acetone | 20.6±2.8 | 50.7±27.3 | 86.6±42.1 |
| Acetaldehyde | 4.2±2.1 | 6.2±4.5 | 8.6±4.6 |
| Acetic acid | 9.9±1.1 | 19.9±2.3 | 26.1±25.1 |
| Allyl alcohol | 1.7±1.7 | 3.6±3.6 | 6.1±4.4 |
| Amyl alcohol | 7.6±7.2 | 21.9±20.8 | 20.5±16.5 |
| Butyric acid | 15.1±7.3 | 44.6±21.5 | 59.4±52.2 |
| Diethylketone | 5.7±5.0 | 20.8±11.4 | 11.0±7.7 |
| Ethyl acetate | 8.6±2.6 | 25.4±4.8 | 12.7±15.4 |
| Ethyl alcohol | 22.8±10.0 | 44.7±21.5 | 109.0±31.5 |
| Methyl alcohol | 54.8±29.3 | 74.4±5.0 | 57.8±6.3 |
| Phenol | 4.6±1.9 | 9.5±1.5 | 8.7±5.3 |
| Toluene | 1.8±1.7 | 7.4±4.9 | 8.0 |
| 무기물 | | | |
| Carbon monoxide | | $4.84\times10^3\pm1.2\times10^3$ | |
| Ammonia | | 32.2±5.0 | |
| Hydrogen sulfide | | 2.73±1.32 | 2.96±0.68 |
| Carbon dioxide | | $642\times10^3\pm34\times10^3$ | $930\times10^3\pm52\times10^3$ |

**<표 8-3> 주요 실내공기 오염물질 및 발생원**

| 오염물질 | 주요 발생원 |
|---|---|
| Allergens | 집먼지, 애완용 동물, 곤충(벌레) |
| 석면(asbestos) | 방화제, 절연제 |
| 이산화탄소($CO_2$) | 신진대사(사람호흡), 연소, 차고의 차량 |
| 일산화탄소(CO) | 연료 연소, 보일러, 난로, 가스 또는 케로센(kerosene) 난방기, 담배 흡연 |
| 포름알데히드(HCHO) | 파티클보드(particle board), 절연제, 가구류 |
| 미생물(micro-organisms) | 사람, 동물, 식물, 냉난방 에어컨(air conditioner) 시스템 |
| 유기물질(organic substances) | 접착제, 용제(solvents), 건축자재, volatilization, 연소, 페인트, 담배 흡연 |
| 오존(ozone) | 광화학 반응 |
| 입자상 물질(particles) | 재 분산, 담배 흡연, 연소 |
| 다환방향족탄화수소(PAHs) | 연료 연소, 담배 흡연 |
| 꽃가루(pollen) | 실외공기, 나무, 잔디, 잡초, 식물 |
| 라돈(radon) | 토양, 건축물 건설 재료(콘크리트, 돌) |
| 균류 포자(fungal spore) | 토양, 식물, 음식물, 실내 내부 표면 |
| 이산화황(sulphur dioxide) | 실외공기, 연료 연소 |

한 것은 사람도 공기오염물질 발생원이라는 것이다. 재미있는 내용은 대학생을 대상으로 강의시간 동안 그리고 시험 후 강의실의 공기오염물질을 측정하였는데 시험을 치른 후 발생량이 증가한 결과를 나타내었다(Wang, 1975; 〈표 8-2〉 참조).

공기오염물질들은 실내환경에서 다양한 발생원을 가지고 있다(Spengler와 Sexton, 1983; 〈표 8-3〉 참조). 실내공기 오염물질의 발생원을 대략적으로 구분하면 건축물 자재 및 건축 후 마감재, 난방 또는 취사 등의 연료의 연소 그리고 실외 공기의 유입이다.

## 8.2 실내공기 오염물질 발생

실내환경의 공기오염물질 발생량(S)은 제5장의 식 (1)을 이용하여 간략히 측정할 수 있다. 실내환경에서 공기오염물질이 시간변화에 따른 농도변화가 없는 정상상태(steady-state, $dCi/dt=0$)와 실내환경 내 반응에 의한 감소(R)가 없는 것으로 가정하면, 발생량(S)은 다음과 같이 정리할 수 있다. 그러나 실내환경은 기류, 온도, 습도가 항상 변하기 때문에 정상상태로 가정하기 어렵다.

$$S=Q(Ci-Co) \qquad (1)$$

### 8.2.1 연소(취사 및 난방)에 의한 발생

연소(combustion)는 실내환경에서 많은 오염물질을 발생시킬 수 있다. 인류의 경제적 발전과 함께한 주택의 에너지 사용은 〈그림 8-1〉과 같이 '에너지 사닥다리(energy ladder)'를 따라 움직이는 경향을 나타낸다(WHO, 2002). 더 깨끗한, 더 효율적인 에너지의 이용은 비용을 증가시키지만 실내공기오염 수준을 감소시킬 수 있다. 〈그림 8-1〉과 같이 과거에는 난방을 위하여 나무와 석탄을 사용하였고, 유럽과 미국과 같은 선진국은 천연가스와 전기를 사용한다. 하지만 현재도 중국에서는 석탄의 사용이 주된 연료이며, 미국은 대략 1/2 정도가 가스를 사용한다.

### 1. 질소산화물

한국의 경우 가스레인지(gas range 또는 gas stove)의 사용이 일반적임을 고려할 때, 취사나 난방에 의한 공기오염물질의 발생이 문제될 수 있다. Basu와 Samet(1999)는 가스레인지 연소에 따른 열적 질소산화물(thermal NOx), 특히 이산화질소($NO_2$)의 노출 및 역학조사 45개 논문에서 가스레인지 사용 주택의 건강위해 증가 가능성을 보고하였다.

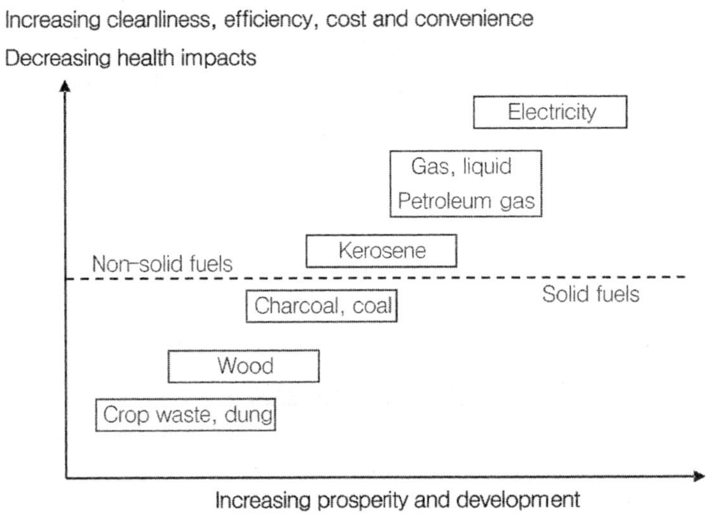


**〈그림 8-1〉 에너지 사닥다리(WHO, 2002)**

$N_2+1/2O_2 \rightarrow NO+N$

$\underline{N+O_2 \rightarrow NO+1/2O_2}$

$N_2+O_2 \rightarrow 2\ NO$

$NO_2$의 형성은 다음 반응식으로 나타낼 수 있다.

$2NO+O_2 \rightarrow 2NO_2$

또한 Lipsett(1999)는 가스레인지 연소과정에서 질소산화물, 미세입자, VOCs, $CO_2$, CO 및 수증기의 발생을 제시하며 특히 어린아이와 여성의 호흡기 계통의 건강영향을 보고하였다. Yang 등(2004)이 다중측정 방법에 의해 한국과 호주에서 각각 가스레인지와 전기레인지를 이용한 주택의 $NO_2$ 발생률은 $44.7\pm38.1\mu g/m^3/hr$와 $6.6\pm6.3\mu g/m^3/hr$로 가스레인지 사용이 $NO_2$를 유의하게 높게 배출시키는 것으로 보고하였다. 또한 우리나라의 음식점에서 빈번하게 이용되는 휴대용 가스레인지(부탄가스)는 NO 0.551~0.939mg/hr, $NO_2$ 0.354~1.080mg/hr, NOx1.207~1.631mg/hr, CO 1.389~4.21mg/hr, $CO_2$ 2426.823~2973.495mg/hr, VOCs 0~0.119mg/hr의 범위를 나타내었다(임성국 등, 2007). 난방 및 취사의 연료 사용 시 적절한 실내외 환기를 한다면 실내공기질 문제를 일으키지 않을 수 있지만, 비배기 난방기(unvented appliance) 또는 적절한 환기를 하지 않는다면 심각한 문제를 야기할 수도 있다(Nagda 등, 1996).

## 2. 흡연

담배 흡연도 연소와 관련된 주요 실내공기 오염물질의 발생원이다. 담배 흡연은 제4장에서 언급했듯이 수천 가지의 유해 공기오염

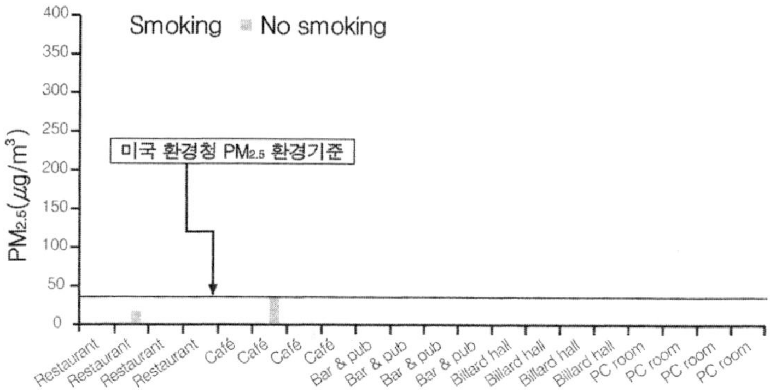


〈그림 8-2〉 공공장소에서 흡연에 의한 미세먼지($PM_{2.5}$) 농도

물질(에어로졸, 가스, 증기)을 배출시키며, 급성 및 만성 영향을 일으킬 수 있다. 흡연율은 국내외에서 건강위해 인식으로 감소 추세지만, 현재도 실내 흡연은 실내공기 오염물질 발생에 유의한 영향을 준다. 국내의 흡연이 허용된 공공장소(PC방, 카페, 음식점 등)에서 측정된 미세먼지($PM_{2.5}$)의 농도수준을 고려하면, 미국의 대기환경기준($PM_{2.5}=35\mu g/m^3$)을 최대 10배까지 초과한 것으로 보고되었다(양원호와 이기영, 2008; 〈그림 8-2〉 참조).

### 8.2.2 건축자재에 의한 발생

최근 몇 십년 동안 건축물의 건설과 운영 방법에 많은 변화가 있었다. 특히 1970년대 석유파동 이후 비용감소 및 에너지 효율을 위하여 건축물 설계와 건설에 변화가 있었다. 특히 주택과 사무실은 외부 공기의 유입이 적은 절연상태로, 주택의 경우 환기량이 0.2~0.3ACH까지 감소하였다(Platts-Mills 등, 1996). 또한 건설 기술의 발전은 합성 건축자재의 사용을 증가시켰다. 물론 이런 변화는 건축물이 사람에게 더 편안하고 효율적이도록 하는 것이지만,

그러나 유해 공기오염 발생으로 실외 대기보다 실내환경이 악화되는 상황을 초래하게 되었다(Teichman, 1995).

실내공기 중 화학물질의 농도 증가 주요 원인으로는 ① 화학공학의 발달로 복합 화학물질로 구성된 건축 재료들의 사용 증가, ② 건축에서 노무비의 절감 및 숙련공의 부족으로 인한 공법의 변화로 접착제 사용량 증가, ③ 천연재료의 고갈, 인공 건자재의 증가와 더불어 화학물질 사용량이 증대되는 지구환경 및 자원, 사회적, 경제적인 요인, ④ 냉난방 에너지절약을 위하여 건축물의 단열성능, 기밀성능 향상, 환기부하의 경감 등이 지적되고 있다(공기청정협회, 2000).

### 1. 포름알데히드

포름알데히드(HCHO)의 실내 발생원은 포르말린, 합판, 합성수지, 화학제품 등의 제조공장, 소각로, 유류, 천연가스 등의 연소 시설 등에서 발생된다. 특히 실내 발생원으로는 일반 주택 및 공공건물에 많이 사용되는 우레아수지폼 단열재(urea formaldehyde foam insulation, 현재 사용금지)나 섬유, 옷감, 실내 가구의 칠, 난방 연료의 연소 과정, 흡연, 생활용품, 의약품, 접착제 등을 들 수 있다. 따라서 실내 HCHO 농도는 신축 건물에서 높게 나타날 수 있으며 조리, 벽난로, 기타 난로 등에서도 배출된다. 건축자재에서 발생된 HCHO는 건축자재의 수명, 실내 온도 및 습도에 의존하여 그 배출량이 영향을 받는다.

### 2. 휘발성 유기화합물

실내환경에서 VOCs는 복합 화학물질로 구성된 건축재료의 사용 증가와 함께 실내공기 중으로 배출되어 문제가 되고 있다. 재료의

〈표 8-4〉 건축자재 관련 실내환경의 VOCs 발생원

| 발생원 | 발생 오염물질 |
|---|---|
| 페인트 및 관련 제품 | 지방족 탄화수소(n-hexane, n-heptane), 방향족 탄화수소(toluene), 할로겐 탄화수소(methylene chloride, propylene dichloride), 알코올, 케톤(methyl ethyl ketone), 에스테르(ethyl acetate), 에테르(methyl ether, ethyl ether, butyl ether) |
| 접착제 | 지방족 탄화수소(hexane, heptane), 방향족 탄화수소, 할로겐 탄화수소, 알코올, 아민, 케톤(acetone, methyl ethyl ketone), 에스테르(vinyl acetate), 에테르 |
| 건축자재 | 지방족 탄화수소(n-decane, n-dodecane), 방향족 탄화수소(toluene, styrene, ethylbenzene), 할로겐 탄화수소(vinyl chloride), 알데히드(HCHO), 케톤(acetone, butanone), 에스테르, 에테르(urethane, ethylacetate) |

* Maroni 등, 1995.

내구성 향상, 미장효과, 작업의 편리성, 내화재, 경제성, 단열효과 등을 위하여 많은 종류의 화학물질 사용이 증가되고 있다. 이런 건축재료나 가구 등에서는 다양한 종류의 VOCs가 배출되고 있다. 실내환경 VOCs 오염농도는 건축자재의 종류와 생산과정, 생산 후 경과시간 정도에 따라 배출강도가 변화되며, 부적절한 건축자재의 선정으로 인하여 오염물질이 증가되기도 한다. 또한 실내환경의 VOCs는 건축재료로부터 오랜 시간 동안에 서서히 실내공기로 배출하게 되며, 농도가 낮고 그 종류도 매우 다양하기 때문에 검출이 쉽지 않은 것이 특징이다(한국공기청정협회, 2000). 실내환경의 VOCs 발생원은 건축재료뿐만 아니라, 가구류, 살충제, 카펫 접착제, 페인트, 인조고무 등이다(〈표 8-4〉 참조).

### 3. 건축자재의 VOCs 발생원 모델

건축자재에서 유해 공기오염물질의 배출률을 결정하는 2가지 주요 과정은 건축자재 내부 및 표면의 농도와 근접한 공기 농도의

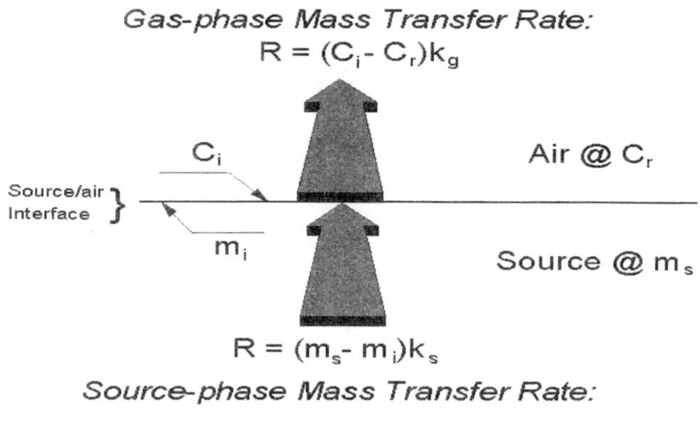


〈그림 8-3〉 건자재에서 공기오염물질 발생 모델

차이에 의한 농도경사에 의한 확산 그리고 휘발성이다(〈그림 8-3〉 참조; Sparks, 2001). 그렇기 때문에 실내환경에서 환기의 증가는 유해 공기오염물질을 실외 대기로 유출시켜 실내공기질을 개선할 수 있지만, 반면에 건축자재 표면에서 유속과 난류를 증가시켜 배출률을 동시에 증가시킬 수 있다(Sakr 등, 2003).

또한 중요한 사항은 실내환경 내 건축자재는 VOCs 및 HCHO의 발생원이지만, 한편으로는 건축자재가 유해 공기오염물질을 흡착하는 감소 역할도 할 수 있음을 잊지 말아야 한다. 건축자재로부터의 VOCs 배출은 크게 다음의 2가지 그룹으로 나눌 수 있다. 첫째, 비닐 바닥이나 폴리메릭 단열재와 같은 고형재료 또는 경화된 재료로부터의 배출, 둘째, 페인트나 왁스와 같은 습성재료로부터의 배출이다.

### 1) 고형재료로부터의 배출

VOCs 배출량은 처음에는 높다가 급속하게 일정한 정도로 떨어진다. 일정한 정도로 떨어지는 기간은 재료에 따라 다르지만 일반적으로 10일에서 30일 사이이다. 실험 챔버(chamber)로 부터 3일째와 30일째 배출률을 조사하고, TVOCs의 배출률이 지정된 일정한 정도로 떨어지는 시간으로 그 재료를 VOCs 고배출이나 저배출 재료로 정의하는 데 사용하도록 제안하고 있다.

한편 Hodgson(2000)은 신축 건물의 VOCs는 9개월 동안 지속적으로 배출되는 것으로 보고하였고, 환기량이 높은 주택이 낮은 주택보다 VOCs 배출량이 10% 정도 높기 때문에 환기를 이용한 방법보다 저배출 건축자재 사용이 더 효율적이라고 주장하였다. VOCs 배출량은 배출계수로 표현된다. 배출계수는 다음의 식에 의해 계산할 수 있다.

$$EF = C(N/L) \tag{2}$$

여기서 EF: 배출계수($\mu g/m^2/hr$), C: 챔버의 농도($\mu g/m^3$), N: 챔버의 환기횟수($hr^{-1}$), L: 챔버의 부하요인(loading factor, $m^2/m^3$).

부하요인 L은 챔버 체적에 대한 재료 표면적의 비율을 말한다. 환기율은 시간당 챔버로 유입되는 청정공기 체적을 챔버 체적으로 나눈 값이다. 환기율은 챔버에서 일어나는 희석이나 정화량을 나타내며 이것은 VOCs 농도에 중요한 영향력을 가진다. 재료의 배출률은 일반적으로 완전혼합과 환기 및 감소요인이 거의 없는 것으로 가정한 시간에 따른 1차 반응(발생) 감소식(first-order emission decay)을 따른다.

$$EF = EF_o \cdot e^{-kt} \tag{3}$$

여기서 $EF_o$: 초기 배출계수($\mu g/m^2/h$), $k$=1차 반응 상수($h^{-1}$), $t$=시간(h).

**〈표 8-5〉 선택된 실내공기 오염물질 발생원에 대한 TVOCs 배출률**

| 발생원 | EFo(mg/m$^2$/hr) | k(hr$^{-1}$) |
|---|---|---|
| Wood stain | 17,000 | 0.4 |
| Polyurethane | 20,000 | 0.25 |
| Wood floor wax | 20,000 | 6.0 |
| Moth crystals | 14,000 | 0(constant source) |
| Dry cleaned clothing | 1.6 | 0.03 |
| Liquid nails | 10,000 | 1.0 |

식 (1)과 (2)를 이용하여 Chang과 Guo(1993)가 실내환경 내 TVOCs 발생원에서 측정한 배출률을 〈표 8-5〉에 나타내었다.

한편 Brown(2002)은 신·구 건축물에서 VOCs 및 HCHO의 발생농도를 측정하여 발생이 이중 지수적(double-exponential decay)으로 감소함을 보고하였다(〈그림 8-4〉 참조). Brown의 발생률도 식 (2)와 같이 1차 발생 감소식으로 표현할 수 있으며, 〈그림 8-4〉에서와 같이 2가지 형태의 감소식으로 나누어 나타내고 있다(식 5). 여기서 주의할 것은 배출률(emission rate, R)은 mass/time 단위의 외부적 특성을 나타내는 값이고, 배출계수(EF)는 mass/area/time 단위의 내부적 특성을 나타내는 값이다.

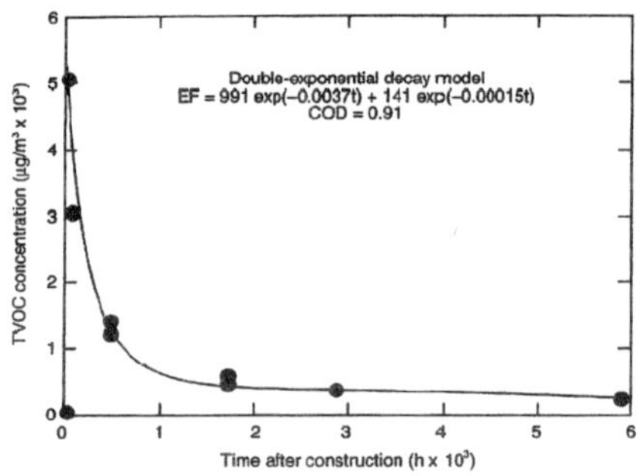


(a) TVOCs 발생 감소

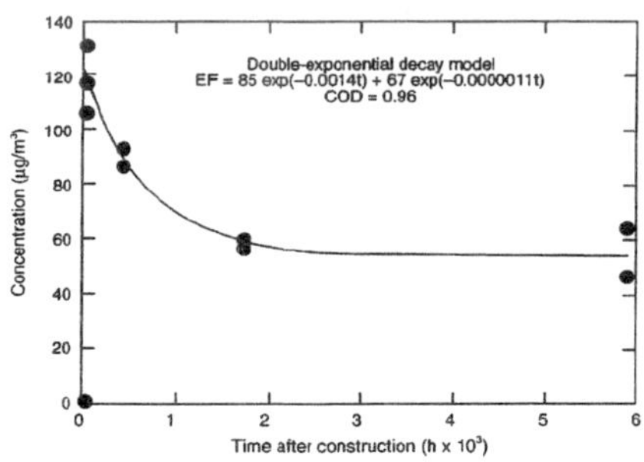


(b) TVOCs 발생 감소

**〈그림 8-4〉 이중 지수적 발생 감소 모델을 나타낸 신축건축물**

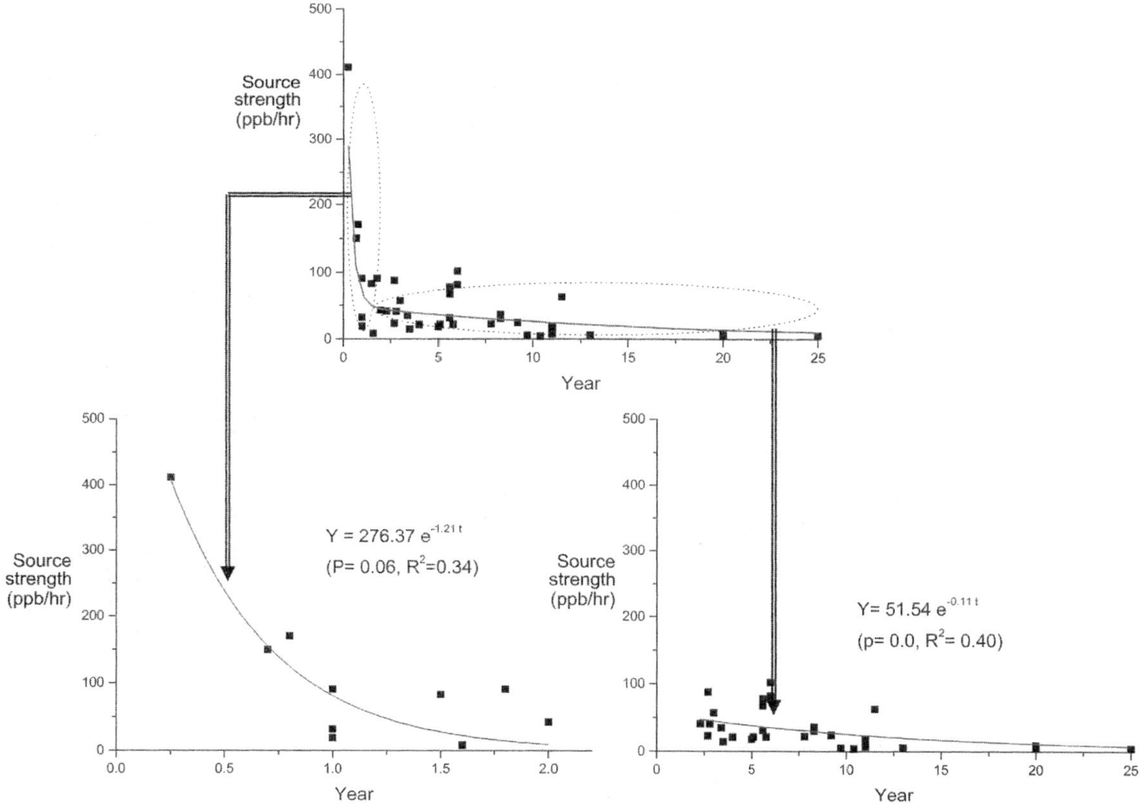


<그림 8-5> 건축연수에 따른 톨루엔 발생 감소 모델

$$EF = M_0 \cdot k_1 \cdot e^{(-k1 \cdot t)} \quad (4)$$

여기서 EF: 발생 물질의 배출계수($\mu g/m^2/hr$), $M_0$: 표면에서 초기 오염물질의 양($\mu g/m^2$), $k_1$: 감소상수(decay constant, $hr^{-1}$).

$$EF = EF_{01} \cdot e^{(-k1 \cdot t)} + EF_{02} \cdot e^{(-k2 \cdot t)} \quad (5)$$

여기서 $EF_{01}$과 $EF_{02}$는 $k_1$과 $k_2$에 따른 각각의 초기 배출계수.

국내에서도 신축 주택의 톨루엔 발생량 모델도 이중 지수적으로 발생이 감소하는 것으로 보고되었으며, 〈그림 8-5〉와 같이 건축완공부터 2년까지 지수발생 모델식은 $Y=276.37e^{-1.21x}$였고, 2년에서 25년까지의 지수발생 모델식은 $Y=51.54e^{-0.11x}$로 나타났다(김영희 등, 2006).

2) 액상재료로부터의 배출

액상재료로부터의 배출은 보통 실험 초기에 나타나서 짧은 시간 안에 최고치에 도달한다. 그리고 다시 배출률이 급격히 떨어지는데 일련의 수성 페인트와 같은 재료들이 1일에서 5일 사이에 안정되지만 상대적으로 높은 값을 나타내는 데 반해, 접착제와 같은 유기성 유기용제 재료의 배출률은 몇 시간 안에 아주 낮은 수치까지 떨어진다. 새로 시공된 페인트는 표면에 일정한 증기압을 가지며 마르지 않는 페인트는 증발과정에 의해서 배출률이 크게 좌우된다. 그 이후에는 증발과 확산이 동시에 영향을 미치며, 마른 후에는 VOCs의 확산이 더 큰 영향을 미치면서 VOCs의 종류와 VOCs 간의 상호작용에 영향을 미친다. 실험 챔버의 VOCs 배출 농도는 다음의 식으로 주어진다.

$$C = L(EF_o)(e^{-kt} - e^{-Nt})(N - K) \qquad (6)$$

이러한 종류의 물질로부터 VOCs 배출량을 판단하기 위해, 배출이 일정하거나 시간에 대해 단순히 지수적으로 감소할 때 식 (2)에서 사용하였던 배출계수는 사용되지 않는다. 재료의 부하요인이 주어진 챔버에서 측정된 VOCs의 농도가 결과를 나타내는 데 사용된다. 페인트 필름의 두께와 기저물질도 VOCs 배출에 영향을 미칠 것이며, 이에 따른 수학적 식과 경험적인 모델이 개발되어 있다. 액상물질의 증기화로 인한 실내환경의 농도는 다음의 식 (7)로 나타낼 수 있다. 식 (7)은 제7장의 식 (9)를 이용한 것으로 mL을 g으로 하기 위한 밀도, 온도와 압력에 따른 부피를 적용한 것이다.

$$C = \frac{22.4 \times \rho \times V_L \times (\frac{273 + T}{273}) \times (\frac{760}{P}) \times 10^6}{MW \times V} \qquad (7)$$

여기서 C: 농도(ppm), T: 절대온도(K), P: 압력(mmHg), W: 몰질량(g), V: 실내환경 체적(L), M: 분자량(g/mol), ρ: 밀도(g/mL), $V_L$: 액상물질 부피(mL).

### 3) 실내 배출원 모델

실내 배출원 모델은 실내공기질을 결정하는 주요 요인이며 궁극적으로 사람의 노출 및 위해 모델에 직접적으로 적용할 수 있기 때문에 중요하다. Guo(2002)는 과거 수십 년 동안 연구자들에 의해 발표된 실내 배출원 모델을 검토 정리하였다. 그는 52개의 실내 배출원 모델을 대략 다음의 7가지로 구분하였다; ① 다목적(multipurpose) 모델, ② 실내 코팅 물질 모델, ③ 건축물 건자재 모델, ④ 휘발성 유기용제 모델, ⑤ 오염된 음용수(수돗물) 모델, ⑥ 살충제 실내 적용 모델, ⑦ 실내 연소도구 모델 및 차량 배출가스 유입모델. 이와 같이 국외에는 다양한 배출모델이 있으며 현재도 많은 연구가 수행되고 있다.

#### 4) 실내의 환경과 건축자재 인증제도

환경친화적 건축 인식 증가에 따른 제품의 생산과정과 제품 자체에 대한 환경측면의 '그린(green)' 개념을 도입하게 되었다. 선진국에서는 재활용 석고보드(board)를 사용한 건식벽체, 저농도 VOCs 배출 페인트, 수용성 접착제, 낮은 포름알데히드 배출 건자재 등을 개발하여 보급하고 있다. 영국의 BREEAM(building research establishment environment assessment method), 그린인증제도(green certification systems), 일본농림성(JAS)에서는 실내에 HCHO의 배출량이 많은 바닥목재와 합판재의 규격을 설정하여 제품에 라벨을 부여하고 있다; F1(0.5mg/L 이하), F2(5mg/L 이하), F3(10mg/L 이하). 또한 SCANVAC(스칸디나비아 국가)에서는 VOCs에 의한 실내 공기환경의 규정을 포름알데히드와 TVOCs의 농도에 의하여 3단계(AQ1, AQ2, AQX)로 구분하여 제시(AQ: Air Quality)하고 있다. 또한 건축재료로부터 오염물질 배출강도에 따라 건축재료를 3단계로 분류하고 있다; MEC-A(low-emission building materials), MEC-B(moderately), MEC-C(heavily).

한편, 한국에서는 환경부의 '다중이용시설 등의 실내공기질 관리

**<표 8-6> 스칸디나비아 국가의 실내환경에 따른 건축재료 분류**

| | 노출시간 | 최대 허용농도($mg/m^3$) | | |
|---|---|---|---|---|
| | | AQ1 | AQ2 | AQX |
| TVOC | 0.5h | 0.2 | 0.5 | * |
| HCHO | 0.5h | 0.05 | 0.1 | * |

단, *는 필요에 따라 별도로 정함.

<표 8-7> 건축자재에서 배출되는 오염물질의 배출기준(mg/m²/hr)

| 구 분 | 접착제 | 일반자재 |
|---|---|---|
| 포름알데히드 | 4 이상 | 1.25 이상 |
| 휘발성 유기화합물 | 10 이상 | 4 이상 |

법' 제11조 오염물질 배출 건축자재의 사용제한 규정에서 오염물질이 많이 나오는 건축자재를 정하여 환경부령이 정하는 바에 따라 고시할 수 있다.

5) 석면

석면은 건축자재, 소비물품, 자동차 브레이크, 가정용품 등에 다양하게 사용되는데 주방기기, 난로, 스토브, 석면 파이프를 수리하거나 사용함으로 인해 공기 중에 석면 형태의 섬유들이 배출되는 것이다.

## 8.2.3 생활용품에 의한 발생

국립환경과학원은 신축공동주택의 거주기간에 따른 실내공기 오염도 변화추이 및 영향인자를 파악하기 위해 2005년 2월부터 2006년 2월까지 전국 신축공동주택 100여 세대를 대상으로 HCHO와 VOCs의 오염실태를 조사하였다. 신축공동주택에서 톨루엔은 입주 전에 높은 농도를 보이다, 입주 후 거주기간이 증가함에 따라 농도가 감소하는 반면, 포름알데히드, m, p-자일렌, 아세톤, 에틸벤젠은 입주 전에 비해 입주 후에 농도가 증가하였다가, 그 후 거주기간의 증가에 따라 농도가 감소하는 것으로 나타났다. 포름알데히드는 입주 전에 71.68$\mu g/m^3$였으나, 입주 후 4개월에 220.51 $\mu g/m^3$로 증가하여 가장 높은 농도를 보였으며, 이후 감소하여 입주 후 10개월에는 97.39$\mu g/m^3$로 조사되었고, 그 이유는 톨루엔의 경우 입주 전 가장 높게 나타나는 원인은 생활용품보다 페인트 등 건축자재에서 주로 나오기 때문이며, 포름알데히드 등의 오염물질이 입주 후 가장 높게 나타나는 것은 건축자재보다 가구 등 생활용품에서 주로 나오기 때문인 것으로 추정된다고 보고하였다. 국립환경과학원의 결과를 간략히 설명하면 건축자재뿐만 아니라 가구류 등의 생활용품에서도 유해 공기오염물질이 배출됨을 알 수 있다(Colombo 등, 1990). Molhave 등(1995)의 대형 챔버의 공기오염물질 배출실험 결과에 의하면 가구류에서 포름알데히드가 최고 112$\mu g/m^3$의 농도를 보였으며, 8주 후에는 50$\mu g/m^3$을 나타냈다고 보고하였다. 〈표 8-8〉은 실내환경에서 주요 VOCs 발생 생활용품을 나타냈다.

또한 여름철에 사용하는 모기향, 냄새를 제어하기 위한 방향제, 전기집진 방법의 공기청정기, 컴퓨터 등의 전자제품에서도 각종 공기오염물질이 배출될 수 있다. Liu 등(2003)은 중국 및 말레이시아에서 이용되는 모기향에서 미세먼지, HCHO, VOCs, PAHs, CO가 발생되며 이 결과를 담배 개수와 비교하여 보고하였다(〈표 8-9〉 참조).

**〈표 8-8〉 생활용품 관련 실내환경의 VOCs 발생원**

| 발생원 | 발생 오염물질 |
|---|---|
| 소비재 및 상업용 제품 | 지방족 탄화수소(n-dcane, branched alkanes), 방향족 탄화수소(toluene, xylene), 할로겐 탄화수소(methylene chloride), 알코올, 케톤(acetone, methyl ethyl ketone), 알데히드(HCHO), 에스테르(akyl ethoxylate), 에테르(glycol, ethers), 터르펜(limonene, alpha-pienene) |
| 가구 및 의류 | 지방족 탄화수소(styrene, brominated aromatic), 할로겐 탄화수소(vinyl chloride), 알데히드(HCHO), 에스테르, 에테르 |

<표 8-9> 모기향의 배출계수 및 담배 개수 등가량

| 모기향 종류 | $PM_{2.5}$ | | HCHO | | Total PAH | |
|---|---|---|---|---|---|---|
| | 배출계수 (mg/g) | 담배 개수[a)] | 배출계수 (mg/g) | 담배 개수[a)] | 배출계수 (mg/g) | 담배 개수[a)] |
| A | 70.4±7.3 | 131 | 4.54±0.29 | 51 | 64.6 | 4 |
| B | 68.6±7.7 | 112 | 3.38±0.20 | 33 | 19.2 | 1 |
| C | 34.5±2.9 | 103 | 1.21±0.06 | 22 | 0.6 | 0 |
| D | 57.3±5.1 | 137 | 0.967±0.037 | 14 | 4.6 | 0 |

a) 모기향 1개를 모두 연소시켰을 경우에 상당하는 담배 개수.

## 8.2.4 작업실내환경에 의한 발생

### 1. 사무실 실내환경

사무실 환경은 전기기술의 발전과 함께 빠르게 변화하고 있는 곳이다. 사무실의 컴퓨터, 프린터 등 장비는 단순히 실내공기 오염물질 농도를 증가시키는 데 기여하는 것뿐만 아니라 사무실 근로자에게 건강불만과 상관성이 높은 것으로 보고되고 있다(Wolkoff, 1999). 그동안 많은 과학자들과 사무실 장비 업체에서는 사무실 장비로부터 발생되는 오존, VOCs, HCHO, PM 등 공기오염물질 발생량에 대해서 연구하였다. 레이저 프린터에서 오존이 발생될 수 있으며 발생된 오존은 잠재적으로 재실자 호흡기에 영향을 줄 수 있다. 비교적 최근에 조사된 레이저 프린터, 잉크젯 프린터에서 나

<표 8-10> 복사량당 공기오염물질 평균 발생량(㎍/copy)

| 기기 | TVOCs (㎍/copy) | Ozone (㎍/copy) | $PM_{10}$ (㎍/$m^3$) |
|---|---|---|---|
| Laser jet printer(A) | 5.7 | 1,20 | 65 |
| Laser jet printer(B) | 7.0 | 1.00 | 65 |
| Ink-jet printer(C) | 1.2 | 0.05 | 20 |
| Ink-jet printer(D) | 0.7 | 0.05 | 38 |

온 TVOCs, 오존, $PM_{10}$의 발생량을 〈표 8-10〉에 나타내었다(Lee 등, 2001).

### 2. 작업장 실내환경

근로자가 일을 하는 작업장은 공정, 작업내용에 따라 다양한 유해인자가 발생된다. 이 분야는 주로 산업보건에서 다루고 있으며, 일반적으로 물리적, 화학적, 생물학적 유해인자로 구분한다. 물리적 유해인자 발생은 물리적 특성인 소음, 진동, 전리방사선(α선, β선, γ선, X선 등), 비전리방사선(자외선, 가시광선, 적외선 등), 열, 기압이다. 화학적 유해인자 발생은 입자상 및 가스상 유해물질로서 주로 공정 상태에서 발생된다. 예를 들면 미국의 산업장에서는 대략 6만여 종의 화학물질을 취급하고 있다. 생물학적 유해인자 발생에는 박테리아, 곰팡이, 바이러스, 진드기 등이 있다.

## 8.3 대 책

실내 발생원에 따른 대책을 간략히 설명하면 다음과 같다; ① 환기설비의 운전(일반환기, 국소환기), ② 무공해(non-toxic) 건축자재의 개발, ③ 오염물질을 배출하는 건축자재의 사용제한, ④ 공기정화설비의 운전, ⑤ 베이크 아웃(bake-out)법. 특히 베이크 아웃법은 신축건물이나 보수작업이 완료된 건물에 대하여 실내공기를 높은 온도로 가열하여 오염물질의 발생을 일시적으로 증가시킨 후에 이를 제거하는 방법을 말한다. 신축건물의 경우 주민의 입주 전 건설사가 실내의 온도를 상승시켜 건축자재나 마감 재료에서 방출되는

VOCs 및 HCHO 물질의 발생량을 일시적으로 촉진시키며, 동시에 환기장치를 가동하여 이를 제거하는 방법이다. 이 방법은 실내의 VOCs 및 HCHO를 제거하는 효과적인 방법으로 알려져 있다(Van der Wal 등, 1997). 대략 실내의 VOCs 물질은 20~30% 정도의 수준으로 감소된 것으로 조사되고 있다. 주의할 것은 실내온도의 가열로 페인트의 균열, 유리창의 균열, 목재류나 신축이음 등의 뒤틀림이 발생할 수 있다는 것이다.

〈연습문제〉

1. WHO의 '에너지 사닥다리(energy ladder)'는 무엇을 의미하는가?
2. 취사 등 연소에 따른 열적 질소산화물(thermal NOx) 생성을 설명하라.
3. 건축물과 관련하여 실내공기 중 화학물질의 농도 증가 주요 원인을 기술하라.
4. 건축자재에서 유해 공기오염물질의 배출률을 결정하는 2가지 주요 과정은 무엇인가?
5. 배출률과 배출계수의 차이점을 설명하라.
6. 한국에서 건축자재로부터 배출되는 오염물질의 배출기준 ($mg/m^2/hr$)을 기술하라.
7. 실내환경의 발생원에서 발생 감소 모델을 설명하라.
8. 신축공동주택 등에서 이용되는 베이크 아웃(bake-out)법을 설명하라.
9. 표준상태에서 벤젠 2L가 모두 증발하였다면 실내환경($2,000m^3$)의 벤젠의 농도(ppm)는 얼마인가? (단, 벤젠의 MW=78.11, 비중=0.879, 실내외 환기는 없다고 가정)

풀이) 식 (7)에서 발생량(S)

$=(22.4\times0.879\times2000\text{mL}\times(25+273)/273)\times106/(78.11\times2000)$

$\fallingdotseq 275\text{ppm}$

10. $30\text{m}^3$의 반응기(챔버)에 에탄올(ethanol)을 미량주사기로 주입시켜 농도를 1,000ppm으로 하려 한다. 에탄올 몇 mL를 반응기에 주입해야 하는가? (단, 에탄올의 MW=46.1g, 밀도 0.789g/mL이다)

풀이) 식 (7)에서

$$1000 = \frac{22.4\times0.789\times V_L\times(\frac{273+21}{273})\times(\frac{760}{760})\times10^6}{46.1\times30000}$$

$V_L=71.69\text{mL}$

제 9 장

# 실내 반응 및 감소

# 제9장 실내 반응 및 감소

Spicer 등(1989)에 의하면 실내공기 오염물질은 실내 · 외 공기 환기량을 통한 실내공기질 개선보다 실내환경의 물질(벽지, 천 등)과 표면반응에 의해 더 높게 감소될 수 있는 것으로 보고하였으며, VOCs와 HCHO의 경우 건축자재 등에서 발생될 수 있지만 오히려 흡착시켜 감소시킬 수도 있는 것으로 나타났다.

## 9.1 실내 반응 및 감소 개념

실내 반응 및 감소의 이해를 위해 예를 들면, 주택 실내환경의 이산화질소($NO_2$) 노출에 따른 건강위해성을 고려해 보자. 주택 실내환경의 $NO_2$ 농도에 영향을 주는 요인은 이미 언급했듯이 실내 $NO_2$ 발생량, 실외 $NO_2$ 농도 및 실내 유입량(환기량), 실내환경 내면의 표면반응 또는 다른 공기물질과 화학적 반응이다. 또한 실내환경 내 기류, 온도, 습도 등이 영향을 일으킬 수 있다. 중요한 것은 실내 $NO_2$ 농도 영향 요인 중 표면반응(실내 벽지 등 실내 고형 재료) 및 화학반응(다른 공기오염물질과 반응)에 의해 감소될 수 있다는 것이다(Carslaw, 2007). 반면, 표면반응과 화학반응에 의해 제3의 유해 공기오염물질이 발생할 수 있기 때문에 실내환경 내 반응 및 감소 부분

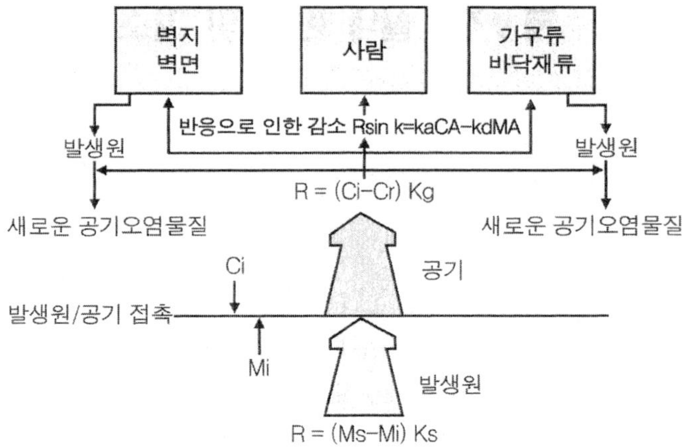


**〈그림 9-1〉 실내공기 오염물질의 감소 개략도**

은 매우 중요한 부분으로 고려될 수 있다(Weschler, 2004). 〈그림 9-1〉은 발생원에서 배출된 공기오염물질이 벽지(벽면), 사람, 가구류, 바닥재류 등에 의해서 농도가 감소되는 개략도를 나타내었다.

Kukadia와 Palmer(1998)는 8차선 도로변의 상업 빌딩을 대상으로 실내외 공기질을 측정하여 실외 공기질의 영향을 조사하였다. 대상 상업 빌딩들은 도로변 바로 옆에 위치하였으며 1곳은 기계적 환기를 이용하였고, 다른 1곳은 자연환기를 이용하였다. 이 결과에서 실내외 농도비를 살펴보면 〈표 9-1〉과 같다. 빌딩 실내환경에서 재실자 호흡에 의한 $CO_2$ 발생 이외에는 다른 공기오염물질의 발생원이 없는 것을 고려할 때 실내/실외 공기비가 1보다 작은 것은 실내환경 내에서 반응에 의한 감소를 해석할 수 있다. 특히 최대값은 실내/실외 공기비가 1보다 훨씬 작은 것을 고려하면, 고노출에 의한 급성 건강영향 측면에서는 매우 흥미로운 결과라고 볼 수 있다.

미국 환경청의 TEAM 연구에서 오존($O_3$) 같은 반응성 물질들은 실외 대기보다 실내환경의 농도가 매우 낮은 경향을 보였으며 그

**<표 9-1> 월요일부터 금요일까지 재실자가 있는 빌딩의 실내외 공기질**

| 측정물질 | 자연환기 | | 기계환기 | |
|---|---|---|---|---|
| | 실내/실외 | | 실내/실외 | |
| | 최대(peak) | 평균(mean) | 최대 | 평균 |
| CO(ppm) | 0.4 | 1.0 | 0.3 | 0.5 |
| $CO_2$(ppm) | 1.5 | 1.8 | 1.0 | 1.8 |
| NO(ppb) | 0.3 | 0.9 | 0.3 | 0.7 |
| $NO_2$(ppb) | 0.5 | 0.9 | 0.6 | 0.8 |
| $SO_2$(ppb) | 0.3 | 0.4 | 0.3 | 0.4 |

* Kukadia와 Palmer(1998).

이유는 $O_3$ 같은 반응성 물질들이 실내환경에서 급격히 실내 표면과 반응하기 때문이었다(Wallace, 1987). Kraenzmer(1999)는 NO, $NO_2$, $O_3$가 실내에서 건자재, 가구류 등의 재료와 반응하여 감소될 수 있음을 실험적으로 증명하였다. 또한 Kulkarni와 Patil(1998)은 실내 $NO_2$ 농도를 예측한 경험적 모델에서 표면반응에 의한 감소상수를 고려하였고, Yang 등(2004)은 실내공기질에서 감소상수의 중요성을 주장하였다. 반면 CO 등의 비반응성 물질들은 실내환경에서 축적될 수 있기 때문에 노출 정도가 실외보다 실내가 높을 수 있다.

## 9.2 실내환경 화학

화학적 관점에서 보면 실내환경은 유해화학물질들이 계속적으로 발생, 유입 및 유출되는 하나의 반응조로 볼 수 있다. 실내환경의 유해화학물질들은 서로 반응하여 소멸되기도 하지만 더욱 위해한 물질로 변환될 수도 있다(Charles 등, 1997). 이러한 반응은 유해화학물질들의 체류시간, 실내환경의 환기율 및 공기의 혼합 상태에 영향을 받으며, 반응 후 생성되는 물질은 직접적으로 재실자의 안녕과 건강에 영향을 미친다.

특히 실내환경에서 중요한 화학반응은 대부분 직접적 또는 간접적으로 $O_3$와 관련이 깊다. $O_3$는 실내환경에서 특별한 발생원이 없다면 보통의 환기상태를 갖고 있는 사무실 등에서 실내/실외 농도비는 0.2~0.3을 나타내며, 학교 교실, 식당 등과 같이 환기량이 높은 곳에서는 실내/실외 농도비가 0.5~0.7인 것으로 보고되고 있다(Lee et al., 1996). $O_3$는 실내환경에서 코로나 방전을 이용하는 복사기, 레이저 프린터, 전기집진기용 공기정화기를 사용하는 곳에서도 발생된다. Leovic 등(1996)은 다양한 복사기에서 발생되는 $O_3$ 발생률이 1.3~7.9mg/h라고 보고하기도 하였다. 따라서 실내환경에서 $O_3$ 농도는 실외 대기환경에서 광화학 스모그 때 생성되는 $O_3$의 유입과 실내발생원에 의해 결정되며, 특히 실내에서 다양한 불포화탄화수소, 예를 들면 d-limonene, α-pinene, α-terpinene과 반응할 수 있으며 무기물인 $NO_2$와도 반응할 수 있다. 최근 식물이 분비하는 살균물질인 피톤치드(phytoncide)를 이용한 실내공기질 개선이 관심의 대상이지만, Weschler 등(1999)의 연구에 의하면 피톤치드의 주성분 중 하나인 터르펜(terpene; d-limonene, α-terpinene, α-pinene)이라는 불포화탄화수소는 실내 $O_3$와 반응하여 입자직경이 0.1~0.2㎛인 미세입자 생성이 10배에서 20배까지 증가한 것으로 보고하여 미세입자 발생에 따른 건강위해성을 제시하였다.

### 9.2.1 실내환경 내부 표면반응

실내환경의 공기오염물질은 바닥, 벽, 천장, 카펫, 담요, 커튼, 벽지, 가구 또는 분진과 반응하는 불균질(heterogeneous)반응을 한다(Yang 등, 2004). 국내에서 이와 관련된 연구는 매우 부족하지만, Spicer 등(1989)의 연구에 의하면 실내환경 물질과 표면반응에 의해 실내공기질이 변할 수 있음을 보고하였다. 휘발성유기화합물질(VOCs)의 경우 건축자재 등에서 발생될 수 있지만 동시에 흡착시켜 감소시킬 수 있는 것으로 나타났다. 최근에 상업적으로 이용되는 이산화티타늄($TiO_2$) 광촉매(photocatalyst)의 경우 실내환경 내 벽지 등의 코팅은 결국 유해 공기오염물질의 표면반응을 증대시켜 실내공기질을 제어 및 개선하는 것이다. 실내환경의 $NO_2$는 실내 표면의 수증기와 반응하여 아질산(nitrous acid, HONO)을 발생시킬 수 있다(Weschler, 1997). 발생된 HONO는 $NO_2$와 반응하여 NO를 발생시킬 수 있다.

$$2NO_2 + H_2O/surface \rightarrow HONO(aq) + H^+ + NO_3^-$$

$$HONO(aq) \leftrightarrow HONO(g)$$

$$NO_2(g) + HONO(aq) \rightarrow H^+ + NO_3^- + NO$$

실내환경의 유해 공기오염물질은 불균질 반응에 의해서 다른 물질로 변환될 수 있기 때문에 중요하다. 특히 $O_3$의 존재 여부가 카펫에서 발생되는 물질의 농도를 좌우할 수 있다는 보고도 있었다. Sekine 등(2001)은 실내 표면반응을 증대시켜 실내공기질 개선에 이용할 수 있음을 보고하였는데, 그의 연구방법은 활성탄과 망간산화물을 혼합하여 보드(board) 형태로 제작하고, 실내환경에서 포름알데히드(HCHO)가 수동식으로 보드와 반응하여 감소에 의한 실내공기질 개선을 보고하였다. 이 방법은 결론적으로 표면반응에 의한 감소를 증대시켜 실내공기질을 개선할 수 있음을 나타내는 것이다. Carslaw(2007)와 Nazaroff 등(1986)은 실내공기 오염물질의 침착속

**<표 9-2> 실내공기 오염물질의 표면반응에 의한 침착속도**

| 오염물질 | 침착속도 (cm/sec) | 비고 |
|---|---|---|
| $O_3$ | 0.036±0.021<br>0.02~0.07<br>0.001~0.11(신축)<br>0.005~0.015(구건물) | -단독주택의 오존측정 |
| NO | 0.0008<br>0.0017±0.0014<br>0.0000~0.003 | -표면적(A)/체적(V)=2m$^{-1}$을 가정한 가스레인지 사용 주택 |
| $NO_2$ | 0.018±0.008<br>0.011 | -표면적(A)/체적(V)=2m$^{-1}$을 가정한 가스레인지 사용 모의실험 주택이며, 균질반응(homogeneous)을 포함한 것<br>-표면적(A)/체적(V)=2m$^{-1}$을 가정한 가스레인지 사용 주택 |
| HCHO | 0.005±0.003 | -표면적(A)/체적(V)=2m$^{-1}$을 가정한 가스레인지 사용 모의실험 주택이며, 균일반응(homogeneous)을 포함한 것 |
| $SO_2$ | 0.036 | |
| HONO | 0.07 | |
| CO | 0 | |
| PAN 및 유기질소류 | 0.002 | |
| 유기 페록사이드 | 0.07 | |

도(deposition velocity)를 제시하였다(〈표 9-2〉 참조). 이 값들은 실외 대기에 비해서 상대적으로 10배~100배 적지만, 실내공기질 측면에서 중요한 요소로 생각할 수 있다.

## 9.2.2 다른 공기오염물질과 실내환경의 공기오염물질 반응

실내환경의 공기오염물질이 다른 종류의 공기오염물질과 반응하는 것을 균질(homogeneous)반응이라고 한다. 균질반응은 대상 공기오염물질의 농도를 감소시킬 수 있으나, 다른 공기오염물질과 반응하여 더욱 유해한 공기오염물질이 발생할 수 있기 때문에 실내공기질 측면에서 문제가 될 수 있다.

### 1. 오존과 불포화탄화수소 반응

$O_3$는 탄소-탄소 이중결합과 반응한다. $O_3/C=C$ 반응의 초기 생성물은 오존화물(ozonide)이며, 오존화물은 빠르게 카르보닐(carbonyl)과 Criegree 2가 라디칼(radical)의 조합으로 분해된다.

$$O_3 + R_1R_2C=CR_3R_4 \rightarrow \text{ozonide}$$

$$\text{ozonide} \rightarrow R_1C(O)R_2 + [R_3R_4C \cdot OO \cdot]^*$$

$$\text{ozonide} \rightarrow [R_1R_2C \cdot OO \cdot]^* + R_3C(O)R_4$$

에너지가 풍부한 2가 라디칼($[R_3R_4C \cdot OO \cdot]^*$, $[R_1R_2C \cdot OO \cdot]^*$)은 재배열되거나 다른 기전에 의해서 다시 반응하게 되며, 그중 중요한 분해 산물은 수산기(hydroxyl radical, $OH \cdot$)이다.

### 2. 오존과 이산화질소 반응

실내환경에서 질소산화물은 가스레인지, 흡연, 난로 등의 열적 반응을 통하여 발생된다. 일반적으로 질소산화물 중 일산화질소(NO, free radical)는 빠른 반응 때문에 하루 24시간 평균 농도는 저농도로 나타나지만, $NO_2$는 대략 10~30ppb 정도를 보인다. $O_3$는 NO와 반응하여 $NO_2$를 생성한다. 이 반응은 25°C에서 2단계 반응상수가 $4.43 \times 10^{-4} ppb^{-1}s^{-1}$로 매우 빠르다.

$$O_3 + NO \rightarrow NO_2 + O_2$$

결과적으로 실내환경에서 $O_3$의 축적은 NO가 저농도일 때만 가능하다. 실외 대기환경에서는 태양빛의 자외선이 $NO_2$를 분해하여(photolysis) 다시 $O_3$와 NO를 발생시키지만, 태양빛이 없는 실내환경에서 $O_3$와 NO는 $NO_2$ 발생원으로서의 역할만 한다. 이것은 실내환경에 $O_3$가 존재하고 NO의 발생이 없을 때, 실내 NO 농도가 실외보다 매우 낮은 것으로도 설명될 수 있다. 예를 들면 실내환경의 $O_3$ 농도가 20ppb, 환기횟수가 1/hr라면, 실내환경의 NO 농도는 대략 실외 대기환경의 NO 농도의 1/30 정도이다. $O_3$는 또한 $NO_2$와 반응하여 질산염(nitrate radical)을 생성하기도 한다.

$$O_3 + NO_2 \rightarrow NO_3^{-1} + O_2$$

이 반응은 25°C에서 2단계 반응상수가 $7.87 \times 10^{-7} ppb^{-1}s^{-1}$이다. 실외 대기환경에서 태양빛이 존재하는 낮에는 $NO_3^{-1}$가 매우 불안정하기 때문에 중요하지 않다. 반면에 저녁에는 질산염이 최대 430 ppt까지 측정된 보고가 있다(Pitts 등, 1984). 실내환경은 직접적으로 태양빛이 없기 때문에 실외 대기환경의 저녁에서와 같은 반응이 일어날 수 있다. 실제적으로 조명소차 없는 덕드시설, 반지하 등의 실내환경에서는 질산염의 농도가 비교적 높게 측정된다. 미국 캘리포니아에서 연구한 보고에 의하면 여름에 실내 $O_3$ 농도 25ppb, $NO_2$ 농도 30ppb일 때 $NO_3^{-1}$ 발생률은 2ppb/h 이상이었다(Weschler 등, 1994).

### 3. Peroxyacyl 질산염

실외 대기환경에서 광화학 스모그 때 주로 발생되는 물질 중 peroxyacetyl nitrate(PAN)와 peroxypropionyl nitrate(PPN)는 실내환

경으로 유입될 수 있다. PAN과 PPN은 열적으로 불안정하기 때문에 실내환경에서 peroxyacyl 라디칼과 $NO_2$로 분해된다.

$$CH_3C(O)OONO_2 \rightarrow CH_3C(O)OO\cdot + NO_2$$

### 4. 자유라디칼 반응

실내환경에서는 다양한 화학반응을 통하여 자유라디칼이 생성될 수 있다. 수산기(OH·)는 실내의 d-limonene, $NO_2$, 에탄올, 포름알데히드, CO, 이소프렌, 아세트알데히드, 트리에틸벤젠(triethylbenzene), 톨루엔과 자일렌과 반응한다. 특히 수산기와 포름알데히드, CO 또는 $O_3$의 반응은 반응성이 매우 높은 $HO_2\cdot$을 생성시킨다.

$$OH\cdot + RH \rightarrow R\cdot + H_2O$$

$$OH\cdot + R_1R_2C{=}CR_3R_4 \rightarrow R_1R_2C(OH)C\cdot R_3R_4$$

여기서 알킬 라디칼(R·)은 산소분자와 반응하여 알킬페록시 라디칼($RO_2\cdot$)을 생성한다.

$$R\cdot + O_2 \rightarrow RO_2\cdot$$

이 반응이 일단 일어나면 $RO_2\cdot$는 빠르게 NO와 반응하여 RO·와 $NO_2$를 생성한다.

$$RO_2\cdot + NO \rightarrow RO\cdot + NO_2$$

알킬페록시 라디칼의 탄소가 4개 이상이면 다음과 같은 반응이 일어난다.

$RO_2\cdot + NO \rightarrow RONO_2$

위의 반응과 같이 높은 $O_3$ 농도에서는 다양한 자유라디칼이 발생될 수 있는 곳이 실내환경이다. 이 밖에도 다양한 자유라디칼 반응이 보고되고 있지만 저농도의 물질을 측정하고 분석할 수 있는 기술 등의 문제로 명확하게 밝혀지지 못한 실정이다.

## 9.3 감소상수 및 침착속도

제5장에서 식 (1)을 다시 나타내면 다음과 같다.

$$VdC_i = mQC_odt + Sdt - mQC_idt - Rdt \quad (1)$$

$$\left( V\frac{dC_i}{dt} = mQC_o + S - mQC_i - R \right)$$

여기서 $C_i$=실내오염물질 농도(mass/volume=$\mu$g/m[3]), $C_o$=실외오염물질 농도(mass/volume=$\mu$g/m[3]), Q=유량(volume/time=m[3]/hr), S=실내오염물질 발생원 강도(mass/time=$\mu$g/hr), R=실내오염물질 제거율(mass/time=$\mu$g/hr), V=실내공간 부피(volume=m[3]), t=시간(time=hr), m=실내공간의 혼합계수(mixing factor, $0 \leq m \leq 1$).

식 (1)에서 실내오염물질 감소율(R)은 감소상수(K, $hr^{-1}$)와 실내에 존재하는 질량($VC_i$)으로 나타낼 수 있다(R=K(감소상수)×M(mass)).

$$R = KVC_i \tag{2}$$

식 (2)를 식 (1)에 대입하고 대상 실내공간에서 완전혼합(m=1)을 가정하면, 식 (1)은 다음과 같이 식 (3)으로 나타낼 수 있다.

$$\frac{dC_i}{dt} = IC_o + S - IC_i - KC_i \tag{3}$$

여기서 I=Q/V($hr^{-1}$)로 공기환기횟수(Air Change per Hour, ACH)이다.

공기오염물질의 예를 들어 설명하면, 일반적으로 $NO_2$와 $CO_2$는 대략 일차반응으로 감소하기 때문에 모의실험한 결과를 〈그림 9-2〉에 나타내었다.

예를 들면, $NO_2$의 감소상수(K)를 구하기 위하여 주택 실내를 하나의 공간으로 가정하여 식 (1)에서 (3)까지를 적용할 수 있다. 〈그림 9-2〉를 참고하면, 식 (3)에서 가스레인지를 작동 후 30분에 중

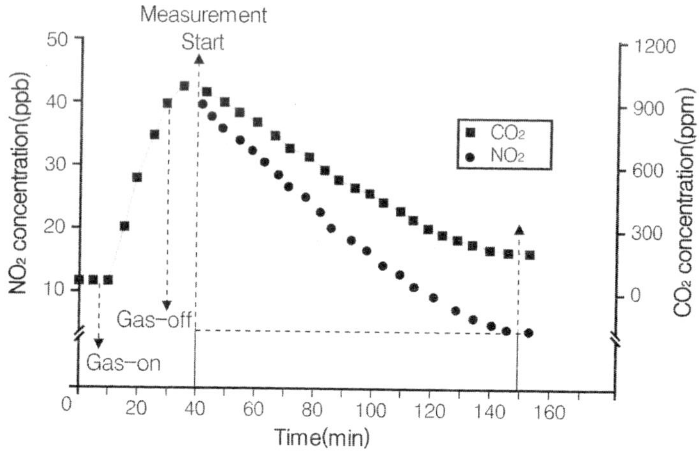


**〈그림 9-2〉 $NO_2$ 감소율 모의실험**

지시켰기 때문에 S=0, 그리고 실외에서 실내로 침투하는 $NO_2$는 반응성 물질이기 때문에 실내로 유입되는 과정에서 건축물 벽틈에서 반응하여 Co=0으로 가정할 수 있다. 따라서 식 (3)은 다음 식으로 나타낼 수 있다.

$$\frac{dC_i}{dt} = -IC_i - KC_i = -(I+K)C_i = -(Y)C_i \tag{4}$$

식 (4)를 1차 반응에 대해 적분하면 다음과 같다.

$$\int_{C_0}^{C_t} \frac{1}{C_i} dC_i = -Y \int_0^t 1dt \tag{5}$$

$$[lnC_i]_{C_0}^{C_t} = -Y[t]_0^t$$

$$In\,C_t - In\,C_0 = -K(t)$$

$$C_t = C_0 \cdot e^{-(Y)t}$$

여기서 $C_t$=시간 t에서 실내 $NO_2$ 농도, $C_0$=시간 0에서 실내 $NO_2$ 농도, t=시간, Y=$NO_2$의 침착상수(K, $hr^{-1}$)와 환기량(I, ACH)의 합.

계산된 Y값은 반응성인 $NO_2$의 감소상수(K)와 공기의 침투율(I, 환기율)을 합친 값을 나타내기 때문에 Y값에서 비반응성인 $CO_2$의 침투율(I, 환기율) 값을 빼주면 $NO_2$의 감소상수 K값을 계산할 수 있다. 그리고 식 (1)에서 R은 감소상수(deposition constant, K=1/hr)와 실내환경에서 존재하는 오염물질의 질량(R=KV$C_i$)으로 나타낼 수 있다. 침착(deposition)에 관한 R은 다음과 같이 나타낸다.

$$R = K_{dep}ACi \tag{6}$$

여기서 $K_{dep}$(침착속도, deposition velocity; Length/time), A(단면적, area of contact; Area), 침착속도는 Length/time의 차원이다.

침착속도($K_{dep}$)는 $R=KVC_i$와 $R=K_{dep}ACi$에서 다음과 같이 나타낼 수 있다.

$$K_{dep} = K\frac{V}{A} \tag{7}$$

## 9.3.1 반응기를 이용한 반응 감소상수

실험실에서 반응기(chamber reactor)를 제작하여 대상 공기오염물질과 실내재료의 표면반응을 측정 후 감소상수를 계산할 수 있다. 예를 들면 〈그림 9-3〉과 같이 반응기를 이용할 수 있다. $NO_2$의 감소상수를 측정하기 위한 방법을 간략히 설명하면, MFC(질량유량조절기)를 이용하여 정량(1~10SLM)의 $NO_2$의 농도(200ppb)를 반

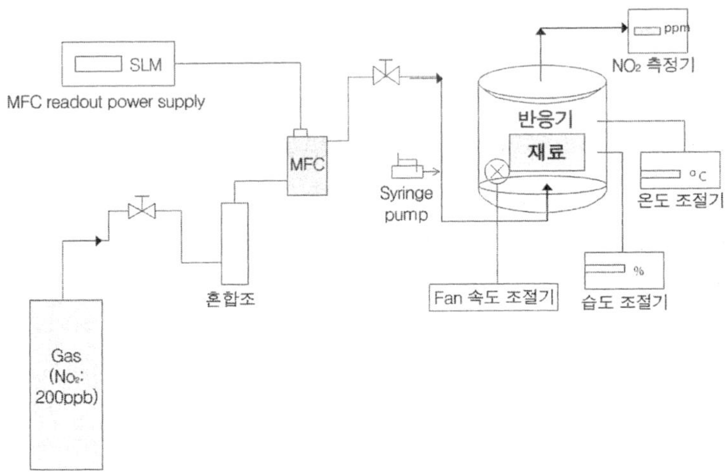


**〈그림 9-3〉 실내환경의 재료에 따른 $NO_2$ 감소상수 측정 실험**

응기에 유입시켜 표준 실내온도인 25°C로 고정하며, 습도는 대략 50%로 하여 농도측정에 의한 감소상수를 측정하는 것이다.

### 9.3.2 현장 실내환경에서의 감소상수 실험

실제 실내환경에서 공기오염물질의 표면반응에 의한 감소상수를 측정하는 것은 환기를 고려해야 한다. 주택 또는 사무실에서 $NO_2$의 감소상수 및 침착속도는 식 (4)를 이용하여 측정할 수 있다. 여기서 $CO_2$(비반응성)의 감소율은 환기량을 나타내며, $NO_2$(반응성)의 감소율은 표면반응과 환기량을 동시에 나타낸다(양원호 등, 2007). 예를 들어 주택의 $NO_2$ 및 $CO_2$의 반감기가 각각 2.1hr와 0.6hr였다면 식 (4)에서 다음과 같다.

$$NO_2 : \frac{C_t}{C_0} = \frac{1}{2} = e^{-(I+K)(0.6)} \quad : \text{환기+감소상수} \tag{8}$$

$$CO_2 : \frac{C_t}{C_0} = \frac{1}{2} = e^{-(I)(2.1)} \quad : \text{환기} \tag{9}$$

여기서 식 (8)과 식 (9)를 연립하여 계산하면 환기횟수(I)=0.33ACH ($hr^{-1}$), $NO_2$ 감소상수(K)=0.82$hr^{-1}$를 얻을 수 있다.

또한 위에서 $NO_2$의 침착속도는 식 (7)에서 계산할 수 있다. 주택의 실내 표면적/체적(A/V)을 2$m^{-1}$(0.02$cm^{-1}$)로 가정하면, 침착속도는 0.4m/hr로 계산된다.

$$K_{dep} = K\frac{V}{A} = 0.82\frac{1}{2} = 0.4m/hr$$

실제 실내환경은 계속적으로 실외 대기와 환기를 하기 때문에 실외 $NO_2$의 유입을 고려할 수 있다. 이 경우 식 (1)에서 실외 유입($QC_o$)을 포함시켜 유도할 수 있으며, $NO_2$ 및 $O_3$의 경우 반응성 물질로 실내로 유입(침투)되는 과정에서 건축물 벽틈과 반응하여 Co=0으로 가정할 수 있다(Yang 등, 2004). 실외 유입을 고려하면 식 (1)에서 다음과 같다.

$$\frac{dC_i}{dt} = IC_o - IC_i - KC_i$$

$$-\frac{dC_i}{dt} = C_i(I+K) - IC_o$$

$$-\int_{t1}^{t2} dt = \int_{C1}^{C2} \frac{1}{C_i(I+K) - IC_o} dC_i$$

$$-\Delta t = \frac{1}{(I+K)} ln(\frac{C_2(I+K) - IC_o}{C_1(I+K) - IC_o})$$

〈연습문제〉

1. 실내환경에서 공기오염물질의 표면반응(비균질반응)과 다른 공기오염물질과의 반응(균질반응)을 비교 설명하라.
2. 사무실에서 측정된 오존의 실내환경 내 침착속도가 2.23cm/min이고, A/V가 $2m^{-1}$일 때 오존의 감소상수를 계산하라.
3. 실내환경에서 미세입자 생성 기전을 설명하라.
4. 실내환경에서 오존의 실내/실외 농도비는 일반적으로 다른 공기오염물질에 비해 적다. 그 이유는 무엇 때문인가?
5. 실내환경에서 공기오염물질의 표면반응을 극대화시켜 공기를 정화시키는 방법에는 무엇이 있는가?

제 10 장

# 실내공기질 평가 및 제어

# 제 10 장 실내공기질 평가 및 제어

실내공기질 관리(management)는 평가(assessment)를 통하여 그 문제점을 확인하고 제어 및 개선할 수 있다. 따라서 실내환경 공기질의 개선을 위해서는 현재 상태의 명확한 평가가 우선적으로 중요하다.

## 10.1 실내공기질 평가

실내공기질 관리는 전향적(proactive) 방법과 반응적(reactive) 방법으로 구분할 수 있다(Alberta, 2002). 전향적 방법은 빌딩 운영 시스템 및 실내공기질의 정기적 측정과 관련하여 사전적 관리 프로그램을 이용하는 것이며, 반응적 방법은 재실자의 실내공기질 관심 또는 문제점이 발생했을 때 적용된다. 〈그림 10-1〉은 실내공기질 평가 과정을 도식화하여 나타내고 있다. Mohle 등(2003)이 제안한 실내공기질 평가 과정을 살펴보면 다음과 같다.

① 주거 또는 근로 실내환경 지역을 확인, 환기과정 및 공기오염물질의 발생원, 재실자의 활동 및 재실기간 동안 재실자와 인터뷰, 그리고 빌딩 특성 및 설문지 등을 작성하기 위하여 예비조사(walk-through survey)를 실시한다.

② 시료채취전략을 수립한다. 즉, 시료채취 장소, 측정기 설치 위치,

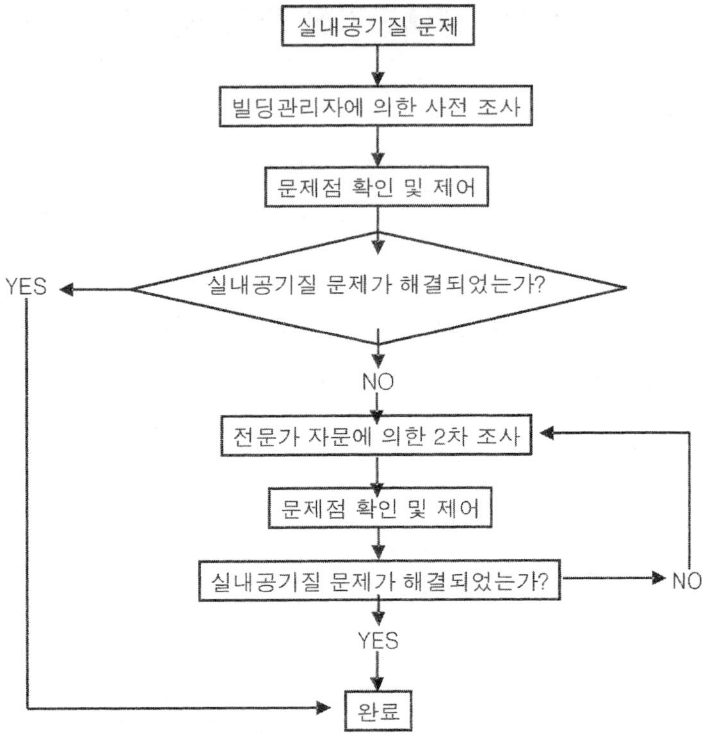


**<그림 10-1> 실내공기질 평가 과정**

시료채취 시간 등을 수립하며, 재실자의 동의를 구하도록 한다.

③ 최악 상황의 환기상태에서 단기간 시료채취를 한다. 자연환기를 이용하는 주택이나 사무실의 경우 창문과 문을 닫은 후 가능하면 측정 전날 밤부터 닫은 후 시료채취를 한다. 기계적 환기의 경우 내부의 문은 닫고 측정한다. 최소한의 측정항목은 온도, 습도, VOCs, HCHO로 하며, 연소도구가 있으면 $NO_2$와 CO를 측정한다. $CO_2$는 환기량의 지표로서 측정하는 것이 바람직하다. 추적가스 방법으로 환기량을 측정할 수 있으며, 벽과 바닥에 침착된 먼지에서 알레르겐을 측정할 수 있다.

④ 재실자를 위하여 실내환경을 환기시켜 일반 상태로 한다. 장기간 시료채취를 위하여 능동식 또는 수동식의 적절한 시료채취를 한다. 사무실의 경우 온도, 습도, VOCs, HCHO, $CO_2$와 분진, 균류 및 박테리아 등을 대상으로 하며, 주택의 경우 분진, CO, $CO_2$, $NO_2$, 라돈, 환기량, 균류를 측정한다.

⑤ 시료를 실험실로 운반하여 분석한다.

⑥ 국내・외의 실내공기질 기준 및 지침치 등과 비교하여 평가한다.

⑦ 보고서를 작성한다.

### 10.1.1 실내공기질 측정을 통한 평가

실내공기질 측정은 실내환경 재실자의 노출양상(exposure profile)을 평가하는 것이며, 노출의 수용 가능성을 결정하는 것이다. 노출의 수용 여부는 실내환경 노출기준과 비교하는 것이며 노출의 수용 여부로 위해성을 판단한다. 노출양상 평가는 노출평균, 표준편차, 신뢰구간 등으로 제시되는 정량적 평가일 수도 있고, 지식, 경험 및 전문적 판단에 의존하는 정성적인 판단일 수도 있다. 노출양상의 정량적 평가는 불확실성이 존재하기 때문에 최고 노출 상황을 가정하여 노출 평가 범위를 추정하고 가능한 높은 추정치를 사용하는 것이다. 따라서 노출은 의도적으로 과대평가될 수 있으며, 이러한 과대평가 결과가 실내환경 노출기준과 비교하여 수용 가능하면 그 노출은 수용으로 결정할 수 있다.

### 10.1.2 발생량 및 감소량을 이용한 실내공기질 평가

일반 주택을 하나의 공간으로 가정하면, 실내 공기오염물질의 농도변화는 다음과 같이 표현할 수 있다(제5장의 식 (1) 참조).

$$VdC_i = mQC_o dt + Sdt - mQC_i dt - Rdt \tag{1}$$

식 (1)에서 실내공간의 완전혼합(completely mixed condition, m=1)을 가정하고 재배열시키면 식 (2)로 나타낼 수 있다.

$$dC_i = IC_o dt + \frac{S}{V}dt - IC_i dt - \frac{R}{V}dt \tag{2}$$

여기서 I=air exchange per hour($hr^{-1}$).

식 (2)에서 시간 $t_1$에서 $t_2$까지 적분시키면 다음과 같다.

$$\int_{t_1}^{t_2} dC_i = \int_{t_1}^{t_2} I(C_o - C_i)dt + \int_{t_1}^{t_2} \frac{S-R}{V}dt \tag{3}$$

여기서 $t_1$은 측정시작 시간 $t_2$는 측정 끝 시간.

$$C_i(t_2) - C_i(t_1) = I[\int_{t_2}^{t_1} C_o dt - \int_{t_1}^{t_2} C_i dt] + \int_{t_1}^{t_2} \frac{S-R}{V}dt \tag{4}$$

식 (4)는 식 (5)로 계산될 수 있다.

$$C_i(t_2) - C_i(t_1) = I[C_o - C_i]T + [\frac{S-R}{V}]T \tag{5}$$

여기서 $C_i$는 실내공기 오염물질의 평균농도, $C_o$는 실외공기 오염물질의 평균농도, T는 측정기간.

식 (5)에서 대상 공기오염물질 측정에서 직독기가 아니고 일정기간 동안의 포집(소형펌프로 흡착하여 포집, 수동식 시료채취기 이용 등)으로 평균농도라면, $C_i(t_2)$와 $C_i(t_1)$은 근사하게 같다고 할 수 있다.

$$I[C_i - C_o]T \fallingdotseq [\frac{S-R}{V}]T \qquad (6)$$

식 (6)을 재배열하면 식 (7)로 나타낼 수 있다.

$$C_i = C_o + [\frac{S-R}{VI}] \qquad (7)$$

식 (7)에서 (S−R)은 +값을 나타낼 수 있으며, −값을 나타낼 수도 있다. 즉, 식 (7)은 대상 공기물질에 대해 실내 및 실외농도, 그리고 실내체적과 환기율을 측정한다면 (S−R)을 계산할 수 있음을 알 수 있다.

$$(S-R) = [C_i - C_o]VI \qquad (8)$$

### 10.1.3 모델링을 이용한 실내공기질 평가

이미 언급되었듯이 물리적, 화학적 특성에 근거한 예측 모델이 이용될 수 있다. 모델은 현재의 노출뿐만 아니라 재현할 수 없는 과거의 노출(past exposure)을 평가하는 데도 사용될 수 있다(Mulhausen 등, 1997). 공기 중 유해인자에 대한 실내환경 노출을 예측하기 위하여 모델을 이용할 때에는 공기오염원, 이동 기전, 환기, 제거 기전 등이 시간 및 공간에 의존함을 인식하여야 한다. 실제로 모델링은 노출 및 위해성 평가와 같이 단계적인 접근방법으로 사용할 때 효과적이다.

## 10.2 실내공기오염 제어

실내환경 공기오염물질이 가지고 있는 위해성 그 자체와 노출과 관련된 요인들을 종합하여 유해인자별 위해도가 평가될 수 있다. 위해도는 실내환경 유해인자에 대해 비중을 가지고 평가하고 대책을 수립하는 것에 비용-편익적으로 효과적이다. 유해인자별로 위해도 평가에 따라 우선순위를 정하고 이에 근거하여 관리해야 한다. 실내환경의 물리, 화학, 생물학적 유해 인자를 제어 및 관리하는 전략은 일반적으로 행정적 대책과 공학적 대책으로 구분할 수 있다. 2가지 방법을 혼합적으로 이용하면 더욱 효율적이다(Heinsohn 및 Cinbala, 2003).

### 10.2.1 행정적 대책

사람 행동에 의존하는 제어 관리 방법으로 공학적 대책보다 우선시된다. 실내환경의 재실자 또는 근로자는 어떤 안전한 활동 또는 작업을 수행하도록 기대, 유도함으로써 유해인자에 대한 노출을 최소화하는 방법이다. 세부적으로 나타나면 고노출 재실 활동을 관리, 물질안전보건자료(material safety data sheet, MSDS)의 라벨 및 경고표시, 위해 및 위험 교육, 실내환경측정(노출평가), 건강감시, 주기적 청소 등이다.

### 10.2.2 공학적 대책

다양한 공학적 대책이 있으며, 어느 한 가지만 이용하는 것이 아니라 가능한 노출을 줄이기 위한 여러 가지 방법을 복합적으로 사용해야 한다. 공학적 대책을 이미 배운 실내환경의 물질수지에서 설명하면 다음과 같다. 실내환경 공기오염물질이 축적되는 율은 실외 대기에서 유입되는 공기오염물질, 실내환경에서 공기오염물질의 발생량, 실외로 유출되는 공기오염물질, 실내환경에서 반응으로 감소되는 양으로 표현할 수 있다(제5장 참조); 축적=유입+발생-유출-감소. 즉, 주택 실내에서 유해 공기오염물질의 축적을 줄이기 위해서는 유입과 발생을 억제하고, 유출과 감소를 증가시키면 된다. 따라서 실내공기질의 개선 방법은 ① 실내 오염원의 감소 또는 제어, ② 실내외 공기 환기량 증대, ③ 다른 공기오염물질과 실내환경 내 건축자재나 가구 등과의 표면반응에 의한 감소를 통해서 청정한 실내환경을 조성할 수 있다. 더불어 공기청정기의 이용은 주택 실내 공기질 개선에 도움을 줄 수 있다. 각각을 간단히 살펴보면 다음과 같다.

### 1. 실내 오염원 감소(source control)

일반적으로 실내공기질 개선을 위한 최선의 방안은 실내환경에서 오염물질의 배출을 줄이거나 개별적인 오염원을 제거하는 것이다. 다중이용시설 등의 실내공기질관리법 제9조에서는 신축되는 공동주택의 시공자는 100세대 이상의 신축 공동주택에 대하여는 주민 입주 전에 규모에 따라 3개소 내지 15개소에서 HCHO와 벤젠, 톨루엔, 에틸벤젠, 자일렌 등 공동주택의 실내공기질을 측정하여, 그 측정결과를 해당 시장・군수・구청장에 제출하고, 입주 개시 전에 입주민들이 잘 볼 수 있는 장소에 공고하여야 한다. 이것은 새집증후군의 주 원인인 VOCs 등의 방출이 적은 건축자재의 사용을 유도하기 위한 것으로 오염물질 방출률이 낮은 친환경적인 건축자재를 많이 사용하여 오염원을 완전히 제거하지 않더라도 방출률이 낮은 물질로 대체하면 실내공기질을 개선할 수 있다. 하지만 실내공기오염은 건축자재, 가구, 장식품, 건물 내에서 사용되는 소비재, 복사, 다양한 인간 활동 등에서도 발생하므로 공기오염물질의 발생원이 전혀 없는 실내환경을 만드는 것은 거의 불가능하다.

### 2. 환기개선(ventilation improvement)

실내공기 오염물질의 농도를 낮추기 위한 또 다른 방법으로는 실내로 들어오는 외부공기의 양을 증가시키는 것이다. 창이나 문을 열거나, 팬(fan)을 가동시키고 또는 환기율을 높이기 위해 환기구가 설치된 공기조화 시설을 가동할 수 있다. 단, 문제가 될 수 있는 것은 직장인 등의 사무실은 기계적 환기시스템에 공기청정 장치가 있지만, 주택 등은 창·문 등의 개폐가 주된 환기임을 생각하면 실외 대기오염이 심각한 지역에서는 환기에 의해 오염된 외부 공기의 유입이 실내공기질 상태를 더욱 악화시킬 수 있기 때문에 환기량을 감소시키는 것이 오히려 더 좋은 방법이 될 수도 있다. 또한 단기적 방법으로 베이크 아웃(bake-out)으로 새집에 입주하기 전에 보일러 등으로 실내를 가열하여 각종 유해물질이 빨리 나오도록 한 후 이를 충분히 환기시키는 방법도 있다.

### 3. 실내환경 내 물질과 반응(removal by residential materials)

제9장에서 기술하였듯이, 일부 실내오염물질은 실내외 공기 환기량과 실내 건축자재, 카펫, 담요, 커튼, 벽지, 가구 등과의 표면반응 및 실내 다른 오염물질과의 반응으로 인해 감소될 수 있다. Spicer 등(1989)의 연구에 의하면 실내외 공기 환기량을 통한 실내공기질 개선보다 실내환경 내의 물질과 표면반응에 의해 더 효율적으로 실내공기질을 개선할 수 있음을 보고하였다. 최근에 상업적으로 이

용되는 이산화티타늄($TiO_2$) 광촉매의 경우 실내환경 내 벽지 등의 코팅은 결국 유해 공기오염물질의 표면반응을 증대시켜 실내공기질을 제어 및 개선하는 것이다.

실내환경의 완벽한 오염원 감소는 불가능한 것이고, 환기를 통해서 개선하는 것도 실외공기가 깨끗한 상태가 아니므로 실내의 오염도를 감소시킬 수 있지만 청정하게 할 수는 없기 때문에 현재 기술상 건강한 주택 실내환경을 유지하기 어려운 형편이다. 공기청정기의 이용은 오존 등의 유해물질이 부수적으로 배출되지 않는다면, 그리고 광촉매 실내환경 내 코팅은 실내공기질 개선에 도움을 줄 수 있다. 결론적으로 실내환경의 오염발생원을 감소시키기 위한 친환경 건축자재의 사용, 공기청정 시설을 갖춘 환기를 통한 실외공기의 유입, 광촉매의 실내환경 내 코팅 및 공기청정기의 사용은 실내환경의 공기질을 개선시킬 수 있다.

### 10.2.3 공기정화기술

실내환경의 공기정화는 2가지 측면에서 적용할 수 있다. 첫째, 실내환경 내 소형 공기청정기, 둘째, 환기시스템 공기정화장치이다. 공기오염물질은 물리적 성상에 따라 입자상과 가스상으로 분류되는데 그 처리방법은 보통 이들 성상에 따라 달라지게 된다. 입자상 공기오염물질은 주로 집진장치에 의해 처리되며, 가스상 공기오염물질은 유해가스 처리장치에 의해 처리된다. 따라서 공기정화장치는 고체 입자상 물질인 분진, 흄을 제거하기 위한 집진장치와 가스, 증기 등 가스상 물질을 처리하기 위한 가스 정화장치로 대별할 수 있다.

## 1. 입자상 물질 제어

분진 제거기술은 배기가스 내의 분진입자 운동을 이용하여 분진을 제거하는 방법이다. 중력, 관성력, 원심력, 그리고 정전기력 등은 입자를 유체의 흐름방향에서 분리 포집하고 유체로부터 재비산됨을 막기 위해 장치 내에서 제거된다. 이러한 분진입자 운동을 이용한 방지장치로는 중력 집진, 원심력 집진, 세정 집진, 여과 집진, 전기 집진설비 등이 있다. 입자에 작용하는 힘은 일반적으로 항력(FD), 중력(Fg), 부력(FB), 전자기력(FE)으로 분류할 수 있으며, 이들은 크기와 방향을 갖는 벡터(vector)이므로 이들이 한 개의 입자에 동시에 작용하면 합성력이 생기며 합성력이 0이 아니면 입자는 합성력 방향으로 운동하게 된다.

### 1) 항력($F_D$)(drag force)

입자가 유체 내에서 운동하면 유체분자와 충돌하여 유체분자가 입자운동을 방해한다. 즉, 유체분자에 의한 저항이 운동입자에 작용한다. 이때 입자가 받는 저항을 항력이라 하며 다음과 같이 표시된다.

$$F_D = \frac{C_D A_P \rho_a V_P^2}{2}$$

여기서 $C_D$: 항력계수, $A_P$: 입자의 투영면적, $\rho_a$: 유체(공기)의 밀도, $V_P$: 입자속도.

### 2) 중력($F_G$)

입자가 받는 중력이다.

$$F_G = V_P \rho_P \ g$$

3) 부력($F_B$)

부력은 입자가 배제한 유체체적에 의한 중력이다.

$$F_B = V_P \rho_a \ g$$

4) 입자운동 방정식

보통 입자에 작용하는 힘은 부력, 항력, 중력이고, 힘은 벡터이기 때문에 이들의 벡터합이 외력($F_R$)으로 나타나며, 이 외력(즉, 합성력)의 크기와 방향에 따라서 입자는 운동하게 된다.

$$F_G - F_B - F_D = F_R$$

집진율은 집진장치에서 유·출입 분진량의 물질수지를 나타낸 것이다. 입구의 분진량을 Si(kg/sec), 집진된 분진량을 Sc(kg/sec)라 하면, 집진율은 다음과 같다.

$$\eta(\%) = \frac{Sc}{Si} \times 100$$

여기서 $S_o$(kg/sec)을 출구에서 분진량이라 하면,

$$\eta(\%) = \frac{Si - So}{Si} \times 100$$

다시 분진량 S는 배출 가스량(Q)과 분진농도(C)의 곱으로 설명되기 때문에,

$$\eta(\%) = \frac{QiCi - QoCo}{QiCi} \times 100 \sum$$

여기서 $Q_i$: 입구에서의 배출 가스량($m^3$/sec), $C_i$: 입구에서의 분진 농도(kg/$m^3$), $Q_o$: 출구에서의 배출 가스량($m^3$/sec), 출구에서의 분진 농도(kg/$m^3$).

입구에서의 배출 가스량과 출구에서의 배출 가스량이 같다고 가정하면($Q_i = Q_o$),

$$\eta(\%) = \frac{Ci - Co}{Ci} \times 100 = (1 - \frac{Co}{Ci}) \times 100$$

(1) 중력집진장치

중력침강 집진기는 중력을 이용하여 처리가스 내 분진을 제거하는 것으로 원리와 구조가 간단하며 비교적 압력손실도 작아 설치가 동비가 저렴하다. 그러나 미세분진에 대한 집진효율이 좋지 않아 전처리설비로 흔히 이용된다. 중력에 의한 자연침강을 이용하는 집진 방법으로 50~100㎛ 이상 입자상 물질제거에 이용된다. 입자가 중력에 의해 침강할 때 그 가속도는 공기 저항력의 증가로 인하여 시간에 따라 점점 감소하다가 마침내 가속도가 0에 도달하게 되며, 이 때 입자는 일정속도에 도달하게 된다. 이 속도를 종말속도(terminal velocity) 또는 침강 종말속도라 한다.

$$Vs = \frac{g(e_p - e)d^2}{18\mu}$$

여기서 Vs: 침강속도(cm/sec), g: 중력가속도(980cm/$sec^2$), d: 입자의 직경(cm), $\rho_p$: 입자상 물질의 밀도(g/$cm^3$), ρ: 공기밀도(대략

$0.0012 g/cm^3$), $\mu$: 점성계수(대략 $1.807\times10^{-4}$poise(=g/cm-sec)).

(2) 관성력 집진장치

함진가스를 방해판(baffle)에 충돌시키거나 급격한 기류의 방향 전환을 일으켜 분진 입자에 작용하는 관성력(inertial force)을 이용하여 배출가스의 흐름으로부터 입자를 분리 포집한다(〈그림 10-2〉 참조). 집진 가능한 입자는 주로 10$\mu$m 이상의 조대(粗大)입자이다. 집진율은 대략 50~70%이고 압력손실은 10~100mm$H_2O$로 중력 집진장치보다 높지만, 중력집진장치와 마찬가지로 단독으로 사용되기보다는 주로 고효율 집진장치의 전처리(pre-treatment)용으로 사용된다. 장점으로는 구조가 간단하고 안정하며, 고온가스 처리가 가능하다. 또한 설치비 및 운전비가 저렴하다. 단점으로는 미세입자의 집진이 곤란하며 집진율이 낮다. 관성력 장치의 집진성능은 관성파라미터(inertial parameter, 입자의 관성력과 유체의 점성저항과의 비)와 입자의 분리속도로 평가한다.

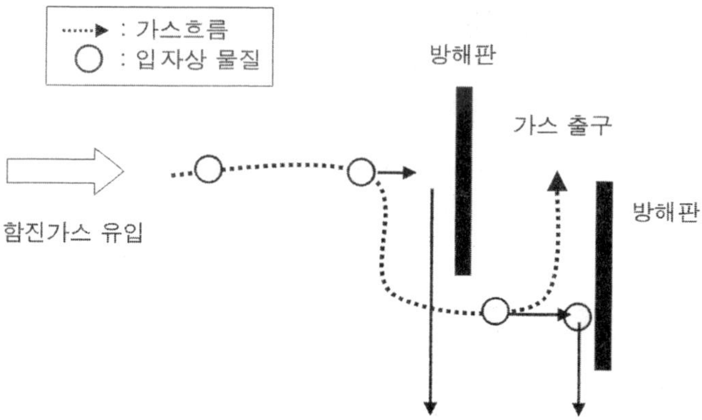


**〈그림 10-2〉 관성력 집진장치의 원리**

(3) 원심력 집진장치

고체나 액체 상태의 분진을 가스로부터 분리시키기 위하여 배출가스로부터 회전(선회류, vortex)시킬 때 발생되는 원심력에 의해 입자를 분리·포집하는 장치로 일명 사이클론(cyclone)이라고 한다. 비교적 저비용으로 큰 입자를 효과적으로 제거할 수 있기 때문에 현장에서 전처리용 집진장치로 널리 이용된다.

① 원리

〈그림 10-3〉과 같이 함진가스가 사이클론 입구로 유입되어 선회류를 형성시키면 분진은 원심력을 얻어 선회류를 벗어나 본체 내벽에 충돌하여 아래의 분진 퇴적함(hopper)으로 떨어지고, 가스는 중심부에서 상부로 이용하여 출구로 배출된다.

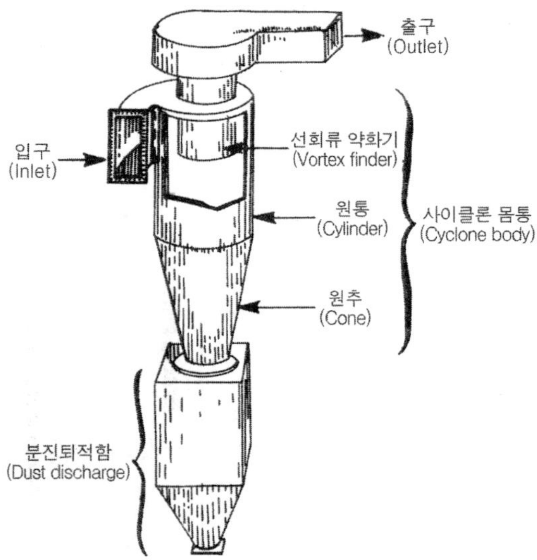


〈그림 10-3〉 원심력 집진장치

② 특징 및 종류

사이클론의 장점은 다음과 같다. 구조가 간단하고 보수관리가 용이하며, 설치비와 유지비가 저렴하며, 저효율 집진장치 중 집진율(50~80%)이 높다. 또한 고농도의 함진가스 처리가 용이하다. 단점으로는 압력손실이 비교적 높으며(50~100mm$H_2O$), 점성(흡착성)이거나 딱딱한 입자(steel chip)가 함유된 배출가스는 부적합하다. 사이클론은 시료 유입구, 원통부, 원추부, 분진 퇴적함으로 구성되며, 함진가스의 유입방식에 따라 접선유입식과 축류식으로 구분된다.

③ 집진성능

사이클론의 집진성능은 입자에 작용하는 원심력에 의한 입자의 분리속도, 분리계수, 집진 가능한 입경, 집진율, 압력손실, 블로 다운(blow-down) 효과 그리고 장치의 운전조건과 치수 등으로 평가한다.

가. 분리속도(침강속도)

입자가 큰 물질은 중력에 의해 분리되나, 미세입자의 경우 중력침강이 어려워 강제원심하여 가속도(각속도)를 강제로 증가시켜 가스상과 분리한다. 함진가스에 함유된 분진은 원심력에 의해 분리되므로, stoke's law에 의한 분진입자의 침강력에서 중력가속도(g) 대신에 원심가속도($V_2/R$)를 사용한다.

$$V_c = \frac{d_p^2(\rho_p - \rho_a)V_p^2}{18\mu R}$$

나. 분리계수(separation factor)

원심력($F_c$)을 중력($F_g$)으로 나눈 값을 분리계수라고 한다. 이 값이

클수록 사이클론의 주집진력인 회전력이 커져서 집진율은 증가한다. 대구경 사이클론의 S값은 약 5 정도이고, 소구경의 저항이 큰 것은 약 2,500 정도이다.

$$S = \frac{F_c}{F_g} = \frac{M_P V_P^2 / R}{M_p g} = \frac{V_p^2}{Rg}$$

다. 집진가능입경

절단입경(cut-size diameter, Cut-off diameter)은 50% 처리효율로 제거되는 입자직경을 말하며, Lapple식으로 집진성능 평가 시 주로 사용한다(〈그림 10-4〉 참조). 한계입경(임계입경, critical diameter)은 100% 분리 포집되는 입자의 최소직경이다. 집진성능 평가 시 임계입경보다는 절단입경을 사용하여 집진성능을 평가한다.

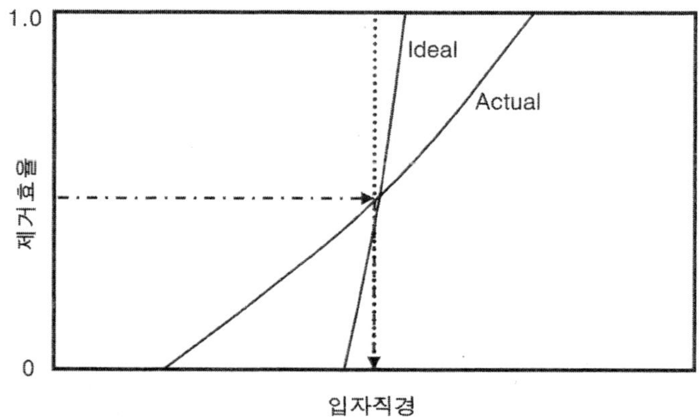


〈그림 10-4〉 절단입경

라. 블로 다운 효과

사이클론의 더스트 박스, 멀티클론의 호퍼(hopper)부에서 처리가스량의 5~10%를 흡입함에 따라 사이클론 내의 난류 현상을 억제시킴으로써 집진된 먼지의 비산을 방지하고 먼지의 내벽 부착도 방지한다.

(4) 세정집진장치

함진가스를 액적, 액막, 기포 등으로 세정하여 입자 상호 간의 응집을 촉진시키거나 입자를 부착하여 제거하는 장치로 수용성의 가스상 오염물질도 제거시킬 수 있다. 주 처리 대상이 분진이 아니고 유해가스일 때는 흡수장치라고 한다. 강우 시 대기 중의 오염물질이 씻겨 내리는 현상을 응용한 것이다. 세정집진장치의 집진력으로는 관성력, 확산력, 응집력 및 중력 등이 있다. 일반적으로 관성력과 중력은 큰 입자에 그리고 확산력은 비교적 작은 입자에 지배적으로 작용하며 증습에 대한 입자 상호 간의 응집력도 중요하다.

① 원리

여과집진장치의 집진원리와 동일하나 충돌목표만 다르게 된다. 즉, 여과집진장치의 충돌목표는 여과재의 섬유지만 세정집진장치의 경우 노즐을 통해 생성된 액적이 충돌목표가 된다. 세정집진장치는 액적, 액막, 기포 등에 의해 함진배기를 세정하여 입자에 부착, 입자 상호의 응집을 촉진시켜 입자를 분리시키는 장치이다.

가. 입자와 액적의 충돌에 의한 부착 포집(관성충돌 및 직접차단 효과)

액적과 입자의 충돌 시 입자가 비교적 큰 경우(입자가 1㎛ 이상인 경우) 관성충돌로 입자에 작용하는 관성력이 무시할 정도로 작은 경우(입자가 비교적 작거나 입자와 액적과의 상대속도가 느린 경우), 입자는 유선과 같이 발산하다가 액적에 근접한 순간 액적과 접촉하여 부착되는 직접차단 효과에 의해서도 제거된다.

나. 미세입자 확산으로 인한 액적과의 접촉에 의한 부착(확산효과)

배출가스 중의 입자가 미립자인 경우(0.1㎛ 이하) 입자는 가스분자와 충돌하여 가스유선에는 관계없이 불규칙적인 확산운동(Brown motion)을 하게 되는데, 이 확산력에 의해 입자가 액적과 접촉하여 부착 포집된다. 확산에 의한 입자의 부착속도는 확산계수와 비례하게 된다.

다. 배기가스의 증습으로 인한 입자 사이의 응집(응집효과)

배출가스 중에 수분이 증가할수록 입자 사이에 작용하는 부착력이 커져 입자의 응집효과가 일어난다. 또한 배출가스 중에 수증기가 함유되어 있을 때 세정액에 의해 배출가스가 냉각되어 이슬점(dew point)에 도달하면 가스 중의 입자를 핵으로 한 응집이 촉진된다.

라. 액막, 기포와 입자의 접촉에 의한 부착(접촉효과)

이상과 같이 세정집진장치는 다량의 액적, 액막, 기포 등을 형성시켜 배출가스와의 접촉을 촉진시켜 주는 장치로서, 이때 배출가스 주의 분진입자는 세정집진장치에 의해 형성된 액적, 액막, 기포 등에 의한 충돌효과(관성충돌 및 직접차단효과), 확산효과, 응집효과, 접촉효과 등으로 분리 포집된다.

**<표 10-1> 입자직경과 확산계수**

| 입자경(㎛) | 확산계수 D($cm^2/sec$) |
|---|---|
| 0.5 | $6.4 \times 10^{-7}$ |
| 0.1 | $6.5 \times 10^{-6}$ |
| 0.01 | $4.4 \times 10^{-4}$ |
| 0.001 | $4.1 \times 10^{-2}$ |
| $SO_2$ 가스분자 | $11.8 \times 10^{-2}$ |

② 특징

처리가능 입자는 0.1㎛ 이상의 미세입자로 집진효율 및 압력손실은 장치의 종류에 따라 다르게 된다. 장점으로는 미립자 제거가 가능하고 가스와 입자를 동시에 제거할 수 있다(큰 장점). 집진효율이 우수하며, 고온다습한 가스나 연소성 및 폭발성 가스의 처리가 가능하다. 점착성 및 조해성 분진의 처리가 가능하며, 전기 또는 여과집진장치보다 설비비가 저렴하다. 단점으로는 습식이기 때문에 부식문제가 있다(재질 선택 시 내부식성 재료 사용). 압력손실이 커 운전비가 고가이다(동력 요구량이 큼). 세정액으로 인한 수질오염 문제가 발생할 수 있으며, 처리가스의 확산이 어렵다. 처리 시 발생하는 미립자의 액적이 인근지역에 강하하므로 굴뚝으로 최종 배출되기 전에 기·액분리기(demister, 가스흐름에 의해 상승하는 mist 등을 제거해 주는 장치)를 사용해 제거해 주어야 한다.

③ 종류

세정집진장치는 세정액의 접촉방식에 따라 유수식, 가압수식, 분무탑식, 충진탑식으로 나누어진다. 일반적으로 유수식과 가압수식 중 충진탑은 집진용으로보다 유해가스처리를 위한 흡수장치로 더 많이 사용되고 있다.

가. 유수식(溜水式)

장치 내에 세정액을 채운 후 배출가스를 고속으로 유입시키고 이때 생성된 세정액의 액적, 액막, 기포와 접촉시키는 방식이다. 유수식에는 임펠러형, 로터리형, 분수형 등이 있다.

나. 가압수식

세정액을 가압 공급하여 함진가스와 접촉시키는 방식으로 벤튜리(venturi) 스크러버(가장 많이 사용), 제트(jet) 스크러버, 사이클론(cyclone) 스크러버(함진가스를 원통형 탑의 측면을 따라 빠른 속도 15~35m/sec로 회전시키면서 주입하고 이때 장치의 중심부 노즐에서 사방으로 세정액을 분무, 세정하여 집진)는 목부(throat)의 가스 유속이 클수록 액적이 작아져 미세입자를 포집한다.

다. 분무탑(spray tower)

분무탑은 탑 내에 3~4단의 스프레이 단을 두어 세정액을 함진가스와 동류(concurrent) 또는 향류(counter current)로 접촉시켜 분진을 포집한다(〈그림 10-5〉 참조). 탑 내 유속이 작고, 액기비가 크면 함진가스와 액적이 접촉하는 시간이 길어 집진율이 높다.

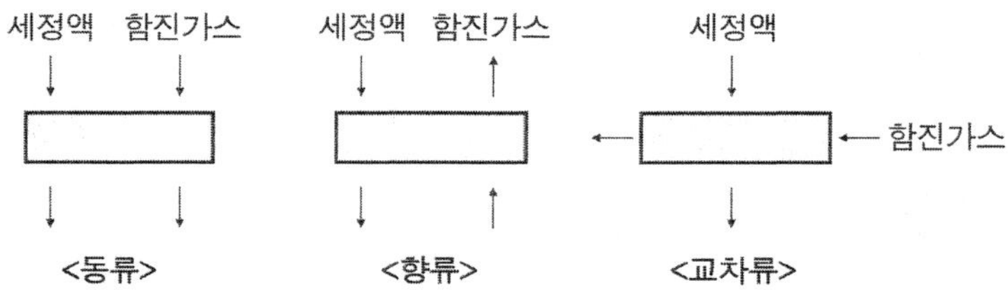


〈그림 10-5〉 함진가스와 세정액의 접촉방법

라. 충진탑(packed tower)

세정액을 분사하는 방식은 분무탑과 비슷하나, 세정액과 오염공기의 접촉을 좋게 하기 위하여 탑의 중간부분에 표면적이 비교적 큰 충진물(packing media)을 채워두는 방식이다. 일반적으로 충진탑은 미세분진일 경우 제거효율이 비교적 낮은 반면 가스상 물질을 처리하는 효율은 상당히 높다. 원통형의 탑 내에 여러 가지 충전물을 넣어 함진가스(가스유입속도 1m/sec 이하)와 세정액을 접촉시켜 세정하는 장치이다. 1~5㎛ 크기의 입자를 제거할 경우 장치 내 처리가스속도는 대략 25cm/sec 이하가 되어야 한다. 배기가스와 세정액의 접촉면적을 증가시켜 주기 위한 것으로 접촉 표면적이 크고, 수막형성이 좋으며, 액·가스분포를 균일하게 하고, 액의 홀드업(hold up: 탑 내에 유지되는 액량으로 너무 크면 압력손실 증가)이 작으며 내식성이 큰 플라스틱과 같이 가벼운 물질이어야 한다.

④ 집진성능

세정집진장치의 집진성능은 세정액과 입장의 충돌효율($\eta_t$, target efficiency)로 설명할 수 있다.

$$\eta_t = \frac{1}{1+\frac{0.65}{S}}$$

위 식에서 S가 클수록 관성력에 의한 충돌효율은 증가하게 된다. 이때 입자와 액적 간의 충돌효율을 설명하는 S를 관성충돌분리계수(무차원 함수)라 하는데 충돌수 또는 분리수(separation number, S)라고도 한다.

(5) 여과집진장치

여과에 의한 입자상 물질의 집진은 매우 흔하게 사용되는 것으로 공기청정기에서 쉽게 찾아볼 수 있다.

① 원리

처리가스가 필터(여과섬유)를 통과한 때 분진은 여재를 구성하는 섬유와 관성충돌, 직접차단, 확산, 중력 및 정전기력에 의해서 필터에 부착되어 가교형성 및 초층(1차층)을 형성하여 집진한다. 1㎛ 이상인 분진의 포집은 99%가 관성충돌과 직접차단에 의하여 이루어지며, 0.1㎛ 이하의 분진은 확산과 정전기력에 의해 포집된다. 특히 초층은 매우 중요한데, 분진입자는 포집원리에 의해 여과섬유 표면에 부착된 후 섬유와 섬유 사이에서 가스를 막게 되는데(이를 가교형성(bridge formation)이라 한다), 이때 형성된 분진층을 1차 부착층 또는 초층이라 한다. 초층은 1㎛ 이하의 분진을 제거하는 데 가장 중요한 역할을 하며, 초층이 형성되기 전에는 분진의 일부가 여과섬유 사이를 빠져나가게 되지만 장치의 정상 가동 시 이것은 수 분 정도의 짧은 시간 내에 일어난다. 일단 1차부착층이 형성되면 거의 모든 분진이 포집되므로 압력손실은 조금씩 증가한다. 압력손실이 어느 범위에 이르면(보통 압력손실이 150mm$H_2O$ 전후에) 초층을 제외한 분진층을 제거해 주어야 하는데 이를 탈진(filter cleaning)이라 한다. 따라서 여과집진기에서는 포집과 탈진을 반복하면서 처리가스 내의 분진을 제거하게 된다.

② 특징

처리가스 입자는 일반적으로 0.1~20㎛, 집진효율(collection efficiency) 90~99%, 압력손실 100~200mm$H_2O$이다. 처리가스속도(기본유속) 3m/sec, 여과속도 1~10cm/sec이다. 장점으로는 미립자의 제거가 가능하며, 집진율이 우수하고, 다양한 여과재의 사용으로 인하여 설계 시 융통성이 있다. 단점으로는 폭발성, 점착성 및 흡습성 분진의 제거가 곤란하다. 또한 가스의 온도에 따른 여재의 사용이 제한되며, 수분이나 여과속도에 대한 적응성이 낮으며, 여과재의 교환으로 유지비가 고가이다. 장치의 구성은 여과재(filter medium), 지지대(filter support), 백 하우스(bag house), 탈진장치, 분진퇴적함, 송풍기이다.

③ 여과방식에 따른 분류

가. 내면여과방식

직조하지 않은 섬유를 그대로 또는 발포시킨 합성수지의 매트형 여과재에 함진가스를 통과시켜 분진입자를 여과층의 내면에서 분리, 포집하는 방식이다. 분진의 제거가 곤란하므로 일정량의 분진이 제거되면 통기저항이 증가하기 때문에 여과재를 새것과 교환해야 하므로 재사용이 불가하다.

나. 표면여과방식

직조한 여과포, 여과지와 같이 비교적 얇은 여과재에 함진가스를 통과시켜 분진입자를 여과재의 표면에서 분리, 포집하는 방식이다. 포집된 분진이 일정량에 이르면 1차부착층(초층)을 제외한 분진층(cake)이 탈진되기 때문에 여과재는 계속해서 재사용할 수 있다.

④ 탈진방식에 따른 분류

가. 진동형(shaking type)

여포를 기계적으로 진동하여 분진을 턴다. 진동형은 분진입경이 크고, 비교적 털기 쉬운 분진에 적당하다. 퓸 등 미립자에는 부적당하므로 진폭을 크게 하고, 진동 수를 크게 하면 효과적이다. 흡습성 부착성 분진은 진폭을 어느 정도 크게 해야 하므로 유여한 여포를 사용해야 한다. 여과포는 직포가 사용되고, 여과속도는 0.5~2m/min 정도이며, 형상은 원통형이 많고, 진동형은 내부여과가 적당하다.

나. 충격제트형(pulse jet type)

함진가스는 외면여과하고, 분진은 외면에 걸린다. 여포의 상부에는 각각 벤투리관과 노즐이 붙어 있어 압축공기를 분사하고, 노즐에서 일정시간마다 분사하여 순차적으로(0.1초 이내) 부착된 분진을 턴다. 제진 시에 집진기류를 차단하지 않음으로써 분사 제진 직후 다시 여과가 시작되어 여포에서 제진된 분진이 분진퇴적하므로 낙하하지 않고, 다시 여포면에 부착할 가능성이 있다.

다. 역기류형(reverse air type)

여과기류를 차단하고 반대방향으로 기류를 통과하여 제진한다. 이때에 여포면이 변형하여 분진이 떨어진다. 이 경우는 기계적 자극이 적으므로 여포의 손상이 적어서 고온용 유리섬유도 여포로 이용된다. 원통형 여포의 경우는 중간에 링(ring, filter support)을 넣어서 사용할 수 있으므로 여포 원통을 길게 할 수 있다. 이때의 유속은 0.5~2m 정도로 진동형과 같다.

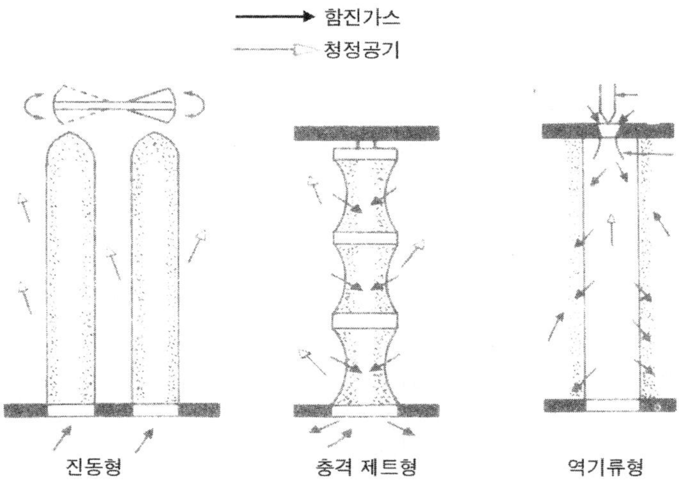


**<그림 10-6> 탈진장치에 의한 분류**

⑤ 집진성능

여과집진장치의 집진성능은 겉보기 여과속도(filteration velocity, 공기여재비[air to cloth ratio])와 먼지부하(dust loading)로 나타낸다. 여과재를 통과하는 처리가스의 겉보기 여과속도는 여과재의 단위면적에 단위시간 동안 처리되는 가스량으로 정의한다.

$$V_f = \frac{Q}{A}(\text{cm/sec}),$$

여기서 $V_f$=겉보기 여과속도, A=여포의 유효면적, Q=처리가스량.

겉보기 여과속도는 집진효율에 가장 큰 영향을 미치며, 대상 먼지의 성상, 소요 집진율, 여과방식 등에 따라 다르다. 일반적으로 0.3～10cm/sec의 범위이다. 위 식에서 하나의 여과자루 면적이 Ab이고 여과자루의 수가 n이면, 여과재의 유효 총면적 A는 다음과 같다.

$$A = n \times A_b = 2\pi nRH = \pi nDH$$

여기서 n=여과자루의 수, $A_b$=여과자루 하나의 면적, D=여과자루의 직경, H=여과자루의 유효높이 또는 유효길이(m).

따라서 $$V_f = \frac{Q}{nA_b} = \frac{Q}{\pi nDH}(\text{cm/sec})$$

먼지부하는 단위 여과 면적당 누적 먼지량을 의미하며 다음과 같이 나타낸다.

먼지부하 $= \frac{G_d}{A}$(kg/㎡), 여기서 $G_d$=먼지량(kg), A=여포의 면적.

여기서 먼지량 $G_d$=C(농도 kg/$m^3$)×Q×t이므로,

$$먼지부하 = CQ\frac{t}{A} = CV_f t\,(\text{kg/㎡})$$

(6) 전기집진장치(electrostatic precipitator, EP)

전기집진장치를 산업용으로 이용할 수 있도록 최초로 개발한 사람은 1910년 미국 캘리포니아 대학의 물리학 교수인 Fredrick Cottrell로 이 때문에 이것을 코트렐집진기라고도 하며 주 집진력이 정전기적인 인력이므로 정전집진기라고도 한다.

① 원리

전하를 띤 분진입자와 반대극성인 정전기적인 인력(Coulomb's force)에 의해 집진하는 것으로, 여기서는 방전극을 음극(－)으로 그리고 집진극을 양극(＋)으로 하는 집진장치이다.

가. 불평등 전계의 형성

고압의 직류전압을 방전극과 집진극에 가하면 절연파괴(dielectric breakdown)로 방전극과 집진극 사이에 일정한 방향의 불평등 전계(uniform electric field)가 형성된다. 즉, 두 전극을 일정 거리만큼 띄어 놓으면 두 전극 사이에 있는 공기나 가스는 절연체 역할을 하지만 두 전극에 높은 전압을 걸어 주면 전극 사이에 전기장이 강해져서 어느 정도 이상의 전압에서는 전류가 흐르기 시작한다. 이러한 현상을 절연파괴라 하며 이때 방전극과 집진극 사이를 흐르는 전류를 코로나(Corona) 전류라 한다.

나. 코로나 방전 및 이온화

불평등 전계에서 방전극 주변에 있는 가스분자가 전기적으로 파괴되어 전극 주위에 푸른섬광(luminous glow)이 발생하는데, 이것을 코로나 방전(전기방전의 일종)이라 한다. 집진극과 방전극 사이의 전압을 증가시키면 전계강도나 가스분자의 이온화 현상은 증가하게 되는데 계속해서 전압을 증가시키면 불꽃방전이 발생하게 된다.

코로나 방전은 방전극 주위의 가스분자를 이온화시키고 이때 가스 내에 존재하는 자유전자를 가속하게 된다. 이렇게 가속된 자유전자는 빠른 속도로 이동하면서 다른 가스분자에 충돌하게 되는데 이때 가스분자는 양이온으로 되면서 또 다른 자유전자를 방출하는 가스분자의 이온화 현상이 일어난다. 이것은 마치 핵분열이 일어나듯이 아주 짧은 시간에 연쇄적으로 일어나는데, 이러한 전리현상을 이온증배과정(avalanche multiplication)이라 한다(〈그림 10-7〉 참조). 이온화 과정에서 산소원자와 산소가 결합하여 오존이 생성되기도 한다. 대부분의 상업용 전기집진기는 집진극을 음극으로 한 음극

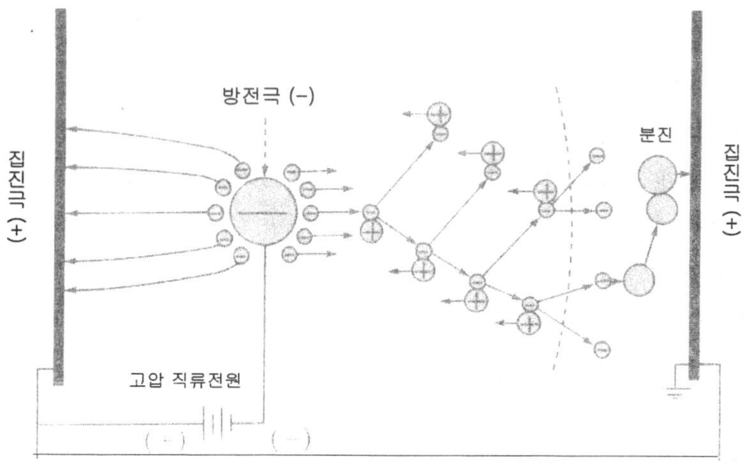


〈그림 10-7〉 전기집진장치의 원리

코로나를 이용하여 오존발생 문제가 있지만, 실내 공기청정용 소형 공기정화기는 집진극을 양극으로 하는 양극 코로나 방식으로 오존 발생량이 상대적으로 적다.

다. 입자의 음(−)하전 및 집진극 이동

음이온의 전하를 띤 가스분자는 정전기적인 인력에 의해 전기장을 따라 집진극으로 이동하면서 극간 영역 내에 있는 분진입자를 하전시키게 된다. 여기에서 음으로 하전된 가스분자군은 정전기적인 인력에 의해 양극(+)의 집진극 쪽으로 이동하면서 입자의 집진력으로 작용하는 전기풍이 발생한다. 음이온의 전하를 띤 입자는 정전기적인 인력에 의해 집진극 쪽으로 이동하여 집진극에 포착, 제거된다. 반면에, 전리영역에서 자유전자가 가스분자에 충돌하여 생성된 양이온은 방전극인 (−)극으로 이동하여 충돌, 흡수된다.

② 특징

처리가능 입자는 보통 0.01~20㎛이나 거의 하한의 한계가 없고 가스상 물질도 일부 처리 가능하다. 집진율은 90~99.9%로 고효율 집진장치 중 가장 높은 집진율을 나타낸다. 다른 고효율 집진장치에 비해 압력손실(10~20mm$H_2O$)이 적어 동력소모가 적다. 처리가스속도와 장치의 기본유속인 처리가스의 유입속도는 1~4m/sec로 건식의 경우 1~2m/sec 그리고 습식의 경우 2~4m/sec이다. 습식은 재비산 문제가 없으므로 기본 유속을 2배 빠르게 할 수 있다. 장치 내부의 처리가스속도가 너무 크면 집진극에 포집된 분진이 재비산될 수 있으며, 너무 작으면 장치 내부의 가스 흐름이 불균일하여 코로나 방전에 의한 입자의 하전이 균일하게 일어나지 않게 된다. 장치 내부의 처리가스속도는 보통 60~240cm/sec로 한다. 입자의 분리속도는 장치 내부의 처리가스속도와 입자의 분리속도가 너무 크면 재비산 문제가 발생하고 너무 느리면 처리용량에 한계가 있으므로 보통 3~20cm/sec로 한다.

장점으로는 미세입자의 포집이 가능하며, 집진효율이 높다. 압력손실이 적어 소요 동력이 적고, 배출가스의 온도강하가 적다. 대량의 가스처리가 가능하며, 유지관리가 용이하고 유지비가 저렴하다. 단점으로는 초기 설비비가 고가이고, 전압변동과 같은 조건변동에 쉽게 적응하기 어렵다. 또한 분진의 성상에 따라 또는 분진부하가 아주 높은 경우 전처리 시설이 요구될 수 있다.

③ 장치의 구조

전기집진기는 방전극, 집진극, 타봉, 가스정류장치, 분진 퇴적함으로 구성되어 있다.

가. 방전극(discharge electrode)

방전극은 보통 강선(wire)으로 이루어져 있는데, 코로나 방전에 의해 함진가스 중의 분진입자를 대전시키며, 집진극과 전기장을 형성하여 대전된 분진이 집진되도록 하는 역할을 한다. 코로나 방전이 용이하도록 직경(0.13~0.38cm)이 가늘거나 날카로운 끝(edge)이 있어야 한다. 재질은 부식 및 강도를 충분히 고려하여 선택해야 하는데 보통 고탄소강(high carbon steel)이 사용되나 스테인리스강, 구리, 티타늄 합금 및 알루미늄도 사용된다.

나. 집진극(collection electrode)

방전극이 음극을 띠는 데 반하여 집진극은 양극으로 충전되며, 방전극과 함께 전장을 형성하여 방전극에 의해 음으로 충전된 입자를 집진한다. 이것은 원형 또는 판상형으로 여러 가지가 있다. 재질은 주로 탄소강, 스테인리스강 또는 기타 합금강으로 만들어지기도 한다.

다. 타봉장치(rapper)

집진극이나 방전극 위에 부착된 분진을 충격 또는 진동을 주어 털어내는 장치를 말하며, 그 방법은 전동기계식, 전자식, 진동식이 있다.

라. 가스정류장치(distributor)

가스 정류장치는 전기집진기에 유입되는 함진가스의 속도가 균일하게 유지되도록 하는 것으로 집진율에 큰 영향을 준다. 종류에는 격자상 정류판, 다공정류판이 있다.

마. 분진 퇴적함(hopper)

집진장치 하단에 설치되어 탈진된 분진을 일시적으로 저장하는 역할을 하며 분진입자가 굳기 전에 제거해야 한다.

④ 종류

가. 하전형식에 따라

1단식(high voltage single stage EP)과 2단식(low voltage two stage EP)으로 구분한다. 1단식은 입자에 하전이 주어지는 하전작용과 대전입자의 집진작용 등이 동일 전계에서 행하여지며, 보통 산업용으로 이용된다. 2단식은 하전부와 집진부가 나누어져 있는 형식으로, 주로 공기정화용 공기청정기로 양코로나 방식을 이용한다.

나. 집진극의 모양에 따라

평판형과 원통형으로 구분된다. 평판형은 주로 대용량으로 사용되며, 일반적으로 건조상태의 탈진방식인 건식 집진에 사용한다.

원통형은 습식에 많이 사용되며 주로 액체상의 미스트(mist)나 안개(fog) 입자의 집진에 사용한다.

⑤ 집진성능

전기집진장치의 집진성능은 입자의 이동속도(migration velocity)로 나타낸다. 코로나 방전에 의해 입자가 음전하를 띠게 되면 정전기적인 인력에 의해 집진극 쪽으로 이동하게 되는데 이때 속도를 입자의 이동속도 또는 분리속도라고 한다. 입자의 이동속도는 입자에 작용하는 힘에 의해 결정되는데 이러한 힘으로는 전기적인 힘 Fe와 기체분자에 의한 입자의 마찰저항력 Fd가 있다.

$$W_e = \frac{1.1\times 10^{-14} pE^2 d_p}{\mu_g} (m/\mathrm{sec})$$

여기서 p: Cunningham의 보정계수(1+0.172/$d_p$: 보통 2) (1.5~2.4), E: 전기장의 세기(V/m), $d_p$: 입자의 직경(㎛), $\mu_g$: 배출가스의 점도(kg/m hr).

위 식에서 전기장의 세기는 방전극과 집진극 사이의 유효전압이 $V_e$(V)이고 그 거리가 r(m)이면 다음 식으로 구할 수 있다.

$$E = \frac{V_e}{r} (V/m)$$

## 2. 가스상 물질 제어

가스 정화장치는 일반적으로 흡수법, 흡착법, 직접 연소처리법, 접촉산화법의 4가지로 구분할 수 있다. 최근 고도산화처리(Advanced

Oxidation Processes, AOP)인 기존의 산화제보다 월등한 산화력을 가지는 OH radical을 중간물질로 생성시켜 오염물질을 제거하는 방법이 활발하게 연구 및 적용되고 있다. AOP는 VOCs 처리방법에 중점을 둔 것으로 대표적 방법으로는 전자가속기(고에너지에 조사된 전자선은 수증기를 분해하여 짧은 시간에 강한 라디칼(OH, $H^+$ 등)을 생성하고, 이들이 VOCs를 분해 또는 분해 가능한 물질로 전환), 플라즈마(plazma, 전기 에너지를 이용한 수증기를 플라즈마화하여 VOCs를 처리), 광촉매(빛에너지를 이용하여 촉매에서 과산화기를 발생시켜 VOCs를 처리) 등이 있다. 여기서 플라즈마는 기체상태의 물질에 열을 가하면 기체원자의 최외각전자는 불안정하게 되어 궤도를 이탈하고, 이와 같이 전자와 양성자가 공존하는 상태를 말한다.

(1) 흡수법

가스상 오염물질을 액체(흡수액)에 흡수시키는 것을 의미한다. 높은 효율을 얻기 위한 요건은 가스상 오염물질이 잘 용해되는 흡수액을 사용하고, 가스상 오염물질과 흡수액이 충분한 접촉면적과 접촉시간을 갖게 하는 것이다. 흡수는 흡착이나 연소에 비해 처리비가 저렴하고 집진 및 가스의 냉각 등 다른 조작을 겸할 수 있는 장점이 있으나, 수처리 시설이 필수적이다.

① 흡수원리

가스상 오염물질과 흡수액 사이에는 물리·화학적 평형관계가 존재한다. 이러한 평형관계 때문에 가스상 오염물질과 흡수액을 접촉시킬 때, 어느 정도 이상의 오염물질을 흡수하고 나면 아무리 접촉면적과 접촉시간을 유지시켜도 흡수는 이루어지지 않게 된다. 이것은 평형한계가 존재함을 나타낸다. 여기서 흡수한계에 이른 물질의 용해 정도를 용해도라 한다. 분자구조의 관점에서 용해도를 예측하기 위하여 흔히 쓰이는 일반규칙은 '비슷한 물질들은 서로 녹는다(like dissolves like)'이다. 물처럼 극성분자로 구성된 용매는 비슷한 성질을 갖는 용질을 녹인다. 용해도가 작은 기체는 일반적으로 헨리(Henry) 법칙에 따른다. 일정 온도에서 기체 중의 특성 성분의 분압 P(atm)와 이와 접한 액상 중 액농도 C(kg-mol/$m^3$) 사이에는 다음과 같은 관계식이 성립된다. 여기서 H는 헨리정수라고 하며 용해도가 작을수록 큰 값을 갖는다.

$$P = HC$$

② 흡수액

흡수액의 선정은 대상 가스오염물질에 따라 결정되며, 또한 조성, 압력, 온도, 처리량 등의 흡수조건 및 경제성에 따라 선정한다.

(2) 흡착법

가스상 오염물질이 다공성(porous)의 활성탄(또는 실리카겔, 알루미나, 제올라이트) 고체표면층을 통과하면서 활성탄 표면에서 흡착처리되는 방식이다. 흡착법의 특징은 장치가 간단하고 초기 설치비가 저렴하며, 다양한 가스상 오염물질의 처리가 가능한 것이다. 단점으로는 활성탄 교체에 따른 유지관리비가 많이 들며, 흡착시 반응열이 발생하므로 화재 및 폭발 가능성이 있다. 활성(activated)이란 용어는 특수처리공정으로 증가된 표면적을 의미한다. 흡착제인 활성탄은 나무, 야자껍질 등을 고온에서 탄화하고, 이 물질을 수증기로 처리하여 탄소물질의 일부를 태워 없앰으로써 내부를 다공성으로 한 것이다. 그 내부 표면적은 매우 커서 105~106$m^2$/kg에 이른다.

① 파과곡선

가스상 오염물질을 흡착제에 투입시키면 처음에는 흡착률이 매우 높아서 출구가스 중에서 유해가스 성분이 측정되지 않지만 시간이 흘러 흡착제가 포화상태가 되면 출구가스 성분의 농도가 높아져서 흡착탑의 입구와 출구의 가스상 오염물질 농도가 같아진다. 출구가스 중에 유해가스 성분의 농도가 나타나기 시작하는 점을 파과점이라 한다. 이 점을 활성탄의 파과점(break point)이라 한다.

② 물리적(physical) 및 화학적 흡착(chemisorption)

물리적 흡착은 Van der Waals 흡착이라고도 불리는데 기체분자와 흡착제 간은 발열반응이며, 온도가 증가하거나 압력이 감소하면 약해지므로 흡착제를 재생할 때 이러한 원리를 이용한다. 화학적 흡착은 흡착제와 흡착질 간의 화학적 반응에 의하여 흡착되는 것으로 비가역적 반응이다. 흡착제를 재생할 수가 없지만 흡착제가 촉매역할을 하는 장점을 가지고 있다.

③ 흡착식

일정한 온도에서 피흡착물질의 평형압력을 변화시킬 때 흡착제에 흡착된 흡착질의 양을 온도함수로 표시한 것을 흡착등온식(adsorption isotherm)이라 한다. 흡착등온식으로는 Langmuir, BET (Brunauer, Emmett & Teller), 그리고 Freundlich 식들이 있는데, Langmuir 흡착등온식과 BET 등온흡착식은 흡착제 표면과 모든 흡착위치에서의 흡착에너지가 동일하다는 가정하에 만들어진 등온흡착식이지만 Freundlich 흡착등온식은 흡착제 표면이 모두 균질(均質)이 아니기 때문에 흡착에너지가 위치에 따라 다르다는 점을 반영한다. Langmuir 등온흡착식과 BET 흡착등온식은 각각 식으로 표현되며, Langmuir 흡착등온식은 흡착제의 표면이 피흡착제의 분자들이 화학적으로 결합할 수 있는 고정의 독립된 위치들로 구성된 것으로 생각하며 각 위치에는 피흡착제 분자 하나만이 결합할 수 있는 것으로 가정하기 때문에 결국 피흡착제는 흡착제 표면에 단층만을 형성하는 것으로 가정하고, BET 등온흡착식은 다층으로 흡착될 수 있는 것으로 가정한다.

$$y = \frac{a y_m C}{1 + aC}$$

$$y = \frac{b y_m C}{(C_s - C) \cdot [1 + (b-1) \cdot \frac{C}{C_s}]}$$

여기서 y=흡착제 단위질량당 흡착된 피흡착제의 양(x/M), C=피흡착제의 평형농도, $C_s$=피흡착제의 포화농도, $y_m$=흡착제의 단위질량당 최대 흡착량, a, b=상수.

Langmuir 흡착등온식과 BET 흡착등온식은 흡착제 표면과 모든 흡착위치에서의 흡착에너지가 동일하다는 가정하에 만들어진 등온흡착식인 것과는 반대로 Freundlich 흡착등온식은 흡착제 표면이 균일한 것이 아니므로 흡착에너지는 흡착위치에 따라 변한다는 점을 고려하여 만들어진 것으로 다음과 같이 나타난다.

$$\frac{x}{M} = KC^{\frac{1}{n}}$$

여기서 x/M=흡착제 단위질량당 흡착된 피흡착제의 양(y), K, 1/n=상수.

(3) 열소각법(thermal incineration)

휘발성 유기화합물(VOCs)은 그 자체가 독성이 강하며 대기 중에서는 광화학 스모그의 전구물질이다. 열소각법은 기존의 활성탄 흡착탑에 비해 처리 효율 면에서 월등한 연소(소각) 방법이다. 열소각법은 VOCs 함유가스를 고온(약 800°C)에서 연소하여 $CO_2$와 $H_2O$로 분해하며, 최근 VOCs의 완전파괴를 얻기 위해 고온, 긴 체류시간(0.2~2sec)을 적용한다. 특징으로는 고농도에 유리하며, 촉매독에 영향을 받지 않으며 광범위하게 적용 가능하다. 또한 반응 후 폐열 이용이 가능하다.

(4) 촉매산화법(촉매소각법, catalytic incineration)

열소각법과 매우 유사하고 비교적 저온(200~400°C)에서 연소하여 $CO_2$와 $H_2O$로 분해한다. 공간속도(space velocity, Q/V)를 높일 수 있기 때문에 설비가 차지하는 면적을 상당히 줄일 수 있다. 촉매로는 백금, 구리, 크롬, 바나듐, 니켈, 코발트 등의 금속 및 옥사이드(oxide) 계통이 사용되고 있다. 열소각로에 비해 연료비를 25~30% 정도 절감할 수 있으나, 높은 초기설치비와 촉매교환비용을 감안하면 평균 10~30%까지 비용이 절감된다. 특징으로는 촉매사용으로 탈취효율이 높으며, 연소온도가 낮아 연료소모가 적다. 단점으로는 연소 시 폐가스 내에 인, 납, 비소, 안티모니(antimony), 주석, 아연, 황과 같은 물질이 있으면 촉매활성을 무력화시키는 현상(촉매독)에 의하여 처리효율이의 감소한다. 촉매의 평균 수명은 2~5년인데, 이는 저해물질이나 분진에 의해 막힌다. 이는 열노화(thermal aging) 등에 의해 촉매 활성이 떨어지기 때문이다.

(5) 생물막법(Biofiltration)

미생물을 이용하여 VOCs를 $CO_2$, 물, 광물염으로 전환시키는 일련의 공정을 말한다. 생물처리 공정은 생물막, Bioremediation(생물학적 복원) 등을 포함한다. 생물막이 악취 제거 기술로 효과적이라는 것이 알려지면서 타당성 있는 VOCs 제어 기술로 부각되고 있다.

(6) UV 산화기술

오존, 페록사이드, OH 및 O-radical 같은 산소를 기본으로 한 산화제를 사용하여 UV 빛이 존재하는 상태에서 물로 전환시키는 방법이 새로이 부각되고 있다. 최근에 연구되는 방법으로 이산화티타늄($TiO_2$) 광촉매이다(양원호 등, 2006). 광촉매반응의 유기물 분해반응 기전은 적당한 띠간격(band gap)을 갖는 반도체에 띠간격 이상의 에너지를 가지는 빛을 조사하였을 때 반도체의 전도띠(conduction band)에는 전자가 생성되고 원자가띠(valence band)에는 정공(positive hole)이 생성된다. 이렇게 생성된 전자와 정공은 촉매표면으로 이동하고 반응물이 촉매표면으로 확산되어 각각의 반쪽전지 반응이 진행된다. 이 반응이 수용액 중에서 진행될 때는 정공이 촉매표면의

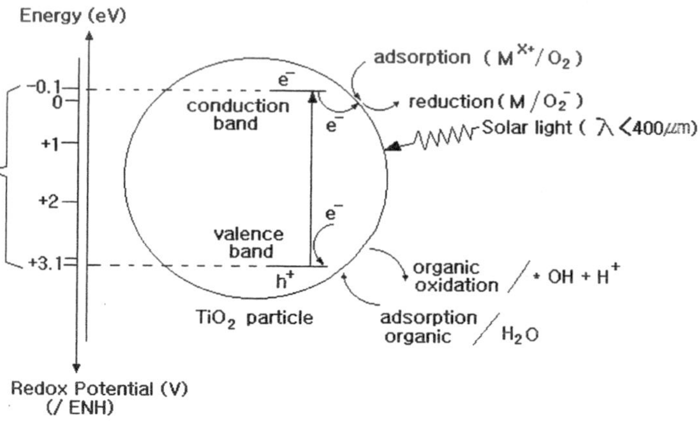


<그림 10-8> 광촉매의 원리

OH와 반응하여 OH radical을 생성한다. 계속해서 OH radical이나 생성된 다른 강한 산화력을 가지는 생성물은 대상물질을 산화시키게 된다(Yumoto, 2002).

〈연습문제〉

1. 어떤 집진기에서 입구와 출구의 함진가스 중 분진농도가 각각 8g/m$^3$과 0.08g/m$^3$일 때, 집진기의 효율은 얼마인가?
2. 어떤 집진장치에서 유입되는 함진가스량이 100,000m$^3$/hr이고, 분진농도가 5g/m$^3$일 때, 출구로 배출되는 분진량을 1일 100kg 이하로 하기 위해서 요구되는 집진율은 최소 얼마 이상이 되어야 하는가?
3. 절단입경과 한계입경을 비교 설명하라.
4. 고도산화처리(Advanced Oxidation Processes, AOP)란 무엇인가?
5. 여과집진장치에서 초층의 중요성을 기술하라.
6. 30m$^3$/min의 함진가스를 처리하기 위하여 길이 3m, 직경 20cm인 여과백 10개를 사용하였다. 이때 여과자루의 겉보기 여과속도는 얼마인가?
7. 직경 292mm, 유효높이 11.6m인 원통형 여과집진장치를 사용하여 함진농도가 5g/m$^3$인 배출가스를 1,180m$^3$/min로 처리하고자 한다. 여과속도를 1.3 cm/sec로 할 경우 필요한 여과자루(bag filter)의 수는 얼마인가?
8. 물리적 흡착과 화학적 흡착의 차이점을 기술하라.
9. 전기집진장치의 집진기전(mechanism)을 기술하라.
10. 실내공기질 개선방법을 기술하라.

제 11 장

# 실내공기질 측정 및 분석

# 제 11 장 실내공기질 측정 및 분석

환경오염물질 노출과 연관된 환경성 질환은 실내공기질과 밀접한 관계가 있다고 볼 수 있다. 그럼에도 현재까지 과학적 연구논문들은 실내환경에서 측정되는 VOCs, 분진 및 미생물 등의 유해인자와 건강영향의 원인적 상관성을 명확히 밝히지 못하고 있다. 이것으로 실내환경 공기오염물질의 측정이 중요하지 않다거나 문제되지 않는다고 해석할 수는 없다. 대신에 우리는 'lamp-post effect'를 생각할 수 있다. 'lamp-post effect'란 전등이 비추는 곳만 볼 수 있다는 의미로, 우리는 그동안 대기환경 및 작업환경의 공기질 측정방법을 주로 이용했다는 것이며, 이런 방법들이 실내환경 공기질 측정에는 적절하지 않을 수 있다는 것을 의미한다(Sundell, 2004). 실제 대기환경에서 이용되는 측정 및 분석 기기들은 비용, 크기, 흡입 공기량 때문에 실내환경에 직접 적용하는 것은 적절하지 못할 수 있다(Maroni 등, 1995).

## 11.1 실내공기 시료 특성

실내공기 오염물질은 생성, 확산 및 이동, 반응, 소멸의 평가 및 실내환경 중 농도측정과 같은 다양한 목적에서 시료채취(sampling, monitoring) 및 분석(analysis)되고 있다. 이런 자료들은 궁극적으로 인간 건강위해, 제어 및 규제 목적에 따라 다양하게 이용될 수 있다. 또한 분석자료의 다양한 적용범위와 농도 결정과정에서 분석상의 정확도에 대한 요구 수준은 경우에 따라 다를 수도 있다. 실내환경 중 공기오염물질의 농도는 일반적으로 ppm, ppb, ppt와 같이 극미량 단위이므로 분석자료의 신뢰성을 높이기 위해서는 측정분석에 매우 세심한 관리가 필요하다.

## 11.2 정도관리 및 정도보증

실내공기질 농도 측정 및 분석 결과가 올바른 것인가에 대한 의문이 자주 제기될 수 있다. 측정 및 분석결과가 옳다는 것을 어떻게 증명할 것인가? 이 질문에 답할 수 있는 것이 정도관리(Quality Control, QC)와 정도보증(Quality Assurance, QA)이다. 미국산업위생학회에 따르면 정도관리란 '정확도와 정밀도의 크기를 알고 그것이 수용할 만한 분석결과를 확보할 수 있는 작동적 절차를 포함하는 것'이며, 정도보증이란 '정도관리 프로그램이 효과적으로 수행되고 있는지에 대해 신뢰성을 확보하기 위한 모든 절차'라고 정의하고 있다.

### 11.2.1 오 차

오차(error)란 참값(true value)과 측정값 간의 불일치라고 정의할 수 있다. 오차는 참값과 측정값의 차이로 정확하지 못하다는 것을 의미한다. 참값 η와 측정값 Yi 사이에는 $Yi = \eta + Ei$의 관계를 생각할 수 있는데, 여기서 Ei가 오차다. 오차는 계통적 오차(systematic error=편의(bias))와 무작위 오차(random error)로 구분할 수 있다. 계통적 오차란 어느 기준값과 측정치 간에 일정한 상관성이 존재할 때를 일컫는 용어이며, 기준값에 비해 크기가 항상 일정하게 벗어난 상가적인 것과 측정치와 수준에 따라 비례적인 것으로 구분할 수 있다. 계통적 오차의 예로서 부적절한 표준물질 제조, 잘못된 검량선, 부적절한 기구보정, 회수율의 잘못된 보정, 부적절한 시료채취 여재의 사용으로 인해 분석결과가 한쪽으로 치우칠 경우이다. 계통적 오차는 원인을 찾아낼 수 있으며 크기가 계량화되면 보정이 가능하다. 계통적 오차를 확인하는 방법으로는 표준시료(Standard Reference Materials, SRM; Certified Reference Materials, CRM)를 분석하여 인증서의 값과 일치하는지 비교하는 것이다. 이외에도 공시료(blank) 분석, 기지시료의 분석, 내부 표준물질의 사용, 방해물질의 제거 등을 통해서도 감소시킬 수 있다(김광종 등, 2004).

무작위 오차는 측정치의 변이가 기준값과 비교하여 일정하지 않고 불규칙하게 변하는 경우이며, 경우에 따라서 양의 값이나 음의 값을 갖기도 한다. 특히 반복측정이나 반복분석을 할 때 그 값이 일정하게 나오지 않고 어떤 값을 중심으로 변하는 것을 의미하여, 이 경우는 정밀도로 정의되기도 한다. 무작위 오차는 원인을 찾아내기가 힘들며 교정도 힘들다. 누적오차 또는 총 측정오차란 여러 가지 요소에 의한 오차의 합을 말하며 다음의 식으로 계산할 수 있다.

$$E_c = \sqrt{E_1^2 + E_2^2 + E_3^2 + ....... + E_n^2}$$

여기서 $E_c$: 누적오차, $E_1$, $E_2$, $E_3$... $E_n$: 각각의 요소에 의한 오차.

누적오차를 최소화하기 위해서는 오차의 원인을 파악하여 가장 큰 것부터 개선해야 한다. 각각 오차항의 크기를 알 수 있다면 오차의 절대값이 가장 큰 항목부터 줄여야 총 측정오차가 많이 감소하게 된다.

### 11.2.2 정확도 및 정밀도

정확도(accuracy)란 측정값이 참값에 대하여 얼마만큼 벗어나고 있는가를 나타내는 것이다(Accuracy is the degree of agreement of a measured value with the true or expected value of the quantity of concern). 실제 실내환경에서 참값을 알 수 없기 때문에 측정값만으로 정확도를 계산하기 힘들다. 참값은 엄밀히 말해서 관념적 값이고 실험적으로는 얻을 수 없기 때문에 측정값에는 반드시 오차가 있다고 할 수 있다. 하지만 표준시료(SRM, CRM 등)를 분석하여 분석값과 참값을 비교하면 정확도를 추정할 수 있다.

정확도(상대오차율)=(참값−측정치〈또는 측정평균치〉)/참값×100

정밀도(precision)란 동일 조건하에서 2개 이상의 측정치 간의 산포도를 의미하며 산포도가 적을수록 정밀도는 양호하다고 할 수 있다(Precision is the degree of mutual agreement among individual measurements as the result of repeated application under the same condition). 정밀도는 표준편차, 변이계수 등의 통계적 방법으로 해석할 수 있다.

1. 표준편차(Standard Deviation, SD)

$$SD = \sqrt{\frac{\sum_{i=1}^{n}(X_i - mean)^2}{n-1}}$$

2. 변이계수(coefficient of variation = 상대표준편차(relative standard deviation))

$$CV = \frac{SD}{mean}$$

정밀도는 반복성(repeatability) 또는 재현성(reproducibility)과 혼용하여 사용하고 있지만, 재현성은 동일 시료를 서로 다른 분석실에서 각 분석방법에 규정한 횟수의 측정을 했을 때의 오차를 의미하며, 반복성은 동일 시료를 동일한 장소에서 동일한 조건에서 실험을 반복했을 때 일어날 수 있는 오차범위를 말한다. 〈그림 11-1〉은 정확도와 정밀도를 그림으로 표현한 것이다.

〈표 11-1〉은 참값이 10ppm인 동일 시료를 A, B 두 사람이 반복 측정한 것이다. 이 자료를 가지고 정확도와 정밀도를 설명하면, A의 경우 편의는 1ppm이고 B는 1.5ppm이므로 A가 정확도의 높음

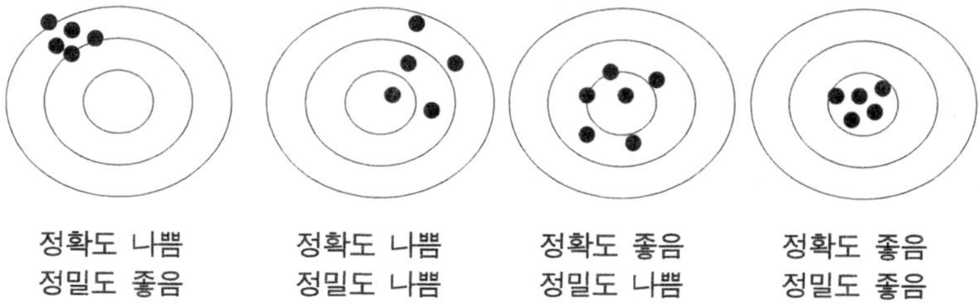


**〈그림 11-1〉 정확도 및 정밀도의 개념**

〈표 11-1〉 정확도와 정밀도의 이해

| | A | B | 비고 |
|---|---|---|---|
| 참값(ppm) | 10 | 10 | 기준값 |
| 측정값(ppm) | 8, 9, 10, 9, 7, 11 | 8, 7, 10, 13, 14, 16 | |
| 평균(ppm) | 9 | 11.5 | 정확도 |
| 편차(ppm) | 1 | 1.5 | |
| 표준편차(ppm) | 1.41 | 3.33 | 정밀도 |
| 변위계수(무단위) | 0.16 | 0.29 | |

을 알 수 있다. 정밀도의 평가로 표준편차와 변위계수를 살펴보면 A가 B에 비해 정밀도가 좋다고 할 수 있다.

## 11.3 실내환경 통계

일반 환경뿐만 아니라 실내환경 문제를 언급할 때 계량적(quantitative) 측면이 중요하게 작용한다. 계량적 측면은 통계학과 직접적으로 관련되며, 통계학은 계량적 문제를 효과적으로 수행할 수 있도록 한다. 예를 들면, 실내환경에 측정 및 분석된 농도 자료를 단순히 도표로 작성하는 기초적인 방법에서부터 모델구축 및 모수(parameter)를 추정하는 방법에 이르기까지 다양하고 광범위한 통계기법들을 적용할 수 있다(Berthouex와 Brown, 2000). 최근에 컴퓨터를 많이 사용함에 따라 통계분석도 전문 프로그램인 SPSS(statistical package for the social sciences), SAS(statistical analysis system) 등이 상업적으로 판매되고 있다.

### 11.3.1 자료의 분포

자료의 도수분포표(frequency distribution)는 수십 개의 종류가 있으며 그중 대기환경, 산업보건을 포함하여 실내환경에서 중요한 분포는 정규분포와 대수정규분포이다.

#### 1. 정규분포

공기오염물질 농도 측정 자료를 막대그림표(histogram)로 나타내면 마치 종(bell)을 엎어 놓은 것 같은 모양의 분포를 하는데(〈그림 11-2〉 참조), 이런 분포를 정규분포(normal distribution)라 하며 정규밀도함수는 다음과 같다.

$$f(x) = \frac{1}{\sigma\sqrt{2\pi}} exp[\frac{-\frac{1}{2}(x-\mu)^2}{\sigma^2}], \quad 0 < x < \infty$$

여기서 $\mu$: 평균값(true mean), σ: 표준편차(true standard deviation), x:

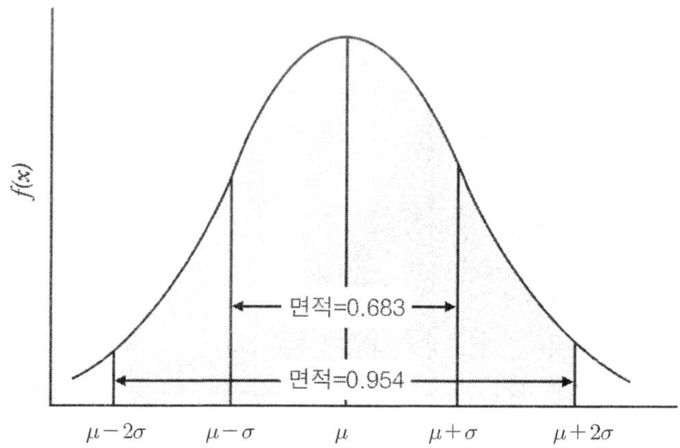


**〈그림 11-2〉 정규분포**

측정값.

정규분포의 특성은 좌우 대칭이고 평균은 중앙에 위치하며 곡선 아래 면적 구간을 평균($\mu$)과 표준편차($\sigma$)로 표시할 수 있다. $\mu\pm\sigma$는 전면적의 68.3%를 차지하고, $\mu\pm2\sigma$는 95.5%, $\mu\pm3\sigma$는 99.7%를 차지한다.

### 2. 대수정규분포

대수정규분포(log-normal distribution)는 환경 분야에서 흔히 볼 수 있는 분포로서 다음의 밀도함수로 표시된다.

$$f(x)=\frac{1}{x(\ln\sigma_g)\sqrt{2\pi}}exp[\frac{-\frac{1}{2}(\ln x-\ln\mu_g)^2}{(\ln\sigma_g)^2}],\quad 0<x<\infty$$

위의 식에서 임의변수(x)는 대수정규분포를 하지만, ln x나 log x

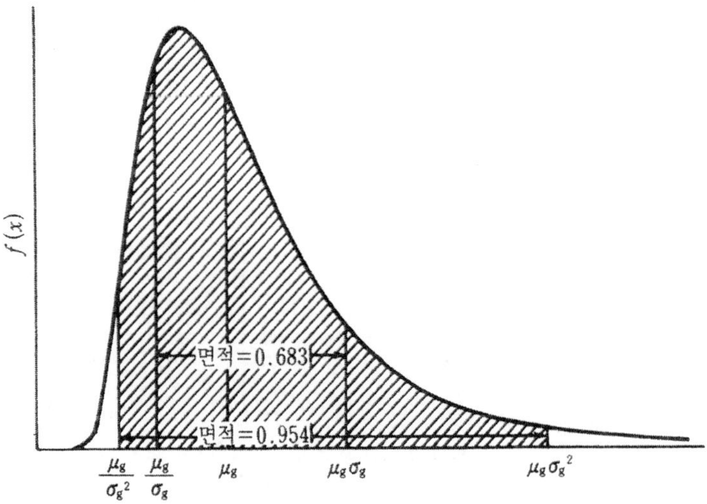


**<그림 11-3> 대수정규분포**

는 정규분포를 한다. 대수정규분포의 특성은 좌측이나 우측방향으로 비대칭꼴을 이루며 보통 우측으로 무한히 뻗어 있는 형태를 나타낸다(〈그림 11-3〉 참조). 대수정규분포를 하는 임의변수들의 누적도수분포를 대수정규확률지(〈그림 11-4〉)에 그리면 직선으로 나타

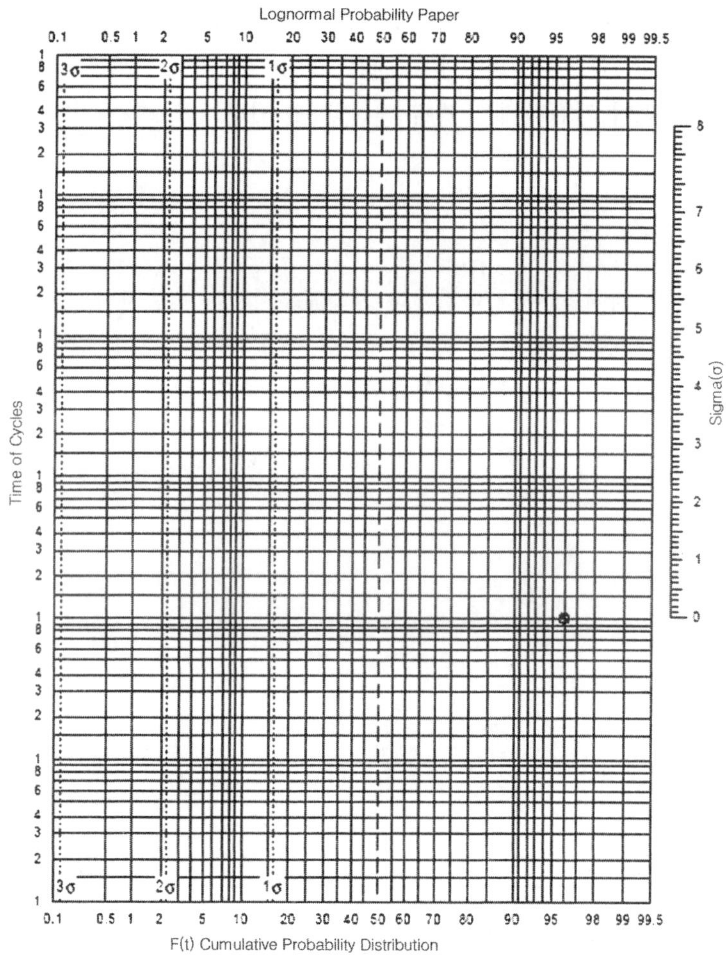


**〈그림 11-4〉 대수정규확률지**

난다. 곡선 아래 면적구간을 기하평균(Geometric mean, GM)과 기하표준편차(geometric standard deviation, GSD)로 표시할 수 있다.

## 11.3.2 기하평균과 기하표준편차의 계산

기하평균과 기하표준편차는 그래프법 또는 대수전환법을 이용하여 계산할 수 있다. 최근에는 전문 프로그램(Excel, SPSS, SAS 등)을 이용하여 컴퓨터에서 쉽게 계산할 수 있다.

### 1. 그래프 법

그래프 법에 의한 기하평균과 기하표준편차는 다음과 같이 한다.

1) 공기오염물질 농도 측정 자료를 대수정규확률지에 대입한다. 〈그림 11-5〉에서 대수정규확률지의 X축은 대수(log)로서 나타

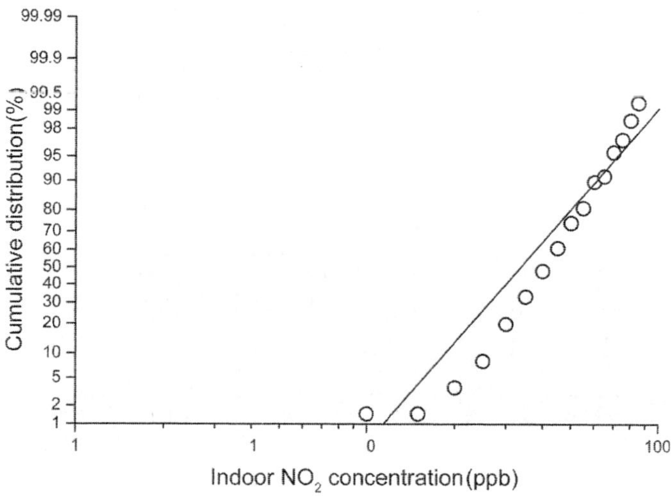


**〈그림 11-5〉 실내환경 $NO_2$ 농도의 대수정규분포**

낸 농도이고, Y축은 누적도수 백분율(%)로서 정규분포를 나타낸다. 〈그림 11-5〉는 주택 실내환경에서 측정한 $NO_2$ 농도로서 분포가 직선을 나타내면 그 농도 측정 자료는 대수정규분포를 한다고 볼 수 있다.

2) 누적도수 50%에 해당하는 값(농도)을 찾아 기하평균으로 한다.
3) 누적도수 84.1% 또는 15.9%에 해당하는 값을 찾아 다음과 같이 기하표준편차를 계산한다.

$$GSD = \frac{84.1\%\text{에 해당하는 값}}{50\%\text{에 해당하는 값}} \left(\text{또는 } GSD = \frac{50\%\text{에 해당하는 값}}{15.9\%\text{에 해당하는 값}}\right)$$

2. 대수변환법

1) 측정 농도 자료를 각각 $X_1$, $X_2$, $X_3$,......., Xn이라 한다.
2) 위의 값을 대수값으로 변환하여 각각 log $X_1$, log $X_2$, log $X_3$, ....., log Xn이라 한다.
3) 대수로 변환한 값들에 대한 평균을 계산한다.
4) 대수로 변환한 값들에 대한 표준편차를 계산한다.
5) 위 3)의 평균치를 역대수(antilog) 값으로 변환하여 GM을 계산한다.
6) 위 4)의 표준편차를 역대수 값으로 변환하여 GSD를 계산한다.

### 11.3.3 검출한계

공기오염물질을 미량까지 측정할 수 있는 것은 분석 화학자에게 중요한 것이었지만 최근까지도 환경 및 보건 분야에서는 관심이 적은 편이었다. 그 이유는 노출기준(실내환경기준)의 1/10 수준만 측정하면 공기오염물질이 사람에게 건강영향이 매우 적거나 없다고 가정할 수 있었기 때문이다. 하지만 보건학적 개념에서 노출기준 이하일지라도 건강영향을 받을 수 있으며 또한 측정의 검출한계 이하의 농도에서도 건강위해성을 주는 물질이 있기 때문에 미량분석의 중요성이 강조되고 있다.

검출한계(Limit of Detection, LOD)란 국제순수 및 응용화학연맹(International Union of Pure and Applied Chemistry, IUPAC)에서 분석절차에 따라 합리적인 확실성을 가지고 검출할 수 있는 가장 적은 농도나 양(A concentration or quantity, that is derived from the smallest measure that can be detected with reasonable certainty for a given analytical procedure)으로 정의하며, ACS(american chemical society)는 분석절차가 신뢰성 있게 검출할 수 있는 분석물질의 가장 낮은 농도로 정의하였다. LOD는 공시료(blank)와 구별하여 통계적으로 다르게 분석될 수 있는 가장 낮은 농도를 말한다. 즉, 분석기기가 검출할 수 있는 가장 작은 양을 말한다. 공시료란 채취하고자 하는 공기에 노출되지 않는 시료이다. 공시료는 채취하고자 하는 유해물질에 노출이 되지 않는 점을 제외하고는 현장시료(field sample)와 동일한 방법으로 취급, 운반, 분석되어야 한다. LOD의 결정은 여러 기관 및 전문가마다 차이가 있지만, 가장 일반적으로 공시료 분석은 시그널(signal) 표준편차의 3배로 한다(Jurvelin 등, 2001).

$$Y_{LOD} = Y_B + 3S_B$$

여기서 $Y_{LOD}$: LOD의 시그널의 값, $Y_B$: 공시료 시그널 값의 평균, $S_B$: 공시료 시그널 값의 표준편차.

이 정의에 따르면 $100(1-\alpha)=99.87\%$의 확률을 가지고 공시료의 시그널이 LOD($Y_B+3S_B$) 값을 넘지 않는다는 것을 의미하며, 기본적으로 공시료를 반복하여 실험하였을 때 정규분포를 하고 농도는 −(음)값이 없으므로 단측 검정을 하는 것으로 가정한다. 또한 LOD는 IDL(instrument detection limit), MDL(method detection limit), PQL(practical quantitation limit)로 구분할 수 있다(Maria, 1997). IDL은 시료 전처리 과정을 전혀 거치지 않은 분석물질의 측정 시 기기가 검출할 수 있는 가장 작은 농도이다. IDL을 결정하기 위해서는 분석물질이 없는 용액을 7회 분석하고, 표준편차(SD)를 계산한 후 3을 곱한다(IDL=SD×3). MDL은 IDL과 비슷하나 분석전 전처리 과정을 수행한 시료를 이용한 검출한계이다. 좀 더 설명하면, 98%의 신뢰도로 농도가 0 이상으로 측정될 수 있는 분석물질의 최소 농도로 정의할 수 있다.

MDL을 결정하기 위해서는 우선 분석방법에서 기술된 최소 검출농도를 이용하여 MDL을 예측한다. 예측된 농도로 표준물질을 준비하고 7회 분석한다. 분석결과의 표준편차(SD)를 계산한 후 t-분포 98%에서 자유도를 고려하여(7−1=6) π(3.14)를 곱해 준다(MDL=SD×3.14). 예를 들어 A물질의 예측된 검출한계는 2.0$\mu$g/m$^3$이었고, 실험실에서 2.0$\mu$g/m$^3$의 표준물질을 준비하여 7회 분석했을 때 농도값이 1.8, 2.0, 2.5, 2.0, 2.4, 1.5, 3.0$\mu$g/m$^3$이라면 표준편차(SD)는 0.499이다. 그러므로 MDL을 0.499×3.14=1.57$\mu$g/m$^3$으로 예측한 2.0$\mu$g/m$^3$은 수용 가능하다. PQL은 MDL의 3에서 10배 사이의 단순히 검출되는 것 이상으로 정확히 측정될 수 있는 것이다.

LOD는 통계적인 개념(α 오류와 β 오류)을 갖고 있으나 정량한계(Limit of Quantitation, LOQ)는 통계적인 개념보다는 LOD의 3배 또는 3.3배 또는 10배라고 인위적으로 약속한 개념이다. LOQ는 LOD의 개념을 보충하기 위해 도입되었으며, LOD가 정량분석에서 만족스런 개념을 제공하지 못하기 때문에 도입되었다.

실내환경의 농도를 측정할 때 자주 경험하는 검출한계(LOD) 이하의 농도값은 어떻게 처리할 것인가? 가장 단순하게 LOD 이하의 값은 무시하거나 0으로 하는 것이다. 하지만 LOD 이하의 값을 무시하면 평균을 과대평가할 수 있으며, 0으로 하면 평균을 과소평가할 수 있기 때문에 적절하지 않다. Hornung과 Reed(1990)는 LOD 이하 농도값에 대한 3가지 방법을 제시하고 있다. 그 내용을 살펴보면 첫째, 최우추정법(maximum likelihood)을 이용한 Haul method, 둘째, L/2 method, 셋째, L/$\sqrt{2}$ method이다. Haul method는 계산하는 방법이 복잡하고, 자료의 50% 이상이 LOD 이하일 때 사용 불가하다. L/2 method는 LOD의 1/2값으로 결국 LOD와 0(zero)의 중간값을 취하는 것으로 현재까지 가장 일반적으로 사용되고 있으며, L/2 method의 단점을 보충하기 위해 제안된 L/$\sqrt{2}$ method는 측정자료가 대수정규분포 시 모의실험 결과 L/2 method보다 더 적절한 것으로 알려져 있다. 단, 기하표준편차가 대략 3 이상일 경우(highly skewed) L/2 method를 사용하는 것이 좋다.

## 11.4 실내공기질 측정 개요

실내 및 실외환경의 공기시료를 채취하고 분석하는 작업 즉, 공기질 측정은 인구집단의 노출과 건강영향 평가, 환경에 미치는 영향 정도의 평가, 국제 및 국내에서 요구하는 기준을 어느 정도 만족하는가에 대한 평가, 발생원 평가, 관리를 위한 우선순위 설정, 모델 또는 지리정보체계(Geographical Information Systems, GIS) 같은 관리 도구를 검증 등의 다양한 목적을 달성하기 위해 실시한다(WHO, 1999). 이러한 목적을 달성하기 위해서는 측정목적을 만족시킬 수 있는 실측지점의 선정, 시료채취방법의 선택, 분석방법의 결정 등 여러 가지 사항을 검토하고 지속적으로 실시될 수 있도록 하여야 한다.

실내 공기오염물질을 성상에 따라 크게 분류하면 입자상 물질과 가스상 물질로 구분할 수 있으며, 채취하는 방법은 입자상 물질의 경우 여과지(filter)를 사용하는 것이 전형적인 방법이고, 가스상 물질의 경우 스테인리스 재질로 된 Canister나 반응성이 적은 재질로 만들어진 공기주머니(Tedlar Bag)를 이용하여 공기 자체를 채취하는 방법, 흡착제에 농축시키는 방법, 반응성이 있거나 불안정한 물질을 임핀저(impinger)를 통해 흡수액과 접촉시켜 안정한 물질로 전환시키는 방법이 전형적인 것이라 할 수 있다.

이러한 성상의 오염물질을 시료채취 및 분석하기 위해 현재까지 발전된 방법을 경제성과 복잡성의 순서로 정리하면 능동식(active), 수동식(passive), 자동식(automated), 원거리 센서(remote sensing, open path)로 구분할 수 있다. 각 방법은 장점과 단점을 가지고 있으며 서로 보완관계에 있다고 할 수 있다.

## 11.4.1 능동식 시료채취 및 분석

능동식 시료채취는 오염물질을 채취하기 위하여 공기를 강제적으로 포집물질에 통과시키는 펌프(pump)를 사용하게 된다. 펌프 같은 특별한 동력원을 필요로 하며, 상대적으로 고가의 장비를 운영하여야 하고 채취한 공기량을 정확하게 측정하기 위한 장비를 운영하여야 한다. 시료채취 후 실험실로 운반하여 정량 분석을 한다. 대부분의 실내공기질 시료채취에 이용되고 있으며 앞으로도 지속적으로 이용될 것이다.

### 11.4.2 수동식 시료채취 및 분석

수동식 시료채취는 능동식의 펌프를 이용하지 않고 실내환경의 자연적 기류를 이용하여 확산(diffusion)과 투과(infiltration)라는 물리적 과정과 반응에 의한 화학적 과정을 이용하여 실내공기 오염물질을 측정하는 장치이다. 기체의 조성, 온도 및 속도라는 면에서 균일하지 않으면 균일해질 때까지 운반과정들이 일어난다. 전체적으로는 흐르지 않으면서 물질이 운반되는 것을 확산이라 한다. 대류가 일어나지 않으면서 물질이 운반되는 것을 열전도라 하고, 속도가 빠른 곳에서 속도가 느린 곳으로 운동량이 운반되면 점성 흐름현상이 생긴다. 각 경우에 흐름의 속도는 거리에 따르는 어떤 성질의 변화율, 즉 기울기에 비례한다. 수동식 시료채취기의 흡착이론은 대상 공기오염물질의 농도가 균일한 정상상태(steady state)에서 농도 기울기에 따라 분자가 이동하는 원리 즉, 확산에 관한 Fick의 법칙에 의하며 식 (1)과 같이 표시된다(Santis 등, 1997).

$$W \propto \frac{dC}{dx} \qquad (1)$$

$$W = -D\frac{(C_0 - C_1)}{dx}$$

여기서 W는 시료플럭스(mass flux, mol/cm$^2$ · sec), D는 확산계수

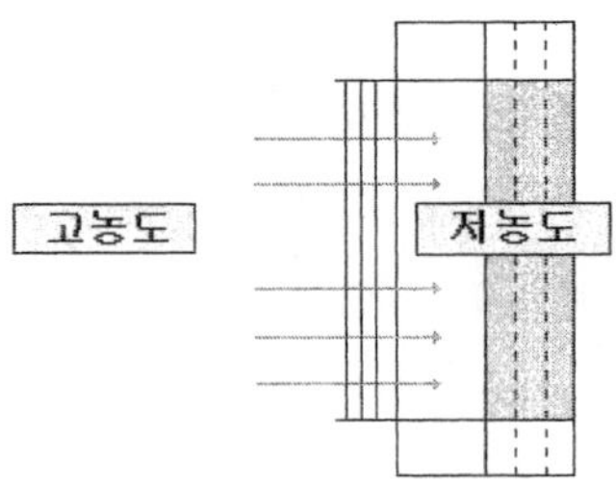


<그림 11-6> 확산의 원리

(diffusion coefficient, $cm^2$/sec), dC/dx는 확산경로 길이에 대한 농도의 변화율(the instantaneous rate of change in concentration over diffusion path length, ($mol/cm^3$)/cm)이다.

여기서 음의 부호를 붙인 이유는 C가 +x 방향을 따라 증가한다면 dC/dx도 양이나, 흐름은 농도가 낮은 쪽으로 생겨서 유출은 −x 방향으로 일어나기 때문이다. 즉, 기준은 $C_0$이기 때문이다.

식 (1)에서 확산경로의 총 길이에 대한 농도의 변화를 고려하면 식 (2)와 같이 쓸 수 있다.

$$W = -\frac{D}{dx} \cdot (C_0 - C_1) \qquad (2)$$

여기서 $C_1$은 공기 중 공기오염물질 농도($mol/cm^3$), $C_0$은 포집면에서의 공기오염물질 농도($mol/cm^3$)이다.

포집기 내 흡착제 표면에서 오염물질 농도 $C_0$는 '0'으로 가정할 수 있으므로 식 (2)에서 $C_0=0$이고 양변에 노출시간(t)과 확산경로의 단면적(A)을 곱하고, dx를 L로 표시하면 식 (3)과 같다.

$$M = D \cdot \frac{A}{L} \cdot C_1 \cdot t \qquad (3)$$

여기서 M은 총 시료포집량(mol), A는 확산경로의 단면적(cross sectional area of diffusion path, $cm^2$), t는 노출시간(시료포집시간, sec)이다.

식 (3)에서 DA/L의 단위는 $cm^3$/sec이며, 이것은 시료 포집용 펌프를 이용할 때 유량과 같다. 수동식 시료채취기에서는 이것을 채취속도(uptake rate, sampling rate)로 표시하며, 이 값은 시료측정기의 구조와 오염물질 종류에 따라 다른 값이다. 대부분의 상업용 제품들은 이 수치를 이론적 또는 실험식으로 결정한다(Rose와 Perkins, 1982). 수동식 시료채취기의 채취속도는 일반적으로 1~150cm$^3$/min 정도이며, 따라서 펌프를 이용하는 능동식(대략 8,000cm$^3$/min)과 비교할 때 장기간 노출시간이 요구된다. 한편, 식 (3)을 적용할 때는 다음과 같은 세 가지 가정이 필요하다.

① 시료 포집 기간 동안 공기 중 오염물질의 농도가 일정하거나 포집기 내에서 오염물질의 농도가 빠른 시간 내에 정상상태에 도달한다.

② 흡착제가 오염물질을 효과적으로 포집한다. 즉 역확산(reverse diffusion)이 일어나지 않는다.

③ 오염물질의 이동은 기류속도와 무관하다.

식 (3)에서 공기 중 농도($C_1$)를 중심으로 변형하면 다음 식 (4)와 같이 나타낼 수 있다.

$$C_1 = \frac{M \cdot L}{D \cdot A \cdot t} = \frac{M}{K_{OG} \cdot t} \tag{4}$$

여기서 $K_{og}$(=DA/L)은 확산계수에 의한 채취속도이다.

Kouzaki 등(2003)에 의하면, VOCs에 이용된 공극이 있는 폴리에틸렌 필터의 A/L 값은 9.7cm(A/L=1.53cm$^2$/0.157cm)였다. 따라서 VOCs에 대한 측정기의 이론적 채취속도는 확산계수를 이용하여 계산할 수 있다.

반면 수동식 시료채취기의 채취속도는 실제적으로 챔버(chamber) 실험에서 결정된다. 공기오염물질의 농도 C는 부피(ppm) 또는 질량(mg/m$^3$)으로 기술할 때, 채취속도는 다음과 같이 실험에서 결정된다(Butsugan과 Sekine, 2005).

**<표 11-2> 폴리에틸렌 필터에 대한 VOCs의 이론적 채취속도(A/L=9.7cm)**

| VOCs | 확산계수($cm^2$/sec) | Kog($cm^3$/min) |
|---|---|---|
| Benzene | 0.086 | 50 |
| Toluene | 0.073 | 43 |
| Ethylbenzene | 0.065 | 38 |
| m,p-Xylene | 0.064 | 37 |
| Styrene | 0.067 | 39 |
| o-Xylene | 0.065 | 38 |
| Limonene | 0.051 | 30 |

$$K_{OG(V)} = \frac{M(ug)}{C(ppn) \cdot t(hr)} \qquad (5)$$

$$K_{OG(M)} = \frac{M(ug)}{C(mg/m^3) \cdot t(hr)} \qquad (6)$$

식 (5)와 (6)에서 수동식 시료채취기에 포집된 VOCs의 질량(M)과 챔버 내 공기 중 VOCs 농도(C)가 선형을 나타낸다면, 채취속도는 회귀분석의 기울기로부터 계산할 수 있다. 또한 고농도에서 C와 M은 선형적이지 못할 수 있으며, 이것은 Freundlich 등온흡착식으로 나타낼 수 있다.

$$\ln W = n \ln C + \ln k$$

여기서 n과 K는 상수이다.

공기오염물질의 농도는 5가지 인자(factor)에 의해 결정된다. ① 확산경로 길이(dx), ② 확산경로의 단면적(A)(①, ②는 물리적 인자), ③ M은 수동식 시료채취기에 채취된 오염물질의 총량, ④ t는 수동식 시료채취기가 공기 중에 노출된 시간, ⑤ D는 오염물질 각각의 개별적인 물성으로 절대온도와 압력에 따라 달라지는 값이다. 그리고 확산계수 D는 압력과 반비례하며, 온도는 비례하여 온도(절대온도)가 증가할수록 채취속도가 증가한다. 가스상 물질의 경우 확산계수는 온도와 역학이론에 의하면 3/2승에 비례하기 때문에 5~35°C 범위에서 확산계수는 이론적으로 16%까지 변동된다(Gorechi와 Namiesnik, 2002).

$$D \propto \frac{T^{3/2}}{P} \tag{7}$$

식 (4)에서 dx, D, A 또는 R, T, Kog, A 값을 계산하면(k), 총 포집 시료량(M)과 노출시간(t)을 이용하여 농도 값($C_1$)을 얻을 수 있다.

$$C_1 = k\frac{M}{t} \tag{8}$$

위의 농도 측정 이론에서 확산계수(D)는 온도와 압력에 따라 달라지는 값이며, 흡착과정에서 손실과 포집효율은 일반적으로 100% 이하이기 때문에 각 수동식 시료채취기를 보정하는 것이 필요하다. 또한 수동식 시료채취기에서 막의 투과를 고려하면 다음과 같다.

$$M = \frac{S \cdot A}{dx} \cdot (p_1) \cdot t$$

여기서 S: 투과율($cm^2$/min), dx: 막의 두께(cm), $P_1$: 막표면 외부 근처의 부분압력.

부분압력은 이상기체방정식에 적용하면 쉽게 변환할 수 있다.

$$p_1 = a \cdot C_1$$

여기서 a: 일정(constant). 일정 온도에서 S, A, a와 dx는 일정하다.

$$\frac{1}{k} = \frac{S \cdot A \cdot a}{dx}$$

여기서 k: 보정상수.

또한 Kog는 기류, 온도와 습도에 의존한다. Yanakisawa와 Nishimura(1982)의 $NO_2$ 수동식 시료채취기의 예를 들면, 실외 대기의 습도 60%, 온도 21°C, 기류속도 2.0m/sec일 때 Kog는 0.14cm/sec이었다. 하지만 주택 실내의 기류속도 0.1m/sec인 경우를 고려하면 Kog는 대략 0.1cm/sec로 계산된다(Lee 등, 1993). 확산의 원리를 이용한 수동식 시료채취의 시료채취량은 측정기의 길이 및 직경, 오염물질의 물리, 화학적 성질에 영향을 받는다. 다음의 〈그림 11-7〉은 $NO_2$의 수동식 시료채취기를 나타내었다.

수동식 시료채취기의 장점은 다음과 같다; ① 작고 가볍고, 펌프 등의 동력 불필요, ② 일반 대기환경, 실내환경, 작업환경뿐만 아니라 개인노출 측정 가능, ③ 사용이 간편하며, 가격이 저렴, ④ 동시에 여러 곳 측정 가능(GIS에 적용 가능), ⑤ 재활용 가능.

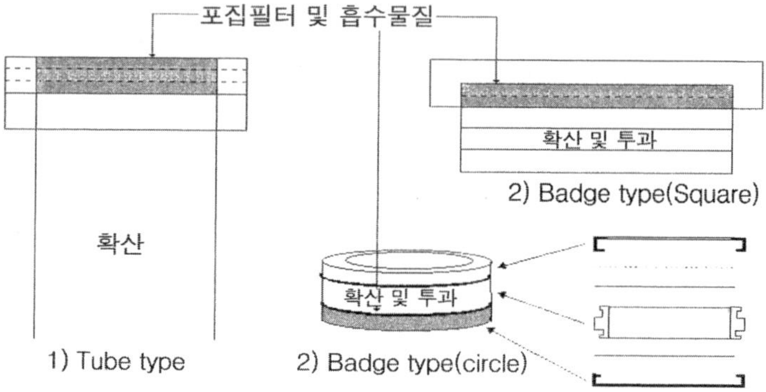


**〈그림 11-7〉 이산화질소의 수동식 시료채취기**

단점으로는 ① 기류 등에 영향을 받기 쉽다, ② 정확도 및 정밀도가 낮다(양원호 등, 2000).

특히 기류 영향을 결핍현상(starvation)으로 설명할 수 있다. 수동식 시료채취기를 사용할 경우 실내환경 내 최소한의 기류가 있어야 한다. 그렇지 않으면 채취기 표면에서 일단 확산에 의하여 오염물질이 없어지면 농도가 없어지거나 감소하는 결핍현상이 일어나기 때문이다. 기류가 있게 되면 다시 주변의 공기가 채워져 주변의 공기 중 농도와 동일해진다. 면적 대 길이 비가 큰 수동식 시료채취기인 경우 제품에 따라 기류가 최소한 0.05~0.1m/sec 정도가 되어야 한다. 개인노출 측정의 경우 사람의 움직임만으로 원하는 기류를 만족시킬 수 있으나, 실내환경의 경우 공기 중 오염물질의 농도를 과소평가할 가능성이 있다. 또한 너무 기류가 강해도 방해작용이 일어나는데, 이것은 채취기 주변에서 난류가 형성되어 채취를 방해하기 때문이다.

### 11.4.3 자동식 시료채취 및 분석

직독식(direct-reading)으로 입자상 물질뿐만 아니라 가스상 물질도 측정할 수 있다. 현장에서 시료를 분석할 수 있는 휴대용 가스크로마토그래피와 적외선 분광광도계 등 현재 많은 종류가 상업적으로 판매되고 있다. 직독식 측정기는 측정과 작동이 간편하며 인력과 분석 비용을 절감할 수 있다. 또한 실내환경 현장에서 즉각적인 자료가 요구될 때 매우 유용하게 사용될 수 있다. 하지만 현재까지 정확도가 능동식에 비해서 떨어지기 때문에 주의를 요한다. 또한 직독식을 사용할 때 제조회사가 제공하는 작동지침과 보정지침을 잘 준수해야 하며, 측정 시마다 성능검사와 보정이 필요하다. 〈그림 11-8〉은 광이온화 방식의 TVOCs 직독 측정기이다.

<그림 11-8> 광이온화 방식의 TVOCs 직독 측정기

## 11.5 실내공기질 공정 시험방법

환경부(2004)의 실내공기질 공정시험방법은 총 5장으로 구성되어 있으며, 그 구성은 총칙, 일반시험방법, 공동주택의 실내공기질 시험방법, 다중이용시설의 실내공기질 시험방법, 오염물질 방출 건축자재 시험방법이다. 실내공기질 공정시험방법의 주요 사항을 간략히 정리하였다.

### 11.5.1 적용범위

다중이용시설 등의 실내공기질관리법에 규정된 공동주택, 다중이용시설 및 건축자재 오염물질방출 시험방법은 본 실내공기질 공정

시험방법의 규정에 의하여 시험한다.

① 이 공정시험방법에서 필요한 어원, 분자식, 화학명 등은 ( ) 내에 기재한다.

② 이 공정시험방법의 내용은 총칙, 일반시험방법, 신축공동주택 실내공기질 시험방법, 다중이용시설 실내공기질 시험방법, 오염물질 방출 건축자재 시험방법으로 구성된다. 단, 이 시험법에 규정한 방법이 분석화학적으로 반드시 최고의 정밀도와 정확도를 갖는다고는 할 수 없으며, 이 시험방법 이외의 방법이라도 측정결과가 같거나 그 이상의 정확도가 있다고 국내외에서 공인된 방법은 이를 사용할 수 있다.

③ 이 시험방법 중 각 항에 표시한 검출한계는 재현성, 안정성 등을 고려하여 해당되는 조건으로 시험하였을 때, 얻을 수 있는 한계치를 참고하도록 표시한 것이므로 실제 측정할 때는 그 목적에 따라 적당히 조정할 수 있다.

④ 이 시험방법에서 사용하는 수치의 맺음법은 따로 규정이 없는 한 한국공업규격 $KSA_{3251}^{-1}$(데이터의 통계적 해석방법－제1부 데이터 통계적 기술)에 따른다.

⑤ 이 시험방법에서 규정하지 않은 사항에 대해서는 일반적인 화학적 상식에 따르도록 하며, 이 시험방법에 기재한 방법 중에 세부조작은 시험의 본질에 영향을 주지 않는다면 실험자가 일부를 변경 조절할 수도 있다.

⑥ 하나 이상의 시험방법으로 시험한 결과가 서로 달라 판정에 영향을 줄 수 있을 경우에는 각 장의 시험방법 중에서 주 시험방법에 의한 분석결과에 의하여 판정한다.

## 11.5.2 공동주택 실내공기질 시험방법

### 1. 시료채취방법

1) 적용범위

이 시험방법은 공동주택 실내공기 중에 포함되어 있는 휘발성유기화합물(VOCs)과 포름알데히드(HCHO)의 농도를 측정하기 위한 것이다.

2) 시료의 채취

(1) 시료채취장소: 공동주택의 시료채취 세대의 선정

① 시료채취세대 수

가. 100세대를 기본으로 하여 저층부, 중층부, 고층부에서 3개 지점을 측정지점으로 한다.

나. 100세대가 증가할 때마다 1개 지점씩 추가한다(예로 200세대는 4개 지점, 300세대는 5개 지점, 1,000세대는 12개 지점). 이때 중층부, 저층부, 고층부 순으로 증가하는 것을 원칙으로 한다.

② 시료채취 대상 세대의 선정

가. 원칙적으로 시료채취 대상 세대가 100세대인 경우에는 공동주택 단지에서 3개 세대를 선정하는데, 단위주동에서 동일 라인상에 위치하는 저층부(3층 이내에서 선정), 중층부(예: 15층 주동의 경우 7, 8, 9층 중에서 선정), 고층부(최상부 3층 이내에서 선정)의 각 1개 세대씩을 무작위 선정한다.

나. 단, 여러 개 동으로 구성되어 있는 경우에는 측정지점 수 내에서 각 동에서 측정한다.

다. 한 단지에 시공사가 여러 개인 경우는 시공세대로 구분하여 측정지점을 선정한다.

③ 단위세대에서의 시료채취 장소

시료의 채취는 공동주택 단위세대의 거실 중앙부에서 실시하며, 원칙적으로 벽으로부터 최소 1m 이상 떨어진 위치의 바닥면으로부터 1.2~1.5m 높이를 기본 측정점으로 한다. 만약, 실내에 자연환기구나 기계환기 시스템이 설치되어 있을 경우, 각각의 급배기구로부터 최소 1m 이상 떨어진 곳에서 측정하도록 한다.

(2) 시료채취방법

공동주택에서의 실내공기질환경의 측정을 위해서는 다음의 조건이 만족되는 경우를 표준적인 측정방법으로 한다.

① 30분 이상 환기: 공동주택 단위세대의 외부에 면한 모든 개구부(창호, 출입문, 환기구 등)와 실내출입문, 수납가구의 문 등을 개방하고, 이 상태를 30분 이상 지속한다.

② 5시간 이상 밀폐: 외부공기와 면하는 개구부(창호, 출입문, 환기구 등)를 5시간 이상 모두 닫아 실내외 공기의 이동을 방지한다. 이때, 실내 간의 이동을 위한 문과 수납가구 등의 문은 개방한다.

③ 시료채취: 시료채취는 원칙적으로 30분간 2회 실시한다. 단, 실내에 오염물질이 고농도로 존재하여 포집관의 파손이 일어나거나, 감도의 유지가 어려울 경우에는 시료채취량의 범위를 만족하는 선에서 측정시간을 변경할 수 있다. 실내에 자연환기구 및 기계환

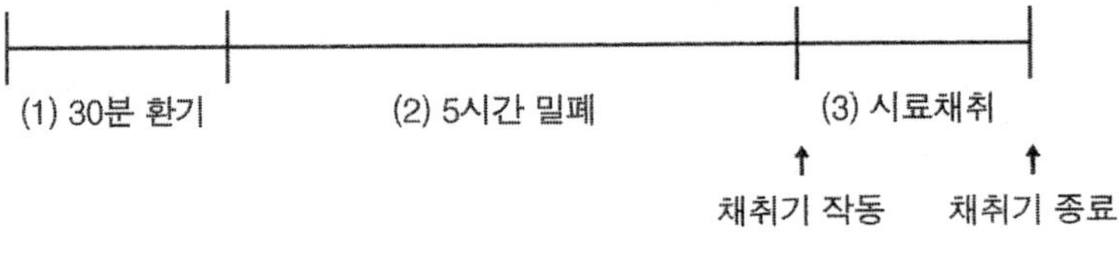


<그림 11-9> 공동주택의 시료채취방법

기 시스템이 설치되어 있을 경우, 이를 밀폐하거나 가동을 중단하고 측정을 실시하는 것을 원칙으로 한다.

(3) 시료채취조건: 일반조건

① 온도조건: 시료채취 시의 실내온도는 20°C 이상을 유지하도록 한다.

② 기류조건: 환기시스템을 가동하는 경우, 급기나 배기구로부터 영향을 받지 않는 지점에서 측정한다.

③ 채취시간: 일반적으로 시료채취는 오후 1시에서 5시 사이에 측정하는 것을 원칙으로 한다.

## 2. 항목별 시험방법

### 1) 휘발성 유기화합물(VOCs)

(1) 적용범위

이 시험방법은 공동주택실내공기 중에 존재하는 휘발성유기화합물의 농도를 측정하기 위한 것으로 질량분석계를 이용한 고체흡착열탈착법(TD-GC/MS)에 의한 시험방법을 주 시험방법으로 한다.

(2) 시험방법의 종류

① 고체흡착열탈착법을 이용한 GC/MS 분석방법

② 캐니스터(canister)를 이용한 GC/MS 분석방법

③ 고체흡착용매추출법을 이용한 GC/MS 분석방법

(3) 시료채취방법

① 시료채취장치

가. 고체흡착관을 이용한 시료채취장치

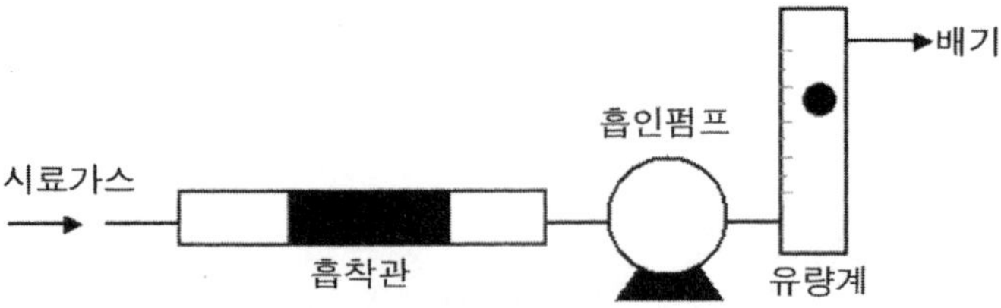


〈그림 11-10〉 고체흡착관을 이용한 시료채취장치

이 방법은 고체분말표면에 기체가 흡착되는 것을 이용하는 방법으로 채취장치는 〈그림 11-10〉과 같이 흡착관, 흡인펌프 및 유량계로 구성한다.

㉠ 흡착관

흡착관은 스테인리스강 또는 유리로 된 관에 측정대상 성분에 따라 흡착제를 선택하고 각 흡착제의 파과부피(breakthrough volume)를 고려하여 충진한 후에 사용한다. 흡착관은 시판되고 있는 별도 규격 제품을 사용할 수 있다. 각 흡착제는 반드시 지정된 최고온도 범위와 기체유량에 따라 사용되어야 하며, 흡착관은 사용하기 전에 반드시 안정화 단계를 거쳐야 하며, 확인된 흡착관은 외부 공기로부터 오염되지 않도록 밀폐용 마개와 PTFE 페룰(ferrules)을 이용하여 막아서 보관한다. 이를 24시간 이내에 사용하지 않을 경우에는 4°C의 냉암소에서 보관하여야 한다.

㉡ 흡인펌프

흡인펌프는 사용목적에 맞는 용량의 펌프를 사용함을 원칙으로 하며, 유량의 안정성은 시료 채취시간 동안 5% 이내여야 한다.

㉢ 유량계

유량계는 시료를 흡인할 때의 유량을 측정하기 위한 것으로 적산유량계 또는 순간유량계를 사용한다. 사용하는 유량계는 정기적으로 유량교정을 실시해야 한다.

나. 캐니스터를 이용한 시료채취장치

㉠ 캐니스터의 조건 및 관리

캐니스터는 내벽을 불활성 처리한 스테인리스강 재질이거나, 내벽을 유리로 코팅하여 보다 안정성을 향상시킨 캐니스터를 사용하는 것을 원칙으로 한다. 캐니스터의 밸브 역시 스테인리스강 등으로 구성되어야 하며, 휘발성유기화합물 전용밸브가 사용되어야 한다. 이 밸브는 고온가열이 가능하므로 캐니스터의 세정과정에서 전체 캐니스터를 가열·배기하는 데 용이한 장점이 있다.

㉡ 캐니스터 내부표면의 세정

캐니스터를 이용하여 시료를 채취하기 전에 우선 준비할 사항은 내부에 아무것도 없는 깨끗한 캐니스터 용기를 확보하는 것이다. 처음으로 구입한 용기의 경우는 제조사에서 엄격한 세정과정을 거쳐서 공급되므로 대개의 경우 그냥 써도 문제가 없으나, 한번 사용한 후에는 반드시 철저한 세정을 하여야 한다. 일반적으로 고순도의 질소기체 또는 순수공기를 용기에 주입하고 배기하는 과정을 여러 번 반복하는데, 이때 주의해야 할 점은 이 과정에서 불순물이 오히려 유입될 수 있다는 것이다. 저농도 휘발성유기화합물의 시료를 채취하는 데 목적이 있으므로, 사용하는 고순도 기체가 탄화수소를 포함하고 있어서는 안 된다. 또한 배기과정에서 진공펌프의 오일증기(oil vapor)로 인한 오염도 일어날 수 있으므로 이를 방지하여야 한다. 이를 위해서 캐니스터를 구성하는 모든 장치는 고순도 용매로써 세정하고 가열처리한 후에 사용하여야 하며, 기체의 주입과 배기 중간에 질소 트랩(trap)을 사용하여 주입기체에서 들어갈 수 있는 탄화수소 불순물을 제거하고, 배기 시에는 펌프의 오일 등 역류(back stream)에 의한 오염을 막아야 한다.

② 시료의 채취방법

가. 고체흡착관을 이용한 시료채취방법

흡착관 뒤에 유량계를 장착시키고 저용량 펌프를 작동시킨 후, 유량을 50~200mL/min으로 안정되게 조정하고 30분간 2회 채취한다. 총 시료채취량의 확인은 적산 유량계를 이용하고 유량의 안정성을 파악하기 위해 시료채취 전후의 유량을 비교하여 10% 이내인가를 확인한다. 만약 채취 후 1시간 이내에 분석하지 못할 경우, 흡착관의 마개를 닫고 알루미늄호일 등으로 밀봉한 후, 분석 시까지 4°C로 냉장 보관하여야 한다.

나. 캐니스터를 이용한 시료채취방법

캐니스터에 시료를 채취하는 방법은 용도에 따라 여러 가지가 있다. 만일 단순한 시료채취를 필요로 하는 경우에는 위와 같은 세척과정을 거쳐서 진공 배기된 용기를 시료채취 장소로 옮긴 후 단순히 밸브를 열어 외부 공기시료를 채취한다. 이 경우에는 용기의 용적만큼 시료 공기가 대기압으로 채워지게 되므로 진공으로 시료기체를 뽑아내어 분석을 하게 된다. 장시간 동안 공기를 채취하는 경우에는 캐니스터에 천천히 시료가 주입될 수 있도록 주입구와 압력 조절 밸브를 달아 시료 공기를 일정하게 채취한다. 타이머를 설치하면 원하는 시간에 일정한 유량으로 시료채취가 가능하다. 6L 이상의 많은 양을 채취하길 원하거나, 정압(positive pressure)으로 시료기체를 분석기에 주입하기를 원하는 경우에는 시료채취장치에

펌프를 부착하여 2기압 정도의 압력으로 용기에 충전하여 2배 용량의 시료채취를 하기도 한다. 장기간 시료채취 시에는 주변에서 먼지나 습기로 인하여 용기가 오염될 수 있으므로 주입구에 필터를 장착하거나 습기방지를 위해 시료주입구를 장치하여야 한다.

(4) 분석방법

① 고체흡착 열탈착 GC/MS 분석방법

가. 원리

이 시험방법은 일정량의 흡착제가 충전된 흡착관에 시료를 채취하여 열탈착하고, 다시 저온 농축관에서 재농축한 후, 2단 열탈착하여 고성능 캐필러리컬럼을 이용한 기체크로마토그래프에 의해 분석대상물질을 분리하고 질량분석계(MS)로 분석하는 방법이다.

나. 성능

㉠ 검출한계(detection limit)

스캔모드(scan mode)에서 질량분석 시 휘발성유기화합물 검출한계는 0.5ppb 수준이다. 검출한계를 결정하기 위해서는 검출한계에 이를 것으로 생각되는 대상물질의 농도를 7회 반복 측정한 후, 이 농도 값을 바탕으로 하여 얻은 표준편차에 3.14(7회 반복분석에 대한 99% 신뢰구간에서의 자유도 값)를 곱한다.

㉡ 정밀도(analytical precision)

동일한 시간 동안 동일한 유량으로 시료를 채취하여, 동일한 방법으로 두 시료(시료1, 시료2)를 분석하여 두 시료에 대한 정밀도를 확인한다. 분석대상물질의 정밀도는 다음과 같은 식으로 구하고 이 값의 20% 이내로 한다.

$$정밀도 = (\frac{|X_1 - X_2|}{X}) \times 100$$

$X_1$=시료1의 농도, $X_2$=시료2의 농도, X=시료1, 2의 평균값.

㉢ 장치

이 분석방법은 열탈착장치, 시료주입부, 컬럼, 질량분석계, 운반기체 등으로 구성되어 있다.

다. 열탈착 장치

㉠ 누출확인

각 흡착관은 분석하기 전에 누출시험을 실시한다. 흡착관이 부착된 열탈착 장치와 연결된 GC의 주입구를 막고, 운반기체를 모든 유로에 일정 압력으로 흘렸을 때, 일정시간 압력이 유지되는지를 확인한다. 만약, 누출이 확인되면 장치를 정지한다.

㉡ 퍼지용 기체

흡착관을 열탈착하기 전에 운반기체를 사용하여 실내공기온도에서 흡착관과 각 시료가 흐르는 유로를 퍼지시킨다. 이러한 것은 시료를 건조시켜 주고 분석대상물질과 흡착제의 산화를 방지하여 분석결과의 신뢰성을 높여 주고 분석 컬럼의 수명을 연장시켜 준다. 퍼지용 기체는 99.99% 이상의 순도를 지닌 비활성기체를 사용한다.

㉢ 저온 농축관

시료채취관보다 작은 내경을 갖는 관으로, 일반적으로 흡착제가 충전되어 있는 것을 사용하거나, 모세관을 사용할 수도 있다. 흡착관에서 탈착된 시료를 저온(−10°C 이하)에서 농축하고, 다시 고온에서 시료를 탈착하여 기체크로마토그래프의 분리컬럼으로 이동시키는 역할을 한다. 일반적으로 흡착관을 저온으로 유지하기 위해서 액체질소, 액체아르곤, 드라이아이스와 같은 냉매를 사용하거나, 전기적으로 온도를 강하시키는 방법을 사용할 수 있다.

㉣ 시료분할(splitting)

시료의 양이 많거나 민감한 검출기를 사용할 경우, 그리고 고농도(10ppb 이상) 시료에서 수분의 간섭으로 인한 컬럼과 검출기의 피해를 최소화하기 위해 분할 주입을 실시할 수 있다. 이 경우에는 보통 10 : 1 이상으로 분할하는 것이 바람직하다.

㉤ 시료의 탈착

시료를 채취한 흡착관은 오염되지 않은 장갑을 사용하여 마개를 제거한 후, 열탈착 장치에 장착한다. 이때 흡착관 내의 수분을 제거하기 위해서 흡착관을 시료채취 반대방향으로 연결하여 탈착시킨다. 그런 다음 흡착관을 흡착제의 종류에 따른 운반기체 유량과 가열온도를 설정하여 시료가 완전히 이송될 수 있도록 탈착하고, 탈착된 시료는 −10°C 이하의 저온농축관으로 이송된다. 저온 농축관으로 이송된 시료를 다시 가열탈착한 후 시료를 적당히 분할하여 분리컬럼의 유량을 조정하고 기체크로마토그래프로 이송한다. 저온농축 및 열탈착 시 온도설정 조건은 사용하는 흡착제나 분석

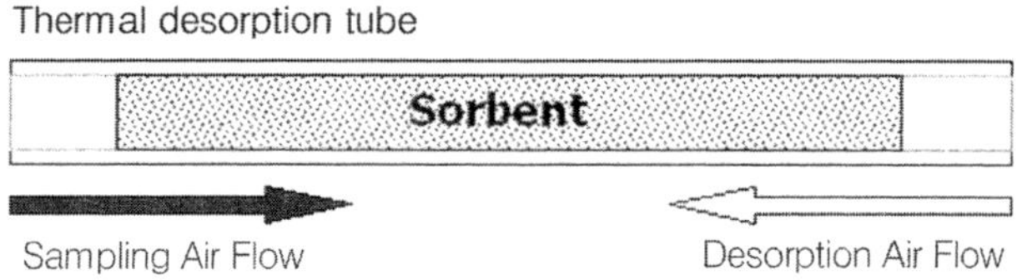


**<그림 11-11> 고체흡착튜브의 시료채취방향과 열탈착방향**

대상물질에 따라서 설정할 수 있다.

② 캐니스터 GC/MS 분석방법

가. 농축방법

캐니스터 용기에 포집한 시료를 분석하기 위해서는 농축과정을 거쳐서 기체크로마토그래프 컬럼에 주입하여야 한다. 농축방법은 6구 전환밸브(6-port switching valve)를 사용하는 농축루프를 액체질소로 냉각하여 시료의 농축이 일어나게 한다. 액체질소는 −196°C의 저온이므로 거의 모든 성분의 농축이 일어나게 되며, 시료 중의 공기성분도 농축이 일어나게 된다. 또한, 실제 시료에는 수분이 존재하므로 저온에서 수분의 응축으로 인하여 관로가 막힐 수 있다. 이를 해결하기 위한 수분제거시스템을 장착하여 분석결과에 영향을 주는 공기성분 및 수분에 의한 막힘 현상 등을 제거하여야 한다.

나. 분석방법

농축루프를 가열하여 시료를 탈착시켜 분석컬럼으로 주입한 후, 기체크로마토그래프와 질량분석계를 작동한다. 필요 시에는 컬럼 선단에서 재농축하여 시료 주입폭을 작게 하여 분리도를 높일 수 있다.

다. 검량선의 작성

표준시료(예: 1ppm)를 실제시료의 농도범위(예: 1~50ppb)에 맞게 희석하여 위의 실제시료 분석방법과 동일하게 분석한다. 각 측정대상물질의 농축량을 질량으로 환산한 후 분석결과의 피크면적(TIC 또는 m/z)에 대한 검량선을 작성하여 검량식을 구한다.

③ 농도계산

각 표준시료의 검량식에서 면적 값에 대한 물질의 농도($A_s$)와 배경시료에 대한 물질의 농도($A_t$)를 구하고 다음 식에 의해 각 화합물의 농도를 구한다.

$$C_A = (A_s - A_t) \div Q$$

여기서 $C_A$: 공기 시료 중 각 휘발성유기화합물의 농도($\mu g/m^3$), $A_s$: 시료 중의 각 휘발성유기화합물의 중량($\mu g$), $A_t$: 배경시료의 각 휘발성유기화합물의 중량($\mu g$), Q: 총 흡인시료량($m^3$), (채취 종료 후 적산유량($m^3$)－채취직전 적산유량($m^3$)).

2) 포름알데히드(HCHO)의 시험방법

(1) 적용범위

이 시험방법은 공동주택실내공기 중에 존재하는 포름알데히드 농도를 측정하기 위한 시험방법으로 2,4-DNPH유도체화 HPLC 분석법을 사용한다.

(2) 시료채취방법

① 측정원리

측정대상 실내공기의 일정량을 채취하여 2,4-디니트로페닐히드라진(2,4-DNPH; 2,4-Dinitrophenylhydrazine)으로 유도체화한 후, 이 2,4-DNPH 유도체를 고성능액체크로마토그래프(HPLC)에 주입하여 자외선흡광검출기의 흡수파장 360nm에서 검출되는 크로마토그램

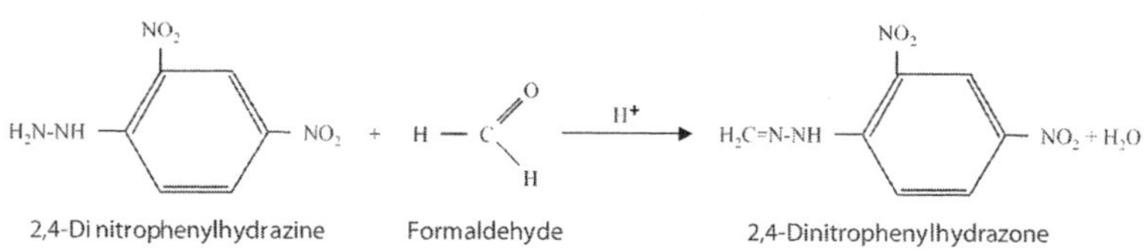


<그림 11-12> 포름알데히드의 반응식

의 높이 또는 면적 등으로 포름알데히드의 농도를 구한다. 반응식은 〈그림 11-12〉의 식으로 표시된다.

② 시료채취장치

가. DNPH(2,4-Dinitrophenylhydrazine) 카트리지

DNPH로 코팅된 카트리지는 여러 공급자들에 의해 상용화가 이루어져 있다. 상용화된 카트리지는 아래의 조건에 준하거나 동등 이상의 성능을 갖추어야 한다.

나. 오존스크러버(ozone scrubber)

오존스크러버는 고순도의 요오드칼륨(KI)으로 충진되어 DNPH와 반응하는 오존을 제거해 준다. 습도가 높은 장소에서는 사용에 주의해야 한다.

다. 흡인펌프

측정하고자 하는 유량을 정확하게 채취할 수 있어야 한다.

라. 유량계

카트리지를 통과하는 유량을 정확하게 측정하고 제어할 수 있는 장치여야 한다.

**〈표 11-3〉 DNPH 카트리지의 조건**

| 조 건 | 내 용 |
|---|---|
| 입자크기 | 150～250㎛(60/100mesh) |
| DNPH 부하량 | 0.29%(1mg/cartridge) |
| 베드(Bed) 무게 | 약 350mg |
| 용량 | 전체 카르보닐 화합물의 약 75㎍ |
| 배경농도 | 0.1㎍ 이하 |

③ 시료채취

채취장치를 연결하고 채취를 시작한다. 유속은 200~1,000mL/min으로 30분간 2회 채취하는 것을 원칙으로 한다. 단, 채취시간은 현장여건 및 장치의 특성에 따라 조정이 가능하다.

④ 시료보관 및 운반

알루미늄호일 등으로 카트리지를 싸서 빛을 차단하여 4°C 이하의 냉암소에 보관하며, 채취된 시료는 가능한 한 신속히 분석한다.

(3) 분석방법

이 방법은 2,4-디니트로페닐히드라진(2,4-DNPH; 2,4-Dinitrophenylhydrazine)으로 코팅된 실리카겔을 포함하고 있는 카트리지를 이용하여 실내공기 중의 포름알데히드를 채취하여 고속액체크로마토그래프 분석방법으로 포름알데히드의 농도를 측정하는 방법이다.

① 오존에 의한 간섭

오존은 카트리지 내에서 DNPH 및 그 유도체와 반응하여 방해물질로 작용한다. 시료에 오존이 존재하면 포름알데히드 유도체의 머무름 시간보다 더 짧은 머무름 시간을 가진 새로운 화합물의 출현으로 분석에 방해가 된다. 따라서 오존에 의한 간섭작용을 최소화하기 위해서는 DNPH 카트리지의 앞부분에 오존스크러버를 직렬로 연결하여 사용하는 것을 원칙으로 한다.

② 검량선의 작성

DHPN유도체화 포름알데히드 표준용액(1,000ppm in Acetonitrile)을 희석하여 0.1~10ppm 사이에 3~5개의 표준시료를 제조하며, 이때 표준시료의 농도는 미지시료의 농도가 포함될 수 있는 범위로 설정하고, 각각의 표준시료는 가장 높은 농도와 가장 낮은 농도의 차이가 10배를 넘지 않도록 한다. 준비된 표준시료를 분석하여 포름알데히드의 면적을 구하고 이를 이용하여 검량선을 작성한다.

③ 시료의 전처리

2,4-DNPH 카트리지에 5mL 아세토니트릴을 이용하여 용출시킨다.

④ 이동상의 조성

각 분석 전에 안정된 상태를 유지하기 위해 검출기의 바탕선을 점검한다. 이동상은 아세토니트릴과 물 혼합용액(6 : 4)을 사용하거나 포름알데히드 분리 분석에 적당한 이동상을 사용한다.

(4) 시료의 분석

시료분석은 고성능액체크로마토그래프(High Performance Liquid Chromatograph, HPLC)를 이용한다.

HPLC 장치에 이동상을 준비한 후, 분석시스템의 안정을 위해, 최초 분석 전까지 약 20~30분 동안 펌프를 유량 1.0mL/min으로 가동한다. 최초 분석 전 시스템의 안정도의 확인을 위해 적분기(Integrator)

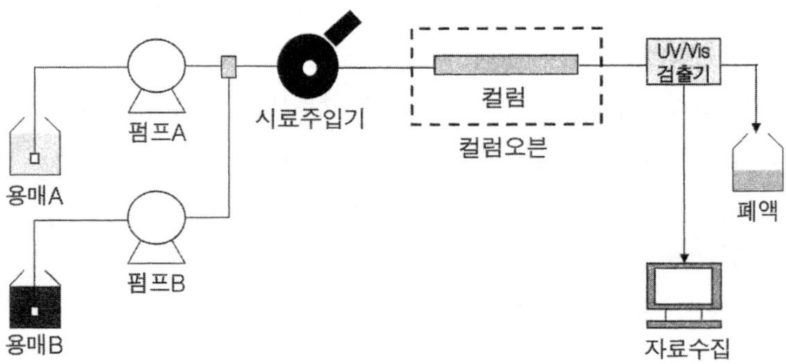


**<그림 11-13> 포름알데히드 분석시스템의 구성 예**

**<표 11-4> HPLC의 분석조건 예**

| 운전인자 | 조 건 |
|---|---|
| 컬 럼 | C-18 컬럼(ODS, 길이 250mm×내경 4.6mm), 또는 이와 동등한 것 |
| 이동상 | 아세토니트릴/물=60/40(v/v) 또는 분리 분석에 적당한 용매 |
| 자외선검출기 | 360nm |
| 유 량 | 1.0mL/min |
| 시료 주입량 | 20$\mu$L |

또는 이에 상응하는 장치를 이용하여 시스템에서 나오는 신호가 평형상태에 이르렀는지를 확인한다. 시스템이 평형화된 안정상태에 이르렀다고 판단이 되면, 시료를 HPLC용 주사기(micro-syringe) 또는 자동시료주입장치를 이용하여 시료주입용 밸브에 주입하여 분석을 시작한다. DNPH-포름알데히드 유도체 및 카르보닐화합물이 모두 용출되고 분석이 완료되면 다음 시료를 준비하고 위와 같은 방법으로 분석을 수행한다.

(5) 농도 계산

분석결과로부터 얻은 크로마토그램의 면적값을 검량선에 대입하여 실내공기 중 포름알데히드의 농도를 산출한다.

$$C_A=(A_s-A_b)\times V\div Q$$

여기서 $C_A$: 실내공기시료 중 포름알데히드의 농도($\mu$g/m$^3$), $A_s$: 실내공기시료 분석결과값($\mu$g/mL), $A_b$: DNPH 카트리지의 바탕실험값($\mu$g/mL), V: 아세토니트릴 추출부피(mL), $Q_i$: 총 흡인시료량(m$^3$), (채취 종료 후 적산유량(m$^3$)−채취 직전 적산유량(m$^3$)).

### 11.5.3 다중이용시설의 실내공기질 시험방법

#### 1. 시료채취방법

1) 적용범위

이 시험방법은 다중이용시설 실내공기 중에 포함되어 있는 유지기준 및 권고기준 오염물질을 측정하기 위한 것이다.

2) 일반사항: 시료채취 항목

① 휘발성유기화합물(VOCs), ② 포름알데히드(HCHO), ③ 미세먼지($PM_{10}$), ④ 석면(Asbestos), ⑤ 일산화탄소(CO), ⑥ 이산화탄소($CO_2$), ⑦ 오존($O_3$), ⑧ 이산화질소($NO_2$), ⑨ 라돈(Radon), ⑩ 총 부유세균

#### 2. 시료채취 대상시설

① 모든 지하역사(출입통로, 대합실, 승강장 및 환승통로와 이에 부속된 시설 포함)

② 연면적 2,000제곱미터 이상인 지하도상가(지상건물에 부속된 지하층 시설은 제외)

③ 연면적 2,000제곱미터 이상인 여객자동차터미널의 대합실

④ 연면적 1,500제곱미터 이상인 공항시설 중 여객터미널

⑤ 연면적 5,000제곱미터 이상인 항만시설 중 대합실

⑥ 연면적 3,000제곱미터 이상인 도서관

⑦ 연면적 3,000제곱미터 이상인 박물관 및 미술관

⑧ 연면적 2,000제곱미터 이상이거나 병상 수 100개 이상인 의료기관

⑨ 연면적 2,000제곱미터 이상인 실내주차장(단 기계식 주차장

및 공동주택 주차장은 제외)

⑩ 연면적 2,000제곱미터 이상인 철도역사의 대합실

⑪ 영유아보육법에 의한 보육시설 중 연면적 1,000제곱미터 이상인 국공립 보육시설

⑫ 노인복지법에 의한 노인의료복지시설 중 연면적 1,000제곱미터 이상인 국공립 노인전문 의료시설, 유료노인전문의료시설, 노인전문병원

⑬ 장사 등에 의한 법률에 의한 장례식장 중 연면적 1,000제곱미터 이상인 것(단 지하에 위치한 시설에 한함)

⑭ 소방시설설치유지 및 안전관리에 관한 법률에 의한 다중이용업소 중 찜질방 영업시설로서 연면적 1,000제곱미터 이상인 것, 연면적 500제곱미터 이상인 산후조리원 영업시설

⑮ 유통산업 발전법에 의하여 개설 등록된 대규모 점포

## 3. 시료의 채취

### 1) 일반환경 조건

#### (1) 온도 및 습도

시료의 채취는 해당시설의 실제 운영조건과 동일하게 유지하고 있는 일반환경 상태에서 측정하는 것을 원칙으로 한다.

#### (2) 기류조건

시료채취 지점에서의 실내기류는 원칙적으로 0.3m/s 이내가 되도록 한다. 즉 자연환기구가 설치되어 있거나 기계식 환기시스템이 가동되는 대상 시설의 경우, 채취지점이 이러한 공기유동경로 및 기류 발생원 주변에 위치하지 않도록 최대한 주의한다. 단, 지하역사 승강장 등 불가피하게 기류가 발생하는 곳에 한해서는 실제조

건하에서 채취를 수행하는 것을 기본으로 한다.

2) 채취지점 수(측정지점 수)

시료채취장소 및 지점 수는 측정하려는 대상 시설의 구조와 용도, 예상되는 오염물질 발생원의 분포 및 발생강도, 환기설비의 설치위치와 운용패턴, 시설의 이용 빈도 및 특성 등을 사전에 충분히 고려하여 다음과 같이 결정한다.

① 대상 시설이 복수의 층으로 구성되어 있는 경우, 시설의 용도 및 사용목적을 대표할 수 있는 기준층을 위주로 하여 측정지점 수를 결정하고, 측정지점을 선정한다.

② 대상 시설의 동일층 내에서도 시설의 구조특성과 용도가 달라서 실내공기질이 명확히 다를 것으로 예상되는 경우에는 공간을 구분하여 측정지점을 별도로 선정할 수 있다.

③ 대상시설의 측정지점은 2개소 이상으로 하는 것을 원칙으로 하며, 건물의 규모와 용도에 따라 불가피할 경우에는 측정지점을 추가할 수 있다.

3) 시료채취 위치선정

시료채취 위치는 환기시설의 위치, 시설 이용자의 다수 여부, 오염물질 발생원의 분포, 실내기류 분포, 공기질의 대표성 등을 고려하여 다음과 같이 선정한다.

① 시료채취 위치는 원칙적으로 주변시설 등에 의한 영향과 부착물 등으로 인한 측정 장애가 없고, 대상 시설의 오염도를 대표할 수 있다고 판단되는 곳을 선정하는 것을 원칙으로 하며, 기본적으로 시설을 이용하는 사람이 많은 곳을 선정한다. 대상시설별 시료채취위치는 다음 〈표 11-5〉와 같다.

② 시료채취는 인접지역에 직접적인 발생원이 없고, 대상 시설의

**<표 11-5> 다중이용시설의 시료채취위치**

| 대상시설 | 채취지점수 | 채취위치 | 비고 |
|---|---|---|---|
| 지하역사 | 2개소 이상 | 승강장 및 대합실의 중앙점(연결통로의 중앙점) 바닥으로부터 1.2~1.5m | 환승역사의 경우 역간 연결통로 중앙점 |
| 지하도 상가 및 지하상점가 | 2개소 이상 | 주 보행공간의 중앙점 및 주요 상점의 내부 중앙점 바닥으로부터 1.2~1.5m | |
| -여객자동차 터미널의 대합실<br>-공항시설 중 여객터미널<br>-항만시설 및 철도역사의 대합실 | 2개소 이상 | 대합실 및 승강장 중앙점 바닥으로부터 1.2~1.5m | 승강장이 외기에 노출되어 있을 경우, 대합실만 측정 |
| 도서관 | 2개소 이상 | 주 열람실 및 개방형 서고 중앙점 바닥으로부터 1.2~1.5m | |
| 박물관 및 미술관 | 2개소 이상 | 주 관람 및 전시실 중앙점 바닥으로부터 1.2~1.5m | |
| 의료기관 | 2개소 이상 | 대기실 및 주요 병실 중앙점 바닥으로부터 1.2~1.5m | |
| 실내주차장 | 2개소 이상 | 층별 주차공간의 중앙점 바닥으로부터 1.2~1.5m | 지하층이 있을 경우, 지하층 1개 지점 필히 포함 |
| 보육시설 및 노인복지시설 | 2개소 이상 | 주요 휴식시설(수면실 및 침실 포함)의 중앙점 바닥으로부터 1.2~1.5m | |
| 대규모 점포 | 2개소 이상 | 층별 대상 시설의 주요 활용 공간 중앙점 바닥으로부터 1.2~1.5m | 지하층이 있을 경우, 지하층 1개 지점 필히 포함 |
| 찜질방 | 2개소 이상 | 주요 휴식공간 및 찜질실 중앙점 바닥으로부터 1.2~1.5m | |
| 기타 시설물 | 2개소 이상 | 대상 시설의 주요 활용공간 중앙점 바닥으로부터 1.2~1.5m | |

내벽, 천정, 바닥표면으로부터 1m 이상 떨어진 곳을 선정하는 것을 원칙으로 하며, 바닥면으로부터 1.2~1.5m 범위에서 수행하는 것을 원칙으로 한다.

③ 측정대상 공간에 자연환기구나 기계식 환기시스템의 급배기

구가 설치되어 있는 경우에는 최대한 멀리 떨어진 곳에서 채취하는 것을 원칙으로 하며, 다수의 환기 및 급배기구가 존재할 경우는 인접한 환기구 설치지점의 중간지점을 채취지점으로 한다.

4) 시료채취 시간

시료채취 혹은 측정시간은 각 오염물질별로 규정하는 것을 원칙으로 하며, 시료채취 여건상 불가피할 경우에 한하여 시료채취량 및 측정시간을 조정할 수 있다. 시료채취는 주간시간대(오전 8시~오후 7시)에 실시하는 것을 원칙으로 한다.

5) 오염물질별 시료채취방법 및 채취시간

다중이용시설에서의 오염물질별 시료채취방법 및 채취시간은 〈표 11-6〉과 같다.

**〈표 11-6〉 다중이용시설에서의 오염물질별 시료채취방법 및 시간**

| 측정항목 | 시료채취 방법 및 시간 |
|---|---|
| 휘발성유기화합물 | 주간시간대(오전 8시~오후 7시)<br>유속 50~200mL/min로 30분간 2회 측정 |
| 포름알데히드 | 주간시간대(오전 8시~오후 7시)<br>유속 300~1,000mL/min로 30분간 2회 측정 |
| 미세먼지($PM_{10}$) | 주간시간대(오전 8시~오후 7시)<br>2~7mL/min로 8시간 측정 |
| 석면 | 주간시간대(오전 8시~오후 7시)<br>10 L/min로 1시간 측정 |
| 일산화탄소 | 주간시간대(오전 8시~오후 7시)<br>1시간 측정 |
| 이산화탄소 | |
| 오존 | |
| 이산화질소 | |
| 라돈 | 주간시간대(오전 8시~오후 7시)<br>8시간 연속 측정 |
| 총부유세균 | 주간시간대(오전 8시~오후 7시)<br>총 포집량 200~1,000L로 1회 측정 |

6) 시료의 분석 및 평가

대상 시설의 최종 시험결과는 각 측정점에서의 측정치의 평균값과 각각의 측정치를 함께 표시하고, 평가는 평균값으로 하는 것을 원칙으로 한다.

## 11.5.4 오염물질 방출 건축자재 시험방법

### 1. 소형챔버법에 의한 건축자재 방출 오염물질 측정방법

1) 적용범위

이 시험방법은 소형챔버 내의 공기농도와 챔버를 통과하는 공기의 적산유량 및 시험편의 표면적을 구하여, 시험대상인 건축재료의 단위면적당 휘발성유기화합물 및 포름알데히드 방출량을 측정하는 방법이다. 일반적으로, 건축물의 내장재로 적용되는 판, 판넬 및 보드 등 판상형태의 제품과 벽지, 카펫, 바닥재 등 롤(roll)형태의 제품 및 내장 마감을 위한 페인트, 내장재의 시공에 사용되는 액상 및 고체상 형태의 접착제와 같은 건축재료에서 발생하는 휘발성유기화합물 및 포름알데히드의 방출량 측정에 적용한다.

2) 용어의 정의

(1) 소형챔버법

소형챔버법은 챔버라고 불리는 스테인리스강 또는 유리로 구성된 용기를 사용해서, 용기내부를 일정하게 환기하면서 건축재료에서 발생하는 오염물질의 방출량을 측정하는 방법이다. 측정방법을 세분하면 가구 등의 큰 재료를 내부에 설치 가능한 대형챔버와 1,000L 이하의 챔버용적을 갖는 소형챔버로 대별할 수 있다. 건축자재의 오염물질 방출량 시험을 위한 챔버의 크기는 원칙적으로

스테인리스강 재질의 20L로 한다.

① 기호와 단위

㉠ A: 시험편의 표면적($m^2$), ㉡ $C_t$: 시간 t에서의 방출시험 챔버 내의 휘발성유기화합물과 포름알데히드의 농도($mg/m^3$), ㉢ Ctb, t: 시간 t에서의 배경농도($mg/m^3$), ㉣ EFa: 단위 면적당 방출량($mg/m^2 \cdot h$), ㉤ L: 시료부하율($m^2/m^3$), ㉥ n: 환기횟수(회/h), ㉦ Q: 방출시험 챔버의 환기량($m^3/h$), ㉧ q: 단위면적당 환기량($m^3/m^2 \cdot h$), ㉨ t: 시험 개시 후 경과 시간(시간 또는 일수), ㉩ V: 방출시험 챔버의 용적($m^3$)

② 정의와 약칭

가. 환기횟수(air exchange rate): 단위시간당 방출시험 챔버에 공급되는 공기의 체적(공급공기)을 방출시험 챔버 용적으로 나눈 값

나. 환기량(air flow rate): 단위시간당 방출시험 챔버에 공급되는 공기의 체적

다. 기류속도(air velocity): 시험편의 표면을 흐르는 공기의 속도

라. 단위면적당 환기량(area specific air flow rate): 시험편의 단위면적당 환기량

마. 건축자재(building materials): 건축물의 내장 및 마감에 쓰이는 자재

바. 방출시험 챔버(emission test chamber): 건축자재에서 방출되는 휘발성유기화합물과 포름알데히드를 측정하기 위하여 제반조건을 갖춘 용기(재질: 스테인리스강)

사. 방출시험 챔버 농도(emission test chamber concentration): 방출시험 챔버의 휘발성유기화합물과 포름알데히드의 농도, 소형 챔버 출구에서 측정한 대상물질의 농도를 공기포집량으로 나눈 값

아. 배경농도(blank concentration): 청정한 공기를 공급하고 시험편을 넣지 않은 상태에서 채취한 흡착관의 휘발성유기화합물과 포름알데히드 농도(단, 흡착관에 잔존할 수 있는 휘발성유기화합물 및 포름알데히드의 미량의 농도는 일정하다고 가정한다.)

자. 시료부하율(product loading factor): 시험편의 표면적과 방출시험챔버 용적의 비율

차. 회수율(recovery): 단위시간 중에 방출시험 챔버에 공급된, 이미 알고 있는 대상 휘발성유기화합물과 포름알데히드의 총량을 동일의 단위시간 중에 방출시험 챔버에서 방출된 공기 중의 대상 휘발성유기화합물과 포름알데히드의 총량으로 나눈 값(%)

카. 시료(sample): 시험대상 건축재료

타. 방출량(Emission factor, EF): 시험시작 시점으로부터 규정된 시간 이후에 단위시간당 방출된 휘발성유기화합물과 포름알데히드의 양을 나타냄. 본 규격에서는 단위면적당 방출량(EFa)을 적용한다.

파. 시험편(test specimen): 시험대상이 되는 재료 또는 제품의 방출특성에 대해 방출시험 챔버 내에서 시험을 하기 위해 준비된 시료의 일부

하. 휘발성유기화합물(VOC): 본 시험방법에서 휘발성유기화합물은 총 휘발성유기화합물(TVOCs)을 말하며, 시험편에서 방출되어 방출시험챔버의 출구공기에서 검출된 휘발성유기화합물로 정의한다. 총 휘발성유기화합물은 질량분석검출계가 부착된 가스크로마토그래프에 의한 크로마토그램상의 n-헥산에서 n-헥사데칸까지의 휘발성유기화합물을 대상으로 하며, 이때 정량은 톨루엔으로 환산하여 계산한다. 단 천연자재에서 방출된 것으로 확인되고 국제적으로 인체에 무해한 것으로 입증된 것은 정량에서 제외한다.

갸. 포름알데히드: 본 시험방법에서 포름알데히드는 시험편에서 방출된 방출시험 챔버의 출구공기에서 검출된 포름알데히드로 정의한다.

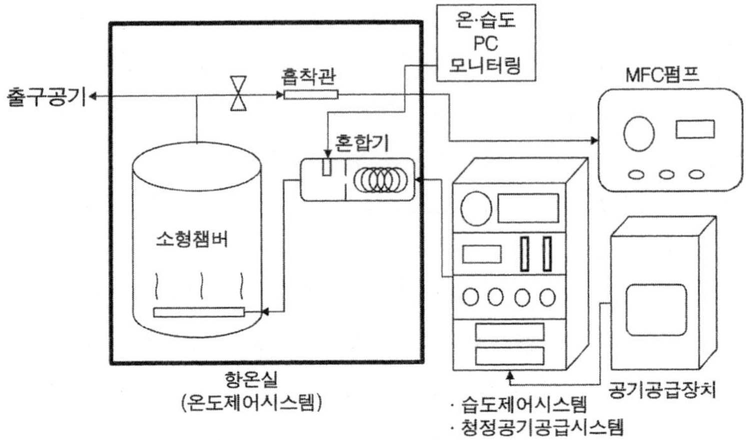


**<그림 11-14> 소형챔버의 구성도의 예**

③ 시료채취 방법

본 시험방법은 방출시험 챔버 내의 공기농도, 통과한 공기의 적산유량 및 시험편의 표면적을 구하여 시험대상 건축재료의 단위면적당 휘발성유기화합물 및 포름알데히드의 방출량을 결정하는 방법이다. 일정한 온도, 상대습도 및 환기량 조건을 가진 방출시험 챔버 내에 청정공기를 공급하고, 출구에서 채취된 공기에서 방출시험 챔버 내부의 공기농도, 배경농도 및 환기량을 파악하여, 특정시간 t에 관한 단위 표면적당의 휘발성유기화합물 및 포름알데히드의 방출량을 산정한다.

## 2. 데시케이터법에 의한 포름알데히드 측정방법

◉ 적용범위

이 시험은 상온 상습상태(온도 20±2°C, 습도 65±5%)에서 목재자재에서 방출되는 포름알데히드를 측정하는 경우에 한하여 적용한다.

(1) 시험편 채취 및 전처리

시험편은 원판의 중앙 부분에서 치수 50mm×150mm를 채취하며 그 수는 측면을 포함한 시험편의 전 표면적이 1,800cm$^2$가 되도록 한다. 채취된 시험편은 온도 20±2°C, 습도 65±5%에서 항량(恒量)에 도달할 때까지 혹은 7일 동안 전처리한 다음 사용한다.

(2) 포름알데히드 방출량 측정방법

〈그림 11-15〉에 나타낸 예처럼 KSL 2303에 규정하는 내경 240±15mm, 부피 11±2L의 데시케이터 밑부분에 300±1mL의 증류수를 넣은 내경 115±1mm, 높이 60±2mm의 결정 접시를 놓고, 그 위에 정해진 매수의 시험편을 지지쇠로 고정시켜 끼우고 20±2°C에서 24시간 방치하여 방출되는 포름알데히드를 증류수에 흡수시켜 시료용액으로 한다.

시료용액 중의 포름알데히드의 농도는 아세틸아세톤법에 의해

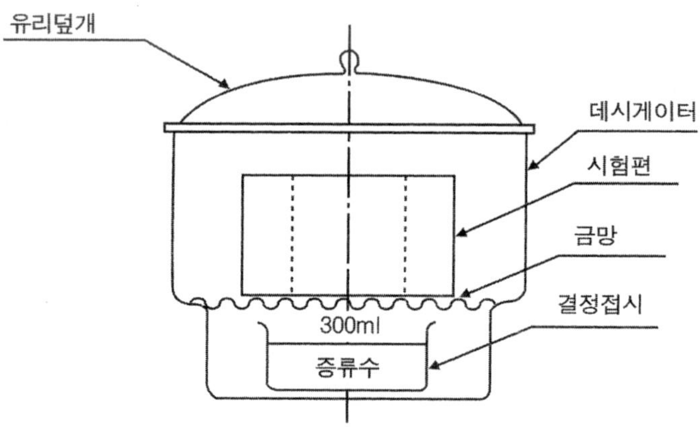


**<그림 11-15> 시험장치 구성의 예(정면도)**

광전분광 광도계 또는 파장 412nm 부근의 측정 가능한 광전비색계를 이용하여 비색 정량한다.

### 11.5.5 정도관리(QA/QC)

#### 1. 정밀도(Precision)

정밀도를 평가하기 위해서는 측정 시 측정기를 2개씩 설치하여 동시 측정하는 중복 측정(duplicates)을 실시한다. 측정값의 평균이 0.148Bq/L(4pCi/L) 이상인 경우, 측정값의 오차범위는 25% 이내여야 한다. 중복측정 개수는 총 측정기의 10% 이내로 해야 하며, 50개를 초과할 필요는 없다. 중복측정은 실험자가 중복측정시험을 하는 것을 알지 못하도록 측정기를 실제 분석용과 같은 방법으로 보관, 분산, 배치, 제거, 포장하여야 한다.

#### 2. 정확도(Accuracy)

오염물질을 함유하지 않은 배경시료(blank sample)를 이용하여 측정하며, 이론적으로 배경시료는 0.0pCi/L 부근의 값을 나타내야 한다. 수동 측정장비를 이용할 경우, 배경시료 측정값이 1.0pCi/L 이상이면 측정장치나 시험분석에 문제가 있음을 나타낸다. 배경시료 측정은 측정기를 제조, 운송, 보관, 설치하는 과정이 측정의 정확도에 영향을 주었는지를 결정하기 위해 사용될 수 있다.

#### 3. 정도관리방법

1) 교정

교정은 최종적인 농도결과를 구하는 데 필요한 보정 계수를 구하는 것이다. 이 계수는 보통 농도의 범위, 노출시간, 장치의 특성에 따라 결정된다. 교정과정은 시험횟수, 측정기의 개수 등에 대한 내용을 포함하고 분석실이나 제조자에 의한 지속적인 정도관리 프로그램을 구체적으로 명시하고 있어야 한다. 알파비적검출기, 활성탄흡착기 등을 교정용 챔버 내에서 농도를 알고 있는 라돈의 농도에 일정시간 노출시킨 후, 그 농도를 측정하여 측정기의 성능을 평가한다. 이 시료를 포장하여 교정이 필요한 실험실에 보내 정확도를 결정한다. 수동 측정장비 공급자는 최대 월 6회, 최소 연 3회의 범위에서 100번의 시료당 3번의 비율로 라돈농도를 알고 있는 시료를 측정해야 한다.

2) 배경농도 측정

자동 측정장비를 사용하는 경우, 신뢰성 있는 배경농도와 장치의 작동 여부를 확인하기 위하여 라돈 제로가스를 충분한 횟수만큼 측정해야 한다. 수동 측정장비는 실험실의 배경농도를 측정하는 것과 현장의 배경농도를 측정하는 2가지의 측정이 필요하다. 배경농도의 측정은 배경시료를 포장된 상태로 실험실 및 현장에 보관한 후, 측정시료와 같이 취급하여 실험실로 운반한 후 분석한다. 실험실의 측정값을 현장측정의 배경농도에서 뺀 농도를 실제의 배경농도로 한다. 이러한 배경농도를 측정하기 위해서는 공공기관에서 검출하한치(Lower Limit of Detection, LDD)에 대한 인증검사를 받아야 한다. 수동 검출기를 이용할 경우 매월 약 25개나 혹은 전체 측정기 설치 개수의 5%를 현장 배경농도용으로 설치하여야 한다.

3) 중복측정

시료의 중복측정은 측정결과의 정도검사를 위하여 필요하며, 측정자에게 상대적인 정밀도를 확인하게 해 준다. 정밀도의 차이를 유발하는 오차의 종류에는 제조 공정상 오차, 데이터 산출과정의 오차, 취급상의 오차, 분석오차 등이 있다. 중복측정할 경우, 월 50개나 혹은 전체 측정기 개수의 10% 범위에서 1개 위치에 2대를 설치하는 것이 바람직하다. 중복측정을 위하여 선택된 위치는 전체 시료의 배치를 고려하여 대칭으로 위치시켜야 한다.

4) 기기점검

측정장비의 기능과 측정자의 올바른 사용을 위해 장비, 장비검사원, 펌프, 건전지, 전기회로 등을 주기적으로 점검한다. 결과가 4 pCi/L의 농도범위에서 오차범위 ±25% 내에 있으면 정도를 인정한다.

〈연습문제〉

1. 정확도와 정밀도를 비교 설명하라.
2. 검출한계(LOD)를 설명하고, 검출한계 이하의 측정값을 어떻게 처리해야 하는지 설명하라.
3. 일반적으로 실내환경에서 측정된 공기오염물질의 농도값은 어떤 분포를 나타내는가?
4. 수동식 시료채취기(passive sampler)의 측정 원리를 설명하라.
5. 공동주택 실내공기질 측정 대상 공기오염물질은 무엇인가?
6. 공동주택 시료채취 방법을 기술하라.
7. 휘발성 유기화합물(VOCs)의 측정방법 3가지는 무엇인가?
8. 포름알데히드(HCHO)의 DNPH 카트리지 조건은 무엇인가?
9. 다중이용시설의 실내공기질 시료채취 항목에는 무엇이 있는가?
10. 오염물질 방출 건축자재 시험방법인 소형 챔버법과 데시케이터법을 비교 설명하라.
11. Cyclone 측정기를 이용하여 RSP의 검출한계를 추정하기 위

해 현장시료의 무게 변화를 측정한 결과 시료채취 전, 후의 공시료의 무게차이는 대략 2$\mu$g 정도로 나타났으며, 정확한 측정을 위해 요구되는 무게 변화량은 이 값의 3배(3SD)인 6$\mu$g을 적용할 경우, LOD는 얼마인가? (단, 채취시 펌프의 유량은 2L/min로 고정 및 2시간 측정)

풀이) 유량을 계산하면, (2L/min)×(2hr)×(60min/1hr)=240L, 따라서, 검출한계(LOD)는 3SD인 (6$\mu$g/240L)×(1000L/1$m^3$)=25$\mu$g/$m^3$ 수준으로 추정할 수 있다.

제 12 장

# 실내공기질 및 위해성 평가

# 제 12 장 실내공기질 및 위해성 평가

사람은 일생 동안 환경에 존재하는 다양한 유해인자에 노출되어 건강에 악영향(adverse effects)을 받을 수 있으며, 악영향을 정량적으로 평가하는 것이 위해성 평가이다. 위해성 평가는 여러 유해인자의 기준(실내환경기준)을 설정하는 데 활용될 수 있다.

## 12.1 위해성 평가의 필요성

사람은 언제나 위험상황에서 생활한다고 할 수 있다. 그 위험 수준은 가벼운 질병에서 사망까지 정도의 차이가 있지만, 안전띠 미착용, 음주운전, 건설작업에서 보호구 미착용 등은 개인적 선택의 문제일 수도 있다. 하지만 질병 또는 사망 등의 사고가 발생하는 경우 당사자는 물론 주변 사람들의 안녕에 심각한 피해를 끼칠 수 있기 때문에 법으로 금지하는 것이다. 흡연의 경우 법으로 금지하는 실내 및 실외 장소가 점차 확대되고 있으나 아직까지 개인의 기호 문제로 남아 있는 것도 있다. 진단방사선 촬영이나 비행기 탑승 등의 행위도 건강에 유해한 결과를 초래할 수 있다. 하지만 많은 사람들이 방사선 촬영이나 비행기 탑승을 하는 이유는 그 행위가 주는 혜택이 이에 수반되어 발생하는 피해보다 크기 때문이라고 생각할 수 있다. 혜택과 피해를 비교할 수 있는 것은 그 피해를 정량화(계량화)할 수 있음을 전제로 하는 것이다. 위해성 평가는 바로 이와 같은 목적으로 수행된다. 산업화와 도시화가 가속화됨에 따라 다양한 환경오염문제가 발생하고 있다. 산업구조의 측면에서도 전기, 전자 등 산업과 원자력발전소 및 폐기물 처리 설비 등 사회기반 시설이 확충되고 있으며 따라서 환경문제의 내용과 성격도 점차 변화해 왔다. 환경의 변화는 필연적으로 그 안에 살고 있는 사람을 포함한 생태계의 건강에 영향을 미친다.

위해성 평가는 환경에 존재하는 유해 환경오염물질의 노출에 따라 발생될 수 있는 인간의 건강과 환경생태계에 미치는 나쁜 영향의 정도를 확률적으로 추정하기 위한 목적으로 수행된다. 하지만 유해요인에 노출됨에 따라 나타나는 건강피해를 정확하게 사전 예측하는 것은 불가능하다. 환경유해요인의 거동의 복잡성, 생물계 반응의 다양성, 건강영향의 개인차 등을 정확하게 기술하고 위해성 모델링에 반영하는 것은 불가능에 가깝다. 따라서 위해성 평가에는 여러 가지 가정(assumption)과 불확실성(uncertainty)이 필연적으로 존재한다. 위해성 평가를 수행하는 데 불확실성을 내포한 자료를 활용하며 여러 가지 가정에 근거하는 경우가 많기 때문에, 비록 수치로 위해성을 정량화하지만 그 수치가 정확한 과학을 반영할 수는 없다는 의구심이 존재한다. 그럼에도 위해성 평가가 현실적으로 필요하고 그 수요가 점차 확대되는 이유가 무엇일까? 미래에 대한 추정이라는 용어 자체가 내재적으로 불확실성을 갖고 있기 때문에 위해성 평가도구의 활용성에 의문을 제기하기도 하지만, 위해성 평가는 개인 또는 집단이 건강 유해요인에 노출됨에 따라 발생되는 부정적 또는 긍정적 건강영향을 추정하기 위해 현재 가지고 있는 최선의 과학적 도구임을 부정할 수는 없다(WHO, 1999).

위해성 평가 분야의 학문적 기원은 100년 전이지만, 이론적 방법과 응용이 이루어진 것은 불과 최근 20년간으로 짧은 기간 동안의 발전임에도 불구하고 국민의 건강과 환경을 보호하기 위해 환경보건, 독성학, 산업위생, 작업장 안전, 환경영향평가, 공학, 기후예측, 역학 등에서 이를 적용하거나 응용되었다. 이미 선진 각국의 여러 규제기관 즉 미국환경청(EPA), 산업안전보건청(OSHA), 환경보건과학국립연구소(NIESH), 산업안전 및 보건국립연구소(NIOSH), 식품의약국(FDA), 소비자제품안전협회(Consumer Product Safety Commission, CPSC), 그리고 독성물질 및 질병등록청(Agency for Toxic Substance and Disease Registry, ATSDR)과 같은 주로 화학물질의 규제와 관련된 기관에서는 위해성 평가를 정책결정(decision-making; 즉, 각종 기준)의 수단이나 연구의 한 분야로 다루고 있다.

## 12.2 위해성 평가의 이해

위해성 평가는 유해물질 노출에 따른 나쁜 건강영향을 야기하는 요인을 평가하는 것이다(Risk assessment is the systematic evaluation of the factors that might result in an adverse human health effects resulting from hazard). 어떤 독성물질이나 위험상황에 노출되어 나타날 수 있는 개인 혹은 집단의 건강피해 확률을 추정하는 과학적인 과정이며, 사람이 환경적 위험에 노출되었을 경우 발생 가능한 영향을 정성 또는 정량적으로 추정하는 과정으로 영향 또는 피해를 계량적으로 평가하고 이를 전달하는 것이다. 위해성 평가는 일반적으로 인간건강 위해성 평가(human health), 생태학적 위해성 평가(ecological), 산업장 위해성 평가(industrial), 환경 위해성 평가(environmental)로 구분할 수 있다. 위해성 분석(risk analysis)에서

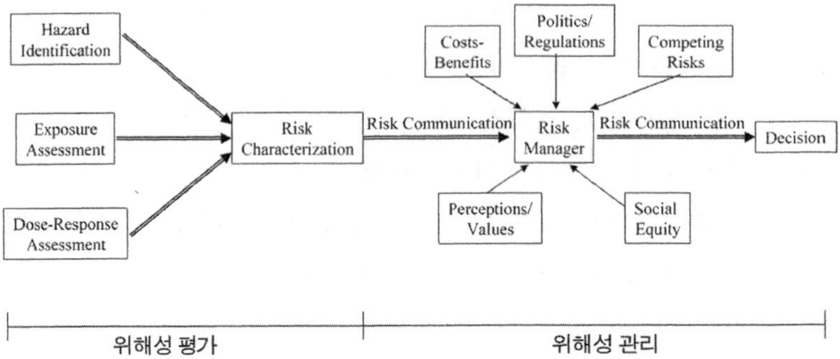


**〈그림 12-1〉 위해성 분석의 개념**

위해성 평가 및 위해성 관리의 전반적 개념을 〈그림 12-1〉에 나타내었다(Spengler 등, 2000).

## 12.2.1 위해성 평가

위해성 평가의 목적은 정책결정자, 위해관리자 및 기술관리자에게 환경관리의 다양한 측면에서 유해요인의 확인, 선택, 상호반응, 위해 등에 대해 관련 정보를 제공하여 가능한 최선의 결정을 하도록 하는 것이다.

### 1. 유해성 및 위해성

유해성(hazard)이란 장해를 야기할 수 있는 물질이나 행동을 일컬으며 위해의 근원이라고 정의한다. 위해성(risk)은 유해인자의 특정농도나 용량에 노출된 개인 또는 집단에게 악영향 결과가 발생할 확률(probability) 또는 가능성(likelihood)으로 정의한다. 사람이 환경적 유해인자에 노출되었을 경우, 발생 가능한 영향을 정성 또는 정량적으로 추정하는 과정이다. 위해성과 유해성의 관계를 식으로 표현하면 다음과 같다.

위해성(risk)=유해성(hazard)×노출량(exposure)

### 2. 위해성의 분류

위해성은 다음의 3가지로 분류할 수 있다. 실내공기 오염물질 노출에 의한 타의적 위해가 본 장에서 기술하는 내용이다.

1) 자발적 위해: 운전, 번지점프, 흡연 등 개인적 기호 또는 선택에 의해서 발생된 위해

2) 자연적 위해: 홍수, 태풍, 지진 등 인간의 의지에 의한 것이 아닌 자연재해에 의해 발생된 위해

3) 타의적 위해: 환경오염물질 노출, 작업환경 유해물질 노출 등 비자발적 결과에 의해 발생된 위해

## 12.2.2 수용체(receptor) 위주의 환경관리

지금까지의 환경기술 개발이 대기, 수질, 폐기물, 토양 등 오염매체의 발생원(source)관리 중심으로 추진되어 온 것에 비하여, 환경오

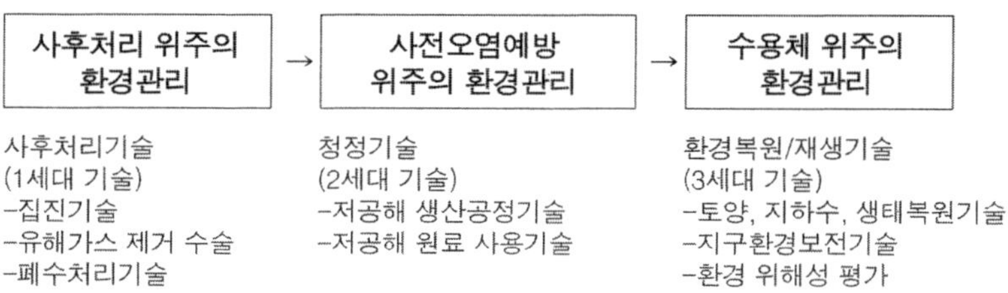


**<그림 12-2> 환경기술의 발전단계**

염물질의 피해를 받는 사람, 자연, 생태계 등 수용체(receptor)에 미치는 영향을 규명하는 기술은 환경오염문제를 적극 해결하려고 하는 수용체 중심의 통합환경관리 기반구축을 위한 제3세대 환경관리라고 정의할 수 있다(환경부, 2005). 여기서 1세대 환경기술은 사후처리(end-of-pipe technology) 위주의 환경관리, 2세대 환경기술은 사전오염예방(clean technology) 위주의 환경관리라고 할 수 있다.

### 12.2.3 위해성 평가의 활용

위해성 평가는 궁극적으로 위해성 관리의 정책결정을 위한 과학적인 자료를 제공하는 데 있다. 위해성을 고려한 위해성 관리란 인체 및 생태의 위해를 감소시키기 위하여 조치를 만들고, 분류하고, 증명하고, 선별하는 과정이다. 위해성 평가 결과들은 바로 정책결정을 위하여 위해성 관리자들에게 환류(feedback)되는데 정책결정은 4가지의 기본 타입으로 분류해 볼 수 있다; ① 우선순위의 결정, ② 허용 불가능한 위해수준의 결정, ③ 위해성을 감소시키거나 예방하기 위한 가장 적절한 비용－효과적인 방법의 선택, ④ 위해를 저감시키고 없애기 위한 일련의 과정 등이다. 이때 정책결정자들은 비용과 기술적 측면, 사회－정책적 측면에서 위해성 평가 결과를 재검토하게 된다. 따라서 위해성 관리의 최종 목표는 과학적으로 타당하며 비용－효과적이고 사회적, 문화적, 윤리적, 정책적, 법적인 고려를 통해 위해성을 감소시키거나 예방하는 행동을 종합하는 것이다. 이러한 위해성 관리의 범위는 광범위하지만 위해성 평가와 연계해서 이루어질 때 실천력 있는 관리 수단으로서 기능을 할 수 있다.

전통적으로 위해성 평가는 단지 한 시점에서 한 매질에서, 한 종류의 화학물질에 대한 위해성을 표현해 왔다. 그러나 정책결정자들은 정책의 우선순위를 결정하기 위해 보다 여러 환경문제의 위해성에 대한 포괄적인 자료를 보기를 원한다. 따라서 최근 다중매체(multi-media)에서 위해성 평가가 강조되고 있는데 이러한 결과가 위해성 관리에서 이용될 수 있도록 위해성이라는 잣대로 비교하여 연결해 주는 방법이 비교 위해성 평가(comparative risk assessment)이다. 위해성 평가는 일반적으로 다음 3가지에 활용되고 있다.

1) 환경오염물질 노출 허용수준 설정: 초과되었을 때 사람 등 수용체에게 미치는 부정적인 건강영향을 제어할 수 있는 어떤 매체(먹는 물, 공기, 토양, 식품 등)의 유해물질 농도 기준(예: 실내공기질 기준, 대기환경 기준)의 설정

2) 오염된 지역의 환경복원 목표 설정: 사람 등 수용체에게 부정적인 건강영향을 미치지 않는 수준의 환경복원 목표의 계산으로 예를 들어 토양, 지하수 복원 목표의 설정

3) 위해성 비교를 통한 대안 선택: 여러 가지 후보 중 사람 등 수용체에 미치는 부정적인 건강영향을 최소화하는 대안을 선택

## 12.3 실내공기질 위해성 평가

### 12.3.1 위해성 평가의 4단계

실내공기의 중요성과 그에 따른 건강영향을 고려할 때 유용하게 평가할 수 있는 도구(tool)가 위해성 평가이다. 위해성의 개념은 실내공기오염을 포함한 환경관리 분야에 집중되어 있다. 어떻게 '충분히 안전한' 개발 과정이 선택될 수 있는가? '충분히 안전한' 개발이란 환경과 조화되는 개발 또는 환경, 경제의 조화를 유지하는

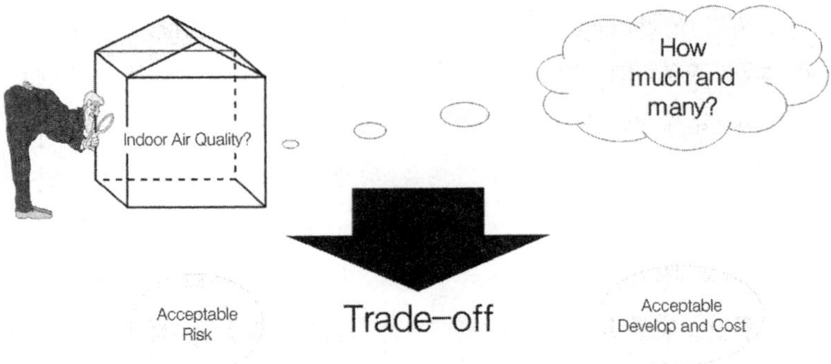


**<그림 12-3> 실내공기질과 관련된 수용 가능한 발전과 위해성**

지속 가능한 개발(sustainable development)이다. 즉, 건강영향의 위해를 받을 수 있는 사람들뿐만 아니라 위해를 야기시키는 사람들과 그것의 관리 및 책임이 있는 정책결정자들은 예상하지 못한 부작용을 허용수준으로 낮추거나 최소화시키는 것이다. 실내환경에서 수용 가능한 위해성과 허용 가능한 개발 또는 위해성을 감소시키기 위한 비용 수준이 어느 정도의 균형(trade-off)을 유지하는가는 중요하다.

위해성 평가방법이 가장 보편적으로 받아들여지고 있는 것은 미국 국가연구위원회(National Research Council, NRC)에 의해 고안된 유해성 확인(hazard identification), 용량－반응 평가(dose-response assessment), 노출평가(exposure assessment) 및 위해성 결정(risk characterization)의 주요 4단계이다(〈그림 12-4〉 참조).

위해성 평가를 하기 위한 첫 단계인 유해성 확인 과정은 사람이 어떤 화학물질 또는 환경오염물질에 노출되었을 경우 과연 유해한 영향을 유발시키는가를 결정하는 단계로서, 그 물질에 대한 모든 동물 실험자료 및 사람에 대한 자료(역학 연구)를 토대로 유해성의 여부 정도를 확인하는 과정이다. 유해성 확인 과정에서 화학물질 또는

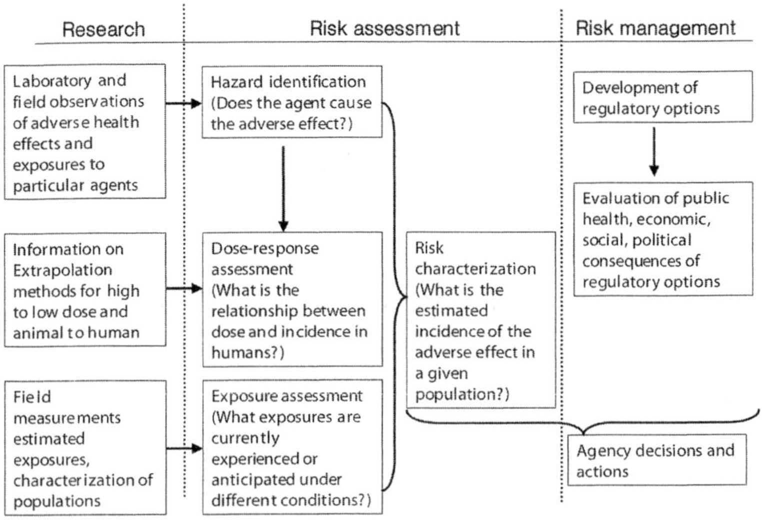


**<그림 12-4> 위해성 평가 및 관리(US NAS/NRC)**

환경오염물질의 건강영향이 지적되었다면 그 다음에는 용량과 반응 관계에 대한 평가가 이루어져야 한다. 용량-반응평가란 인체가 유해물질의 특정 용량에 노출되었을 경우, 유해한 영향이 발생할 확률이 어느 정도인가를 추정하는 과정이라고 정의할 수 있다.

사람이 다양한 환경매체(공기, 음용수, 식품, 토양 등)를 통해 유해성이 확인된 유해물질에 과연 얼마나 노출되는가를 결정하는 노출평가 과정을 거쳐 용량-반응평가에서 도출된 정보를 통합하여 특정 오염물질의 특정 농도에 노출되었을 경우, 개인이나 인구집단에서 유해영향(예: 암)이 발생할 확률을 결정한다. 4가지 과정 중 유해성 확인은 정성적 위해성 평가(qualitative risk assessment)에 속하고 용량-반응평가, 노출평가, 위해성 결정은 정량적 위해성 평가(quantitative risk assessment)에 속한다.

### 12.3.2 실내공기질 위해성 평가 및 관리

#### 1. 유해성 확인(hazard identification 또는 assessment)

위해성 평가의 첫 번째 단계로 부정적 건강영향을 야기하는 환경의 물리적, 화학적, 생물학적 인자를 확인하는 것이다. 유해를 확인하는 것은 정성적 과정으로, 유해인자의 부정적 건강영향은 일반적으로 발암 또는 비발암으로 구분한다. 발암 영향은 동물 또는 인간에게 종양(암)의 증가를 일으키며, 비발암은 기관 손상, 신경계 손상, 기형아 출산, 성장 문제 등을 말한다.

1) 자료원

유해인자의 건강영향 가능성을 평가하기 위한 기본은 현존하는 자료를 검토하는 것이다. 대상 유해인자의 동물 실험자료, 사람에 대한 자료(역학연구), 독성자료, 인체를 대상으로 한 인위적 실험자료, 물리화학적 성질에 관한 자료 등이 있다. 환경독성, 급성독성, 신경독성, 생식독성, 최기형성, 아급성, 만성독성, 유전독성, 발암성 시험 등의 동물실험 자료와 인구집단에서 나타나는 질병의 발생과 분포에 관한 역학조사자료 및 보충자료를 통해 가능한 모든 유해성 자료를 수집, 분류, 검토하여야 한다. 역학연구와 인체를 대상으로 한 인위적 자료가 가장 적절하지만 자료의 부족에 따른 통계적 제한점 및 윤리적 문제 등 제한점이 많다. 따라서 인간 위해성을 평가하기 위한 일반적 자료원은 동물실험에 의한 것이다.

2) 분류체계

발암성 물질에 대한 분류는 국제적 공신력이 있는 기관인 국제암연구소(IARC), 미국환경청(EPA) 등에서 유해인자를 분류하며 위해성 평가 분야에서 자주 활용한다. 미국환경청은 발암성 물질을

**<표 12-1> 인간 발암성 분류체계**

| 인간 증거 | 동물 증거 | | | | |
|---|---|---|---|---|---|
| | 충분<br>(sufficient) | 제한적<br>(limited) | 불충분<br>(inadequate) | 자료 없음<br>(no data) | 증거 없음<br>(no evidence) |
| 충분(sufficient) | A | A | A | A | A |
| 제한적(limited) | B1 | B1 | B1 | B1 | B1 |
| 불충분(inadequate) | B2 | C | D | D | D |
| 자료 없음(no data) | B2 | C | D | D | E |
| 증거 없음(no evidence) | B2 | C | D | D | E |

* Group A: Human carcinogen, Group B: Probable human carcinogen(Group B1: limited evidence of carcinogenicity from epidemiology studies, Group B2: inadequate human evidence but positive animal evidence), Group C: possible human carcinogen, Group D: no classifiable as to human carcinogenicity, Group E: evidence of noncarcinogenicity for humans.

분류하기 위하여 긍정적 및 부정적 연구를 포함하여 모든 가능한 과학적 증거들에 가중치를 부여한 증거가중(weight-of-evidence) 접근법을 이용한다(〈표 12-1〉 참조; EPA, 1986; 'Carcinogenic to Humans', 'Likely to Be Carcinogenic to Humans', 'Suggestive Evidence of Carcinogenic Potential', 'Inadequate Information to Assess Carcinogenic Potential', 'Not Likely to be Carcinogenic to Humans', EPA, 2005).

## 2. 용량(노출량) – 반응평가(dose-response assessment)

모든 물질은 일정 용량(노출량)에서는 독성을 나타낼 수 있기 때문에 독성학자들의 주된 목적은 노출 수준의 안전과 불안전의 경계를 구분하는 것이다. 예를 들면, 금속에는 필수금속(essential metal)과 오염금속(contaminated metal)이 있다(〈그림 12-5〉 참조). 생체 내에서 유익하게 작용하며 어떤 기능에 빼놓을 수 없는 것이라고 할 때는 필수금속이라 하고, 그 외의 금속은 오염금속이라고 한다. 필수금속도 과잉상태가 되면 신체에 기능장해를 가져올 수 있다(이

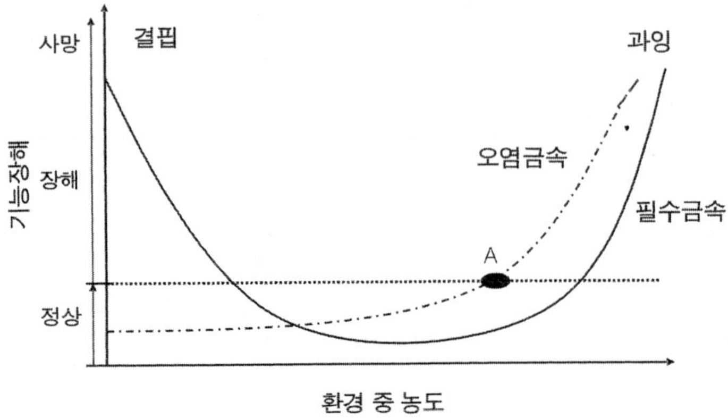


<그림 12-5> 환경 중 금속농도와 신체기능장해의 관계

영환 등, 1993).

용량-반응평가는 유해인자의 흡수된 양과 건강영향 관계를 특정 짓는 과정으로, 동물의 생물검정(bioassay: 어떠한 물질의 시험유기체에 대한 결과를 이의 기준유기체에 대한 결과와 비교함으로써 당해물질의 상대적인 유해성을 결정하는 것)이 독성 정보의 가장 일반적인 자료원이다(김오식, 1994). 인간에 대한 용량-반응관계는 2가지 주요 외삽(extrapolations)을 요구한다. 첫째, 고노출 상태에서 관찰된 영향이 저노출 상태를 유효하게 예측할 때 사용된다. 둘째, 동물실험에서 관찰된 영향이 인간의 영향을 예측하는데 사용된다.

결국 용량-반응평가는 인체가 유해물질의 특정용량에 노출되었을 경우, 유해한 영향이 발생할 확률이 어느 정도인가를 추정하는 과정으로, 유해인자(환경오염물질, 실내공기 오염물질 등)에 대한 인체 영향을 역치(threshold) 존재 유무에 기본 가정을 두고 발암물질 혹은 비발암물질로 구분한다.

1) 독성실험

용량-반응관계는 급성과 만성적 건강영향 모두를 평가하는 데 사용된다. 여기서 용량은 동물실험의 경우 투여되는 유해인자의 양이다. 즉, 투여, 노출, 흡수되는 양을 말한다. 반응은 투여, 노출, 흡수되는 양으로 인해 대상 실험동물에게서 나타나는 것으로 각종 질적, 양적 변화이다. 급성 영향은 1개의 유해인자 노출에 따라 짧은 시간 동안 발생되는 영향을 나타낸다. 급성영향의 표준 방법은 $LD_{50}$을 사용한다. $LD_{50}$은 실험동물의 50%를 죽게 하는 양이며, 일반적으로 $LD_{50}$이 낮을수록 독성이 더욱 높다고 할 수 있다. 반면 만성영향은 장기간 노출 후 발생되는 것으로 비가역적(irreversible)일 수 있다.

2) 발암물질

발암물질(carcinogens, nonthreshold effects)의 경우 역치가 존재하지 않으며 아무리 적은 용량에 노출되어도 암 발생 가능성에 미치는 강도(potency)가 증가한다고 가정한다.

〈그림 12-6〉은 발암물질의 용량-반응관계를 보인 것이다. 발암물질의 독성값은 발암력(potency factor 또는 cancer slope factor)으로 표현되며 보통 SF로 나타낸다. 이 값은 발암을 나타내는 용량-반응 함수의 기울기[단위 $(mg/kg/day)^{-1}$]이며, 하루에 체중 1kg당 1mg만큼의 유해인자에 노출되었을 때 증가하는 발암 확률을 의미한다. 용량-반응모델은 매우 높은 불확실성을 갖고 있다. 따라서 미국환경청에 의하면, 발암력은 용량-반응곡선에서 선형계수의 95% 신뢰계수를 고려한다.

발암물질의 용량-반응관계 모델은 one-hit, multistage, Weibull 등 있으며, 이런 모델들은 고용량 부분에서는 비슷한 결과를 보였지만, 저농도에서는 다른 반응관계를 나타내고 있다. 이것은 특정

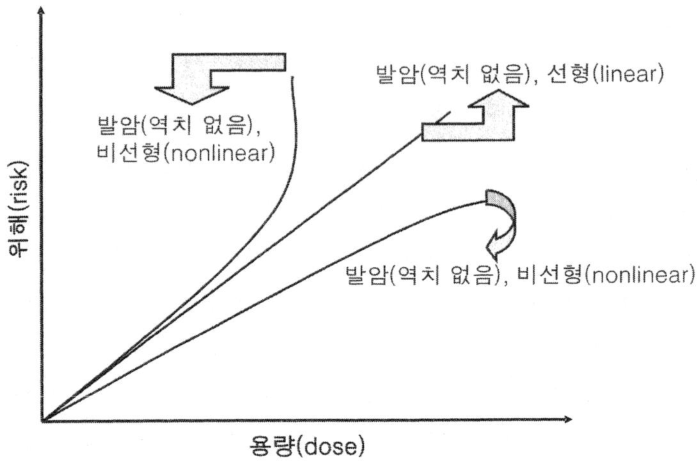


<그림 12-6> 발암성 물질에 대한 용량–반응곡선

모델이 모든 용량–반응관계를 나타낼 수 없음을 보이는 것이다. 발암물질에서 많이 사용되는 단위위해도(unit risk)는 건강한 성인이 임의의 오염물질에 단위농도로 평생 동안 노출되어 생활할 때 이로 인해 발생될 수 있는 초과 발암 확률로서, 발암력과 성인 평균 체중 및 일일 호흡률을 고려하여 산출되며 $\mu g/L$ 또는 $\mu g/m^3$당 위해도로 표현한다(임영욱 등, 2006).

$$\text{단위위해도} = \frac{\text{발암력}((mg/kg/day)^{-1}) \times \text{접촉률}(m^3/day) \times 10^{-3}}{\text{평균체중}(kg)}$$

* 접촉률: 매체와 신체가 접촉하는 율(일일 호흡량 $20m^3/day$, 음용수 $2L/day$)

3) 비발암물질

비발암 독성물질의 경우는 일정 용량 즉, 역치용량 이상에서 노출되어야 유해영향이 관찰된다는 가정을 전제로 하고 있다. 다양한 장기와 전신에 영향을 미치지만 암을 일으키지는 않는다. 비발암물

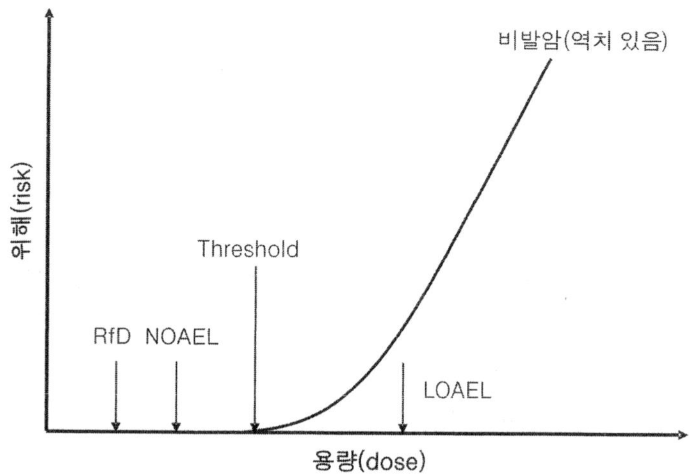


**〈그림 12-7〉 비발암물질에 대한 용량-반응곡선**

질의 경우는 일반적으로 〈그림 12-7〉과 같은 모형의 용량-반응관계를 갖는다고 가정된다. 비발암물질의 용량-반응관계를 보면 어느 정도 수준의 용량까지는 지속적으로 노출되어도 건강에 영향이 없는 역치가 있음을 알 수 있다.

주로 동물실험에서 얻은 무영향용량(No Observable Adverse Effect Level, NOAEL)으로부터 불확실성(Uncertainty Factor, UF)을 보정한다. UF 10은 일반적으로 인간집단에서 민감도와 동물에서 인간으로의 외삽이다. 그러나 이 수준을 결정하기란 쉽지 않으므로 영향이 관찰되는 최저수준(Lowest Observable Adverse Effect Level, LOAEL)을 찾기도 한다. 이러한 관찰수준을 근거로 가능한 인체허용수준인, ADI(Acceptable Daily Intake) 또는 RfD(Reference Dose, 기준노출량)를 결정한다. 기준노출량(RfD)은 일생 동안 민감집단을 포함한 인간이 어떤 물질에 평생 노출되었을 경우 유해한 영향 또는 위해가 발생하지 않을 것으로 기대되는 일일노출허용량이다(US

EPA, 1989).

$$RfD(mg/kg/day) = \frac{NOAEL \text{ or } LOAEL(mg/kg/day)}{(UF_H)(UF_A)(UF_S)(UF_L)(UF_D)(MF)}$$

여기서 UF(uncertainty factor): 불확실성 계수, MF(modifying factor, 3~10): 보정계수(보정계수는 특히 전문가의 판단에 의존함), $UF_H$: 인간집단 내 민감도 차이 반영(10), $UF_A$: 동물실험 결과에서 인간에게 미치는 영향을 추정(10), $UF_S$: 아만성의 결과를 만성 적용(3~10), $UF_L$: NOAEL 대신 LOAEL을 사용할 때(3~10), $UF_D$: 동물실험 자료가 불충분할 때(3~10).

### 3. 노출평가(exposure assessment)

제3장에서 언급했듯이 노출은 인간이 유해 환경오염물질(유해인자)과 접촉하는 것이다. 여기서 접촉은 다음의 2가지 의미가 있다. 첫째, 시각적으로 볼 수 있는 사람의 외부 즉 피부, 입, 콧구멍이며, 둘째, 피부, 폐, 위장관같이 흡수가 일어나는 교환 경계이다. 이런 다른 정의의 모호함 때문에 미국환경청(1992)에서는 첫째의 시각적 외부 경계를 노출의 정의로 결정하였다.

이런 정의에서 노출평가란 환경오염물질(유해인자) 접촉의 양적 또는 질적 평가이다. 접촉에는 강도, 빈도 및 기간, 노출 경로(피부, 경구, 호흡기), 흡수율이 연관되며, 실제적으로 접촉을 통하여 유입되는 양(용량, dose)과 인체에 흡수되는 양(내부용량, internal dose)이다. 〈그림 12-8〉은 노출의 역할을 나타내고 있다(Sexton 등, 1995).

사회적 관점에서 노출을 연구한 Faber(2002)는 환경정의(environmental justice) 개념에서 저소득층과 산업장 근로자가 유해 화학물질에 고

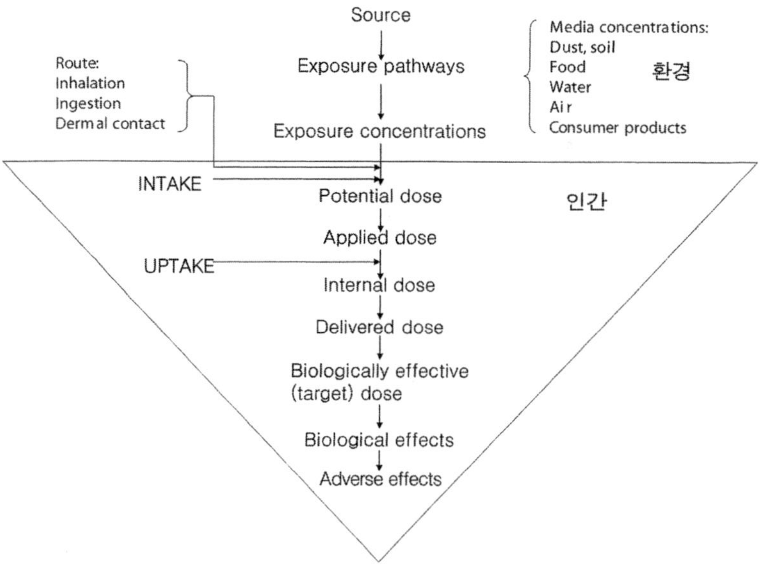


**<그림 12-8> 노출의 역할**

노출(high exposure)되는 것으로 보고하며 쾌적한 환경을 누리는 것도 불평등할 수 있음을 나타내었다. 또한 사회적 약자이며 민감집단인 유아, 어린이, 노인, 임산부, 장애인의 노출을 고려해야 한다.

### 1) 노출경로

인간은 다양한 경로를 통해서 유해인자와 접촉한다. 노출은 오염된 음식 및 음용수를 먹을 때 또는 독성 유해인자의 호흡에 의해 발생될 수 있다. 피부노출은 유해인자가 피부를 통하여 유입되는 것이다. 유해인자가 발생되어 다양한 매체 공기, 음식, 물, 토양 등을 통하여 용량과 농도가 변할 수 있고, 또 다른 형태로 변형될 수 있기 때문에 거동(transport 및 fate)은 매우 중요하다. 또한 유해인자의 환경 속 축적성, 감소성, 생물학적 농축도 반드시 고려되어야 한다.

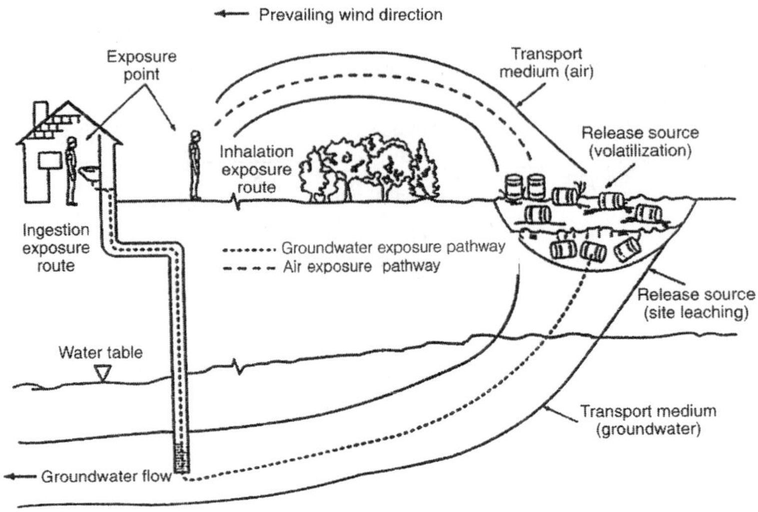


**〈그림 12-9〉 유독 폐기물 저장소에서 경로에 따른 노출(EPA, 1989)**

〈그림 12-9〉는 유독 폐기물 저장소에서 배출된 유해인자가 다양한 매체를 통하여 인간에게 노출되는 경로를 나타낸 것이다.

### 2) 노출추정

환경오염물질의 사람 노출량(용량)은 과거 수십 년 동안 상당한 주목을 받아 왔다. 하지만 유해물질의 노출량을 정확히 측정하는 것은 불가능하다. 예를 들면, 분진의 노출량을 측정하려면 사람의 폐를 절단하여 폐에 축적된 분진량을 측정해야 하기 때문이다. 따라서 노출량은 직접 또는 간접적으로 추정할 수밖에 없다. 직접적 방법은 유해인자를 환경(실내환경)에서 측정하는 것이며, 간접적 방법은 수학적 모델을 사용하는 것이다. 그 밖에 다양한 노출추정 방법이 있다(〈표 12-2〉 참조).

**<표 12-2> 노출추정 방법**

| 노출평가 방법들 | 노출량 추정 능력 |
|---|---|
| -총 생산량(유해물질) | 일반적으로 낮은 비용과 낮은 정확성 |
| -총 배출량 | |
| -일반 환경 중의 농도 | ↓ |
| -국소환경에서의 농도(실내환경 등) | ↓ |
| -인간의 접촉량(개인시료 포집기 등) | |
| -신체 내 용량(혈액, 요 등 신체조직) | 일반적으로 높은 비용과 보다 높은 정확성 |

### (1) 위해성 평가의 노출추정

위해성 계산에서 노출은 발암물질의 Lifetime Average Daily Dose (LADD) 또는 Chronic Daily Intake(CDI)와 비발암물질의 Average Daily Dose(ADD)로 표현된다. 용량－반응평가로부터 오염물질에 단위농도의 노출로 부과될 수 있는 위해도를 산출하였으나, 실제적인 노출환경으로부터 노출 가능한 인구집단(예: 근로집단, 학생, 가정주부 등)이 어느 정도의 위해에 처해 있는지를 알기 위해서는 노출량을 평가한다. 오염물질에 노출우려가 있는 인구집단에서 위해가 발생할 수 있는 정도를 결정하기 위해서는 인체노출량을 평가하며, 만성노출을 포함하여 대부분의 경우 mg/kg/day(오염물/체중/1일)로 표현한다. 인체노출량 예측은 노출된 인구집단의 크기, 노출강도(magnitude), 일일 호흡률, 체중, 노출빈도(frequency), 노출기간(duration), 노출경로, 기대수명 등의 노출변수를 고려하여 산출할 수 있으며, 노출시나리오(scenario)를 가정하여 노출량을 산정할 수도 있다.

비발암물질에 대한 장기적 노출을 평가할 때 노출은 노출기간에 대한 평균노출을 사용하여 계산하고, 발암물질의 경우는 평생에 대한 총 누적용량 할당에 의해 계산한다. 이러한 이유로 위해성 평가에서는 비발암물질의 경우 평균시간(averaging time)을 노출기간과 동일하게 적용하고, 발암물질의 경우 기대수명(대부분 70년)을 적용하고 있다(EPA, 1997).

$$LADD(mg/kg/day) \text{ 또는 } ADD(mg/kg/day) = \frac{CA \times IR \times ED \times AF}{BW \times AT \times 1000}$$

여기서 CA: 유해인자 농도(음식: μg/kg, 음용수: μg/L, 공기: μg/m$^3$), IR: 호흡률(음식: μg/hr, 음용수: L/hr, 공기: m$^3$/hr), ED: 노출기간(hr=ET(노출시간, hr/day)×EF(노출빈도, day/year)×ED(노출기간, year)), AF: 흡수분율, BW: 체중(kg), AT: 평균시간(days, (발암물질 또는 만성영향: 70년(25,550일), 비발암물질 또는 급성영향: AT=ED).

오염물질의 농도는 인체와 접촉하고 있는 매체(공기, 물, 음식, 토양 등) 내에서 오염물질의 농도를 나타내고, 흡수분율은 오염물질에 노출되어 인체 내에 들어가는 총 오염물질의 유효분율을 말한다. 일반적으로 흡수분율이 결정되지 않은 물질들은 인체에 노출된 양의 100%가 흡수된다고 가정하고 있다. 노출평가에서 일반적으로 가정하는 것을 〈표 12-3〉에 나타내었다(Hoppin 등, 1993).

**〈표 12-3〉 표준 노출평가 가정**

| 주요 인자 | 가 정 |
|---|---|
| 전생애 기간 | 70~74년 |
| 호흡률(성인) | 20m$^3$/일 |
| 체중(성인) | 70kg |
| 음용수 소비 | |
| 성인 | 1.4~2.0L/일 |
| 어린이 | 1.0L/일 |
| 거주기간 | |
| 평균 | 9년 |
| 최대 | 30~70년 |

(2) 시간가중평균을 이용한 노출추정

한 사람(i)의 24시간 동안 개인노출(Ei)은 시간활동행태(time-activity pattern)에 가중치를 부여한 각 국소환경(microenvironment) 노출의 합으로 표현할 수 있다(WHO, 1999).

$$Ei = \sum_{j=i}^{m} Eij = \sum_{j=i}^{m} Fij \times Cij \qquad (1)$$

여기서 Eij: 개인(i)의 국소환경(j)($\mu$g/m$^3$) 노출, Fij: 개인(i)이 하루 24시간 동안 국소환경(j)에서 보낸 시간 분율, Cij: 개인(i)이 존재한 각 국소환경에서 평균 공기오염물질 농도($\mu$g/m$^3$), m: 각 국소환경의 수.

식 (1) 모델(model)에서 각 국소환경의 공기오염물질 농도와 어떤 한 개인이 각 국소환경에서 보낸 시간을 알면 개인노출을 추정할 수 있다. 주요 국소환경으로는 주택 실내환경, 직장 실내환경, 차량 실내환경, 실외 대기환경이다. 중요한 점은 사람은 실내환경에서 많은 시간을 보내기 때문에 실내환경의 공기질 농도를 측정하면 개인노출을 추정할 수 있다는 것이다. 미국에서 연구된 시간활동행태 조사에 의하면 사람들은 평균적으로 87.2%를 실내환경에서 생활하였고, 차량에서 7.2%, 실외환경에서 5.6%인 것으로 나타났다(Robinson과 Nelson, 1995). 우리나라 통계청에서 조사한 생활시간조사 보고서에 의하면 10세 이상에서 전 국민은 하루 24시간 중 필수 활동(수면, 식사, 기타)을 위해 10시간 18분, 일하는 데 8시간 42분, 여가활동에 5시간을 사용하는 것으로 나타났다(통계청, 1999). 여기서 실내활동과 실외활동을 명확히 구분하기는 힘들지만 대략 미국 국민의 활동행태와 비슷한 수준인 실내활동을 하는 것으로 볼 수 있다.

Son 등(2003)은 VOCs 중 톨루엔과 n-Octane이 주택 실내농도 및 주택 실외농도와 각 국소환경의 시간활동행태만으로 식 (1) 모델식에 적용하여 개인노출을 추정할 수 있었으며, Lee 등(2000)은 $NO_2$ 노출 연구에서 주택 실내, 사무실 실내, 주택 실외농도와 시간활동행태로 개인노출을 추정할 수 있다고 보고하였다.

한편 우리나라뿐만 아니라 선진외국에서는 정부의 환경관련 부서에서 대도시 및 공단지역을 중심으로 대기측정망을 설치하여 연속적으로 실시간 대기오염물질을 측정하고 있다. 대기질 측정은 산업혁명 이후 영국의 런던 Smog(1952년, 4,000명 이상이 사망), 뮤즈계곡 사건(1930년), 도노라 사건(1948년), LA 사건(1954년), 요코하마 사건(1946년) 등으로 인한 대기오염의 심각성을 고려하여 설치되었으나, 이미 언급했듯이 실내공기질과 실외 대기질이 오염물질의 농도와 종류가 같지 않음을 고려할 때 대기측정망으로는 명확히 개인노출을 평가하기 어렵다. 양 등(2001)은 $NO_2$ 개인노출 연구에서 대기측정망의 $NO_2$ 농도로 개인노출을 평가할 수 없음을 지적하였고, 그 원인으로 $NO_2$는 실내환경 및 실외 대기 모두에서 발생원을 갖고 있기 때문이며 또한 각 개인 활동행태가 다르기 때문으로 보고하였다.

### 4. 위해도 결정(risk characterization)

위해도 결정은 목적 유해인자에 용량－반응평가 및 노출평가 단계에서 도출된 정보를 종합하는 과정으로 대상 인구집단이 평가대상물질에 노출되어 악영향이 발생할 확률을 결정하는 것이다. 앞 단계에서 수행한 정량적인 계산 결과를 해석하고 계산상에서 수반될 수 있는 불확실성에 대해 평가하여 의사결정에 적절히 적용할 수 있도록 하는 단계이다. 위해성 평가 방법은 인체 노출량 산정

후 물질을 발암성·비발암성 유해물질로 구분하여 위해도를 산정하는 것이다. 또한 일반적으로 위해도 결정은 최대 노출농도를 이용하여 최악의 상황(worst case scenario)과 합리적 노출농도(reasonable exposure)를 같이 계산한다(Hoddinott 등, 2000).

1) 발암위해도의 정량화

실제 공기오염물질 노출에 따른 초과 발암위해도(excess lifetime cancer risk)를 산정한다. 이용된 가정들을 명시하고, 발생 가능한 불확실성을 반드시 기술 또는 분석하여야 한다. 초과 발암위해도가 일반적인 허용위해도로서 무시해도 좋은 $10^{-6}$(또는 $10^{-5}$)의 위해도(de minimis risk)를 초과하면 허용 가능한 수준으로 간주하지 않는다.

Risk(Excess cancer risk)

$$=\mathrm{SF}[(\mu g/kg/day)^{-1}]\times \mathrm{LADD}[\mathrm{Intake}=(mg/kg/day)]\times 1000$$

$$=\mathrm{Concentration}(\mu g/m^3)\times \mathrm{Unit\ risk}(\mu g/m^3)^{-1}$$

2) 비발암성 위해도의 정량화

현 비발암 독성 위험값이 1을 초과하는 경우에는 악영향이 발생할 가능성을 제시해 주며 1 이하인 경우에는 안전역에 속해 있음을 제시해 준다. 여러 가지 비발암성 물질에 노출된 경우에는 유해물질의 표적장기 또는 부정적 건강영향의 종류에 따라 묶어 비슷한 건강영향을 갖는 물질의 위험값(HQ)을 합하여 위험지수(Hazard Index, HI)를 구한다. 위험지수(HI)가 1 이상이 되면 부정적인 건강영향이 우려된다는 의미이다.

$$
\begin{aligned}
\text{위험값}(Hazard\ \ Quotient : HQ) &= \frac{LADD\ (mg/kg/day)}{RfD\ (mg/kg/day)} \\
&= \frac{LADD\ (mg/kg/day)}{RfC(mg/m^3) \times IR(m^3/day)/BW(kg)} \\
&= \frac{CA(\mu g/m^3)}{RfC(\mu g/m^3)}
\end{aligned}
$$

여기서 RfC(reference concentration)는 용량-반응평가의 값으로 노출(호흡)로 인한 참고치이다. 따라서 RfC는 노출된 사람집단에서 악영향의 위해가 없는 농도의 예측치이다.

3) 위해도 표현

위해도 결정은 위해 정보를 종합하고 제공하는 것이다. 위해 관리자는 최종 위해도 결정을 바탕으로 정책 등을 입안하기 때문에 위해도 표현은 매우 중요하다. 위해도 표현은 다음 사항을 고려해야 한다. ① 매년과 전 생애 기간 동안의 위해, ② 개인 및 인구집단의 위해, ③ 평균 및 최대 노출에 따른 위해, ④ 기여위험도(attributable risk)와 상대위험도(relative risk), ⑤ 위해의 점 추정치와 위해 분포도이다.

4) 불확실성 분석

위해성 평가 과정은 과학적 자료와 가정에 의존하기 때문에 불확실성 분석이 요구된다. 최근 불확실성 분석은 몬테카를로(Monte-Carlo) 모의실험을 이용하여 점값(point value) 활용 시 발생하는 오류로 인한 비현실성과 불확실성을 줄일 수 있다(Schuhmacher 등, 2001).

## 5. 위해도 관리(risk management)

위해성 평가의 궁극적인 목적은 위해성 관리를 위한 정보 즉 정책입안 및 규제방안, 특히 환경기준(실내공기질 기준) 설정을 제공하는 데 있다. 위해도 관리는 정책 관리자에게 정치적, 사회적, 경제적, 공학적 정보와 함께 위해 관련 정보를 제공함으로써 적절한 법률적 방법을 채택할 수 있도록 하는 것이다(NRC, 1983).

### 1) 수용 가능한 위해

수용 가능한 위해(acceptable risk)란 어떤 사회가 기술 또는 생활의 편익에 대해 교환할 수 있으며 기꺼이 허용할 수 있는 위해를 의미한다. 위해 관리자가 잠재적 위해와 이익을 비교하고 가중치를 부여할 수 있는 역할을 할 수 있으며, 수용 가능한 위해 수준을 결정할 수 있다(〈그림 12-10〉 참조; Kolluru, 1996).

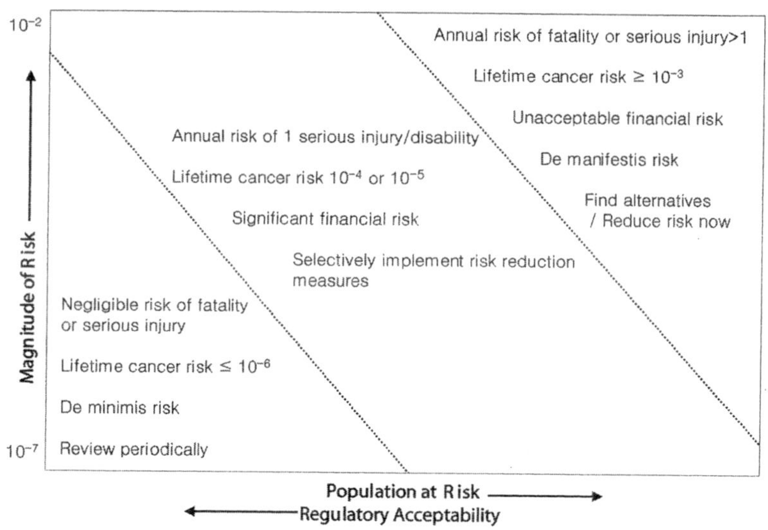


**〈그림 12-10〉 위해성 관리에서 위해를 기본으로 한 접근**

(1) 무위해

무위해(zero risk) 원칙에 의하면, 위해는 위해의 정도나 사회적 이익에 상관없이 수용할 수 없는 것을 의미한다. 무위해 원칙은 환경운동가 및 공중 보건자에게 옹호를 받았지만, 일반적으로 실행 불가능하며 획득될 수 없다. 또한 위해가 없는 사회는 바람직하지 못할 수 있다. 왜냐하면 위해가 없는 사회란 우리가 현재 누리고 있는 많은 기술적 이익과 미래의 기술적 발전 및 개발을 없애야 하기 때문이다.

무위해 원칙의 좋은 예는 식품, 약, 화장품 법령의 부분으로 의회에서 제안된 '델라니 조항(Delaney Clause)'이다. 1958년 미국 뉴욕주의 델라니 상원의원이 만든 '델라니 조항'은 발암물질은 식품에 일절 들어가선 안 되며 유해물질은 극미량도 허용하지 않겠다는 무위해 원칙을 주장하였다. 물론 소비자로부터 큰 갈채를 받았지만 이 조항은 오래가지 못해 미국식품의약국(FDA) 및 환경보호청(EPA)에서 폐기 처분됐다. GC-MS 등 정밀한 분석 장비의 발달로 1조 분의 1g(pg)까지 검출해 낼 수 있는 현실에서 무위해의 원칙을 고수하기란 현실적으로 불가능했기 때문이다.

(2) De Minimis 위해

De Minimis 원칙은 매우 적은 위해 즉 무시될 수 있는 위해를 의미한다. 이 원칙은 실용적이며 역치 접근법과 비슷한 면을 갖고 있다. 미국 EPA와 FDA는 개인 평생 위해를 백만 명에 1명($1\times10^{-6}$) 또는 그 이하를 일반 대중에 대해 수용 가능한 것으로 생각하였다. 그러나 법률 집행기관에서는 사회의 모든 구성원이 수용 가능한 수준을 설립하기 어렵기 때문에 De Minimis 위해 채택을 꺼렸다. 이것 때문에 De Minimis 위해를 자연 배경수준의 위해와 같은 것으로 하거나 과거에 수용되었던 위해를 De Minimis로 하는 제안을 하기도 하였다.

(3) De Manifestis 위해

De Minimis 위해 원칙과 달리, De Manifestis 원칙은 위해들이 너무 커서 즉시의 주의를 요구할 때이다. De Manifestis 원칙은 중대한 화학사고 또는 기술적 재해에 대해 사용될 수 있으며, 천 명에서 1명 이상의 위해($1 \times 10^{-3}$)는 정부의 즉각적 대응을 요구한다.

2) 위해성 관리 구조

위해성 관리의 명확한 역할에 대해서는 논쟁이 있지만, 6단계의 위해성 관리 구조로 설명될 수 있다. ① 문제를 정의한다, ② 위해를 분석한다, ③ 선택을 고려한다, ④ 결정한다, ⑤ 행동을 취한다, ⑥ 취한 행동을 평가한다(〈그림 12-11〉 참조).

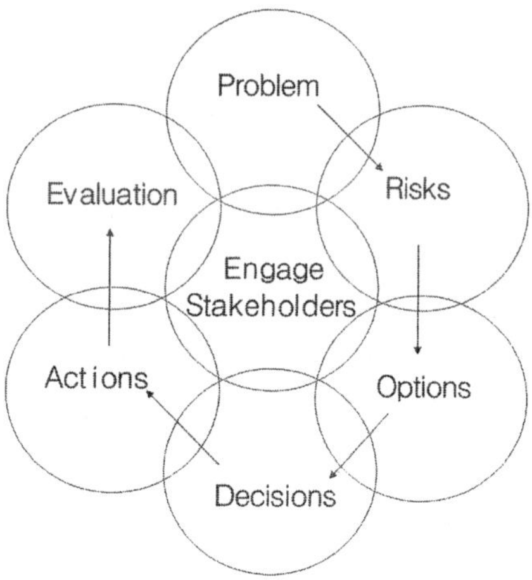


〈그림 12-11〉 위해성 관리 구조

### 6. 위해도 전달

위해도 전달(risk communication)은 위해 또는 위해 관리 결정에 대하여 정보를 전달하는 과정이다. 개인 또는 인구집단에게 위해의 현존성, 본성, 심각성, 수용 가능성 등의 정보를 제공하는 것이다. 위해도 전달의 주된 목적 중 하나는 공공적 논쟁과 연계하여 정책 결정자에게 더 좋은 정보를 제공하는 것이다. 예를 들면 법률적 소송에서 위해도 전달 과정은 과학적 증거를 설명하고 위해에 대한 과학적 지식을 요약 기술하는 것이다.

전달이란 용어 자체가 전달 및 수용의 의미를 갖고 있듯이, 그 과정 속에서 의미가 왜곡되거나 변형될 소지가 있다. 또한 위해에 대한 인식은 전문가와 일반인 사이에 상당한 차이가 있다. 그만큼 위해도 전달은 중요하며, 최근에는 공중 및 개인 분야에서 위해성 관리의 필수적 요소로 인식되고 있다. 최근의 위해도 전달 노력은 공중의 위해 인식 및 위해성 평가방법을 기반으로 한 정책결정의 수용에서 나타나고 있다. 이것은 특별히 부모, 선생님 또는 빌딩의

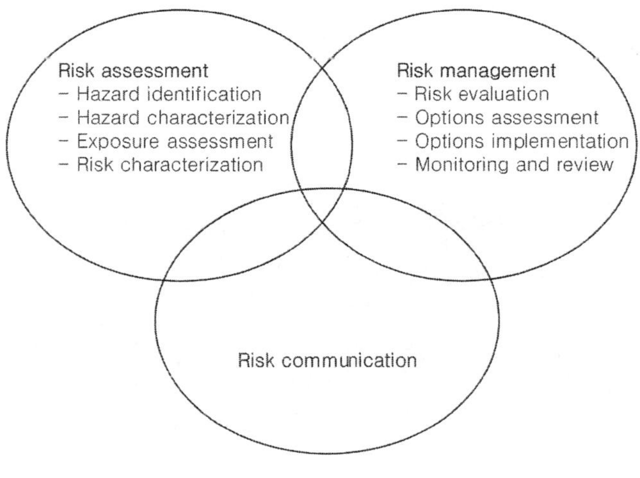


**<그림 12-12> WHO 위해 분석 구조**

재실자에게 관심이 되는데, 예를 들면 건축물에 거주하는 어린이의 설명할 수 없는 증상으로 인한 부모의 두려움은 기술적인 위해도 전달의 중요성을 나타낸다.

### 7. 실내공기질 위해성 평가 사례

Naugle 등(1991)이 실내환경에서 위해성 평가과정과 주택 실내외 및 작업장에서 벤젠을 대상으로 추정한 위해 결과를 다음에 나타내었다(〈그림 12-13〉 및 〈표 12-4〉 참조).

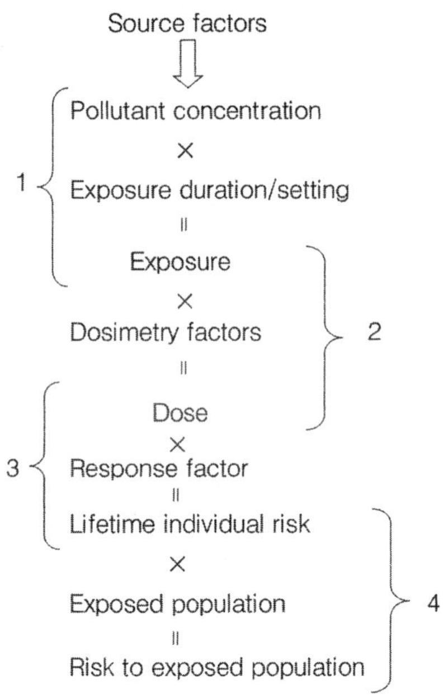


1. 노출(exposure): 평생 동안 총 노출 ⇒실내공기 오염물질 농도(mg/m³)×노출기간(days)=노출(mg/m³×days)
2. 용량(dose): 평생 동안 하루당 평균 노출량 ⇒노출(mg/m³×days)×용량요인(접촉률: m³/day, 흡수율: %, 평균 체중 역수: 1/kg 또는 평생 기간 일(day)의 역수: 1/days)=용량(mg/kg/day)
3. 평생 동안 개인 위해: 개인위해 ⇒ 용량(mg/kg/day)×반응요인((mg/kg/day)⁻¹(확률/평생))=확률/평생
4. 노출집단의 위해: 연당 노출집단에서 추정된 건수 ⇒ 평생 개인 위해(확률/평생)×노출집단(사람수)×(평생/년〈70〉))=노출집단 위해(건수/년)

**〈그림 12-13〉 노출 및 위해도 계산**

**<표 12-4> 벤젠 노출에 따른 위해성 평가(Naugle 등, 1991)**

| 발생 요인 (A) | 공기 오염 물질 농도 (B) | 노출 기간 /장소 (C) | 노출 (D) | 용량 요인 (E) | 용량 (F) | 반응 요인 (G) | 평생 개인 위해 (H) | 노출 집단 (I) | 노출 집단의 매년 위해 (J) |
|---|---|---|---|---|---|---|---|---|---|
| A ⇒ | B × | C = | D × | E = | F × | G = | H × | I = | J |
| 건자재<br>복사기<br>가구<br>가스레인지<br>생활용품<br>히터<br>흡연 | ETS<br>비이온화<br>방사선<br>유기물<br>석면<br>무기물<br>생물학적 | 단기간<br>장기간<br><br>실내,<br>직장실내,<br>실외 등 | - 직접 측정<br><br>- B×C 의해 계산 | - 접촉률<br>- 흡수율<br>- 평균 체중<br>- 평균 평생 | - 시간당 체중당 공기오염 물질 질량 | 발암력<br>- 비발암 물질의 역치<br>- 기준 노출량 | - 질병 발생<br><br>- 사망 | - 유아<br>- 어린이 (집,학교)<br>- 성인 (근로자, 흡연자) | |
| 실내: 밤 | $3.0\times10^{-2}$ ($mg/m^3$) | 12h/d ×1065[a] | $3.8\times10^{2}$ ($mg/m^3\cdot day$) | $1.1\times10^{-5}$[b] ($m^3/kg$) · ($day^2$/ $lifetime)^{-1}$ | $4.2\times10^{-3}$ (mg/kg/day) | 0.028 $(mg/kg/day)^{-1}$ | $1\times10^{-3}$ (70년 동안 벤젠 노출에 따른 암에 걸릴 확률은 10,000명 중에 1명으로 추정) | 50만 명 | 500,000명 $\times(1\times10^{-3})$ ×(1/70년) =0.7 cancers/년 (대상 인구 집단에서 일 년에 발생할 암 환자의 확률은 0.7명으로 추정) |
| 실내: 낮 | $2.6\times10^{-2}$ ($mg/m^3$) | 5hr/day ×1065[a] | $1.4\times10^{2}$ ($mg/m^3\cdot day$) | $1.1\times10^{-5}$[b] ($m^3/kg$) · ($day^2$/ $lifetime)^{-1}$ | $1.5\times10^{-3}$ (mg/kg/day) | | | | |
| 실내: 직장 | $3.2\times10^{-1}$ ($mg/m^3$) | 6.6hr/day× 1065[a] | $2.2\times10^{3}$ ($mg/m^3\cdot day$) | $1.5\times10^{-5}$[c] ($m^3/kg$) · ($day^2$/ $lifetime)^{-1}$ | $3.4\times10^{-2}$ (mg/kg/day) | | | | |
| 실외 | $9.5\times10^{-3}$ ($mg/m^3$) | 0.4hr/day× 1065[a] | 4.0 ($mg/m^3\cdot day$) | $2.5\times10^{-5}$[d] ($m^3/kg$) · ($day^2$/ $lifetime)^{-1}$ | $1.0\times10^{-4}$ (mg/kg/day)<br>총 $4.0\times10^{-2}$ | | | | |

◀──── 유해성 평가(확인) ────▶

**노출평가**

(a): (1day/24hr)×(365days/yr)×(70yrs/lifetime)=1,065

(b): (20$m^3$/day, 호흡률)×(100%, 흡수율)×(1/70kg)×(1lifetime/25,550days)=$1.1\times10^{-5}$

(C): (26$m^3$/day, 호흡률)×(100%, 흡수율)×(1/70kg)×(1lifetime/25,550days)=$1.5\times10^{-5}$

(d): (45$m^3$/day, 호흡률)×(100%, 흡수율)×(1/70kg)×(1lifetime/25,550days)=$2.5\times10^{-5}$

**용량－반응**

<주요 가정>

- 역치 없음
- 선형 단위위해도
- CAG 발암력
- 발암력: 역학자료를 근거로 하며, 평생 70년
- 건강한 근로자

**위해성 결정**

◀●●●● 위해성 평가 ●●●●▶

### 12.3.3 목표 정화 수준

위해성 평가에서 정량화된 위해도를 이용하여 환경기준 및 목표 정화 수준을 결정할 수 있다. 이해를 위하여 예를 들어 설명하면, 〈그림 12-14〉와 같이 지하에 설치된 가솔린 탱크에서 기름이 유출되어 VOCs가 주택의 실내환경으로 유입되는 것으로 가정해 보자. 주택 실내에서 측정된 벤젠(발암물질) 농도 1$\mu g/m^3$, 노출기간 30년, 노출빈도 350일/년, 실내공기 호흡률 15$m^3$/일, 평균시간 70년, 체중 70kg로 가정할 때, 벤젠으로 오염된 토양으로부터 주거지 실내로 유입된 공기의 흡입으로 인해 성인이 입게 되는 노출량과 발암확률(벤젠의 발암력: 0.028$(mg/kg/day)^{-1}$)은 다음과 같다.

$$LADD = \frac{1\mu g/m^3 \times 15m^3/\text{일} \times \text{흡수율}(=1) \times 350\text{일}/\text{년} \times 30\text{년}}{70kg \times 70\text{년} \times 365\text{일}/\text{년} \times 1000\mu g/mg}$$

$$= 0.000088\, mg/kg/day$$

$$Excess\ \ cancer\ \ risk = LADD(0.000088mg/kg\text{-}day) \times SF(0.028(mg/kg/day)^{-1})$$

$$= 2.55 \times 10^{-6}$$

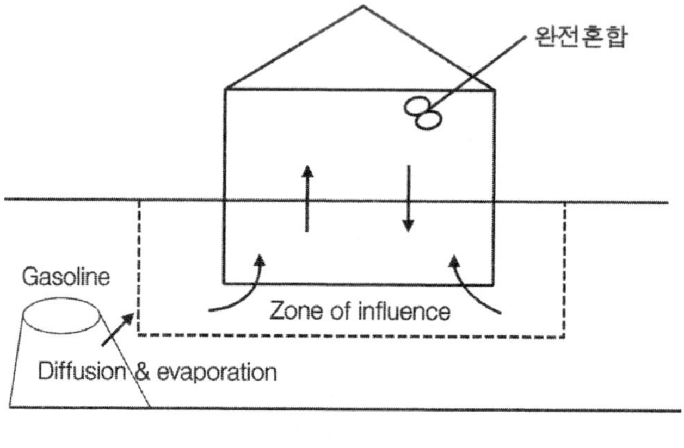


〈그림 12-14〉 지하 가솔린 탱크로부터 유해 공기오염물질의 실내환경 침투

이 결과는 주택 실내에서 벤젠에 30년 동안 노출되었을 때 2.55명이 초과 발암 가능성을 보이고 있다. 또한 앞의 예에서, 토양으로부터 벤젠의 침투에 의한 실내공기의 흡입으로 인한 위해성으로부터 성인을 보호(위해성=$1\times10^{-6}$)하기 위한 목표 정화 수준, 즉 토양의 벤젠농도를 어느 정도까지 줄여야 하는가? 답은 생각보다 간단하다. 목표 위해성을 $1\times10^{-6}$으로 하여 계산하면 다음과 같다.

$$\text{목표정화수준} = \frac{\text{목표위해성}(1\times10^{-6})}{\text{발암확률}(2.55\times^{-6})} = 0.39\,\mu g/m^3$$

발암확률을 목표 위해성만큼 감소시키기 위해서는 현재 주택 실내의 벤젠농도 $1\mu g/m^3$을 $0.39\mu g/m^3$의 농도까지 감소시켜야 한다.

〈연습문제〉

1. 위해성 평가의 중요성을 기술하라.
2. 위해성 평가와 위해성 관리를 비교 설명하라.
3. 위해성과 유해성의 차이를 설명하라.
4. 위해성 평가는 어떻게 활용될 수 있는지 설명하라.
5. 위해성 평가 4단계를 간략히 기술하라.
6. 용량-반응평가 단계에서 역치(threshold)란 무엇인가?
7. 노출추정방법을 기술하라.
8. 위해도 결정이 발암성과 비발암성으로 구분되는 것과 각각의 정량화 방법을 기술하라.
9. 무위해(zero risk)란 무엇이며, 무위해 원칙의 문제점을 기술하라.
10. 위해도 전달의 중요성을 기술하라.
11. 기름이 유출되어 벤젠으로 오염된 토양으로부터 주거지 실

내환경으로 유입되는 것을 가정해 보자. 주택 실내에서 측정된 벤젠(발암물질)의 농도 2$\mu$g/m$^3$, 노출기간 30년, 노출빈도 350일/년, 실내공기 호흡률 15m$^3$/일, 평균시간 70년, 체중 70kg로 가정할 때, 벤젠으로 오염된 토양으로부터 주거지 실내공기의 흡입으로 인해 성인이 입게 되는 노출량과 발암확률(벤젠의 발암력: 0.028(mg/kg/day)$^{-1}$)을 계산하라. 그리고 토양으로부터 벤젠의 침투에 의한 실내공기의 흡입으로 인한 위해성으로부터 성인을 보호($1\times10^{-6}$)하기 위한 목표 정화 수준, 즉 토양의 벤젠농도를 어느 정도까지 감소시켜야 하는지를 계산하라.

제 13 장

# 실내공기 관리 및 법규

# 제 13 장 실내공기 관리 및 법규

산업장의 유해물질 배출 및 대기오염은 1960년대 이후로 개인, 공공 및 정부에게 주목을 받았지만, 우리가 대부분의 시간을 보내는 실내환경의 공기오염은 유아, 노약자, 근로자를 고려할 때 상대적으로 그렇지 못했다. 실제로 많은 연구결과가 실내환경의 라돈, 환경성 담배연기, HCHO, VOCs, 석면 등이 재실자에게 건강영향이 높음을 보고하였지만, 국내외 정부의 실내공기질에 대한 행정 및 법적 규제는 미흡한 형편이다(Olesen, 2004).

## 13.1 실내공기오염 관련 법규

국제적으로 실내공기질 지침(guideline) 및 기준(standard) 설정에 가장 큰 영향력을 갖고 있는 조직은 WHO와 ASHRAE이다(Avgelia 등, 2004).

### 13.1.1 기준 설정단계

실내공기질 기준(Indoor Air Quality Standard, IAQS)은 인간 건강영향 정도에 따른 규제방법이라고 할 수 있다. 실내공기오염이 인간에게 미치는 영향을 판단하기 위해서는 실내공기 오염물질의 농도가 인간 건강에 미치는 영향 정도에 대해서 과학적으로 입증된 판정기준(criteria)이 기본적으로 중요하며 이 판정기준을 기본으로 해서 기준이 정해진다(〈그림 13-1〉 참조). 기준의 설정은 먼저 실내공기 오염물질이 인간의 건강에 어떻게 유해한 것인지 입증하는 판정기준의 설정에서 출발한다. 각종 생물학적 독성실험, 기존의 사고 기록, 역학 및 동물실험 등의 자료를 이용하기 때문에 안전계수(safety factor)를 고려하여야 한다. 판정기준을 바탕으로 실내공기 오염물질의 노출량과 건강영향의 관련성을 평가하여 지침(guide)이 결정되며, 지침을 기초로 유아 및 노인층 등의 민감집단을 포함한 공중보건의 보호 차원에서 권고치(recommendation)가 설정된다. 설정된 권고치를 기본으로 경제학자, 기업, 오염방지 기술자, 행정기관, 이해관계자(stakeholder) 등이 참여하여 정책적인 면을 고려한 후 지침치가 결정된다. 지짐치를 정식으로 정부기관(환경부, 국회)이 수용하게 되면 기준이 된다. 기준은 이상적인 수준인 판정기준에 접근하기 위한 것이지만 현실적으로 그렇지 못한 경우가 많다. 따라서 사회적, 경제적, 기술적 여건을 감안하여 단계적인 목표치로서 기준을 설정하게 된다(신용승 등, 2004).

WHO(2000)의 대기환경기준 설정을 참고로 하면, 지침과 권고치는 실내공기 오염물질의 인간 건강영향에 대해 권고의 한 종류

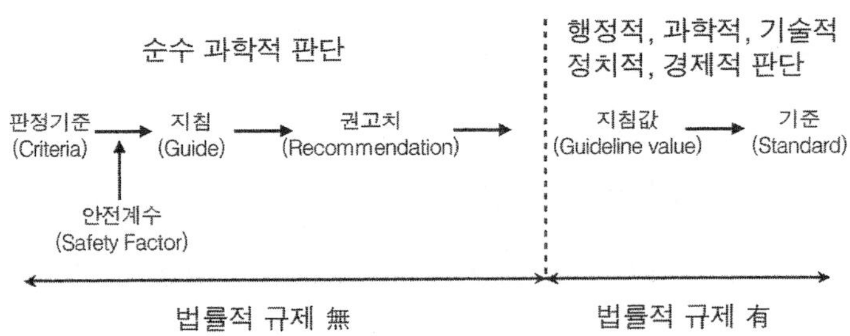


**<그림 13-1> 실내공기질 기준 설정 단계**

로 정의할 수 있다. 지침은 숫자적 값을 제시할 수 있고, 노출-반응 정보 또는 단위 위해도 추정값으로도 나타낼 수 있다. 지침값은 지침의 특별 형태로 평균 시간을 고려한 숫자적 값으로 표현된다. 지침값이 모든 인간에게 건강영향이 전혀 없는 값을 보증할 수는 없지만, 기본적으로 건강영향이 없는 것으로 가정한다. 지침값을 한 국가의 정부가 수용하게 되어 법률적 규제가 성립되면 기준이 된다. 기준은 지침값과 달리 많은 요인을 고려하여 결정된다. 예를 들면, 지침값에서 기준이 되기 위해서는 공기오염물질 측정기술 및 처리기술 등의 과학적·기술적인 면, 노출 및 위해 수용 가능성의 위해성 평가, 비용-편익 분석 등의 경제적인 면, 이해관계자를 고려한 정치적인 면, 법률적인 면 등을 고려해야 한다.

환경기준(실내공기질 기준)의 설정은 기본적으로 위해성 평가(인간, 환경, 생태, 작업장 위해성 평가) 과정과 비슷함을 알 수 있다. 이것은 환경기준이 인간건강 영향 정도에 따른 규제방법이기 때문이다. 미국의 대기환경기준은 2가지 유형이 있는데, 1차 대기환경기준은 민감집단을 포함한 공중보건을 보호하기 위한 기준이며, 2차 기준은 동물, 식물, 작물, 건물의 피해 등 공중복지(public welfare)를 보호하는 차원이다. 1차 대기환경기준은 민감집단이 포함되어 있기 때문에 충분한 안전계수를 고려한다.

최근 미국 환경청의 대기환경기준 검토 과정을 살펴보면 다음의 4단계로 구성되어 있다. 4단계는 계획(planning), 종합된 과학적 평가(integrated science assessment), 노출 및 위해성 평가(exposure & risk assessment), 정책평가 및 기준설정(policy assessment & rulemaking)이다. 결국 위해성 평가는 환경기준 설정 및 제·개정의 기본이라고 할 수 있다.

### 13.1.2 실내공기질 관련 법률 소송

실내공기질 법률 소송은 복합적 양상을 나타내고 있다. 고소인이 다양한 피고인(건축자, 공학자, 빌딩 소유자, 건축자재 판매자, 설치자, 빌딩 관리자 등)에 대해 소송을 제기할 때 실내공기오염의 원인을 밝혀내는 것이 쉽지 않기 때문이다. 특정 오염물질에 대해 명확한 건강 증상이 있으면 간단히 해결 가능하지만, 대부분의 경우 원인적 연관성을 찾기 어려우며 건강상의 증상 전에 실내공기질 조건 및 상태를 평가해야 하는 기왕(retrospective) 해석에 의존할 수밖에 없다. 이것은 과거의 화학적, 생물학적, 물리적 유해 인자의 노출 및 노출경로를 확인하기가 어렵기 때문이다(Diamond, 2000).

실내공기오염과 관련한 소송은 공교롭게도 미국 환경청(EPA) 본부의 직원들이 SEW Investor Inc.(1993)에게 빌딩소유자 및 관리자에게 한 것이다(Bahura v. SEW Investor, Inc., 1993). 수년간의 보수작업 동안 유해 공기오염물질의 노출로 인해 복합화학물질과민증(MCS)과 실내공기오염관련 질병 발생을 고소하였다. 소송 판결 결과에서 법정은 백만 달러를 고소인에게 지불하도록 판결하였다. 미국 플로리다 Stuart의 Martin County Courthouse에서, 마틴 군(County)이 디자인업자, 건축업자, 기계공학자, 하청업자, 보험회사를 상대로 1,150만 달러의 보상을 받았다. 이 경우는 초기 냉방장치의 문제점에서 출발하여 벽과 창문의 균열 및 공조장치 문제 등으로 벽과 천장의 곰팡이류 증가로 인한 재실 근로자의 호흡기 질환, 피부발진 등 때문에 소송이 야기되었다(Martin County v. Frank J. Rooney, Inc., 1996). 폭넓게 알려진 경우는 빌딩 사무실의 임차인이 소유주를 비롯하여 건축업자, 공학자, 하청업체 등을 상대로 소송한 경우로 Call v. Prudential Insurance Company(1985)이다. 이 경우에는 빌딩이 신축 건물이었고 '에너지 효율 및 안전'을 향상시킨 것으로 홍보되었는데, 임차인들이 이 빌딩으로 이주한 후 1개월 동안 다양한 건강 증상을 경험하였으며 그 원인으로 실내공기오염을 야기하는 건축자재 사용, 외부의 청정공기 환기율의 부적절성이 문제가 된 것이다.

## 13.2 한국의 실내공기질 관리 및 법규

### 13.2.1 한국의 실내공기질 법규 연혁

최초의 실내공기질 법규는 지하도상가, 지하주차장 등 다양한 지하공간에 대한 환경기준 권고치를 설정하여 각 시·도에서 적정 관리하도록 요청한 '지하공간 환경기준 권고치 설정(1989년)'으로 아황산가스, 먼지, 납 등 14개 오염물질에 대한 권고치였다. 1995년 '통합 실내공기질 관리법 제정'을 추진하였으나, 관계 부처 간 이견으로 미제정되었고, 1996년 '지하 생활공간 공기질 관리법' 제정은 다중이 이용하는 지하역사, 지하도상가를 규제대상으로 하는 것으로 $PM_{10}$, $CO_2$, CO, HCHO, $NO_2$, $SO_2$, Pb의 7개 오염물질 기준이 설정되었다.

현 한국의 실내공기질 법규인 '다중이용시설 등의 실내공기질 관리법'의 시행('04.5.30)은 타 법의 관리대상시설 이관, 실내공기질 미관리 주요 시설을 추가하여 통합 실내공기질 관리법 제정을 위한 토대로 마련되었다. 그 내용은 다중이용시설의 실내공기질 유지기준 및 권고기준 설정, 오염물질방출 건축자재 사용제한 등 다양한 관리기법을 도입하였다. 또한 신축공동주택의 실내공기질 관리를 위하여 시공자의 측정·공고 의무사항을 반영하였다. 정부 부처별 실내공기질 관리 현황을 살펴보면 언급했던 환경부의 '다중이용시설 등의 실내공기질 관리법'에 의해 다중이용시설(17개 시설

**〈표 13-1〉 각 부처별 실내공기질 관리현황**

| 담당부처 / 기준물질 | 환경부 | 보건복지가족부 | 노동부 | 교육과학기술부 |
|---|---|---|---|---|
| 적용대상 | 다중이용시설 (지하역사, 의료기관, 찜질방 등 17개 시설군) | 공중이용시설 (학원, 공연장, 업무시설 등) | 사무실 공기관리 | 학교 |
| 근거법 | 다중이용시설 등의 실내공기질관리법 | 공중위생관리법 | 산업안전보건법 산업보건기준에 관한 규칙 | 학교보건법 |
| 미세먼지($PM_{10}$) | 100~200㎍/$m^3$ | 150㎍/$m^3$ | 150㎍/$m^3$ | 100㎍/$m^3$ |
| CO | 10~25ppm | 25ppm | 10ppm | 10ppm |
| $CO_2$ | 1,000ppm | 1,000ppm | 1,000ppm | 1,000ppm |
| $NO_2$ | 0.05~0.3ppm | – | 0.05ppm | 0.05ppm |
| HCHO | 120㎍/$m^3$ | – | 0.1ppm | 100㎍/$m^3$ |
| 총 부유세균 | 800CFU/$m^3$ | – | 800CFU/$m^3$ | 800CFU/$m^3$ |
| 낙하세균 | – | – | – | 10CFU/실당 |
| 라돈 | 4pCi/L | – | – | 4pCi/L |
| 휘발성 유기화합물 | 400~1000㎍/$m^3$ | – | 500㎍/$m^3$ | 400㎍/$m^3$ |
| 석면 | 0.01개/cc | – | 0.01개/cc | 0.01개/cc |
| 진드기 | – | – | – | 100마리/$m^3$ |
| 오존 | 0.06~0.08ppm | – | 0.06ppm | 0.06ppm |
| 관리방법 | -다중이용시설에 유지기준 준수의무<br>-다중이용시설에 실내공기질 측정<br>-다중이용시설 관리책임자 교육<br>-다중이용시설에 환기설비 설치<br>-오염물질방출 건축자재 사용제한<br>-신축 공동주택 공기질 측정·공고 | -공기정화시설 교체<br>-청소 | -8시간 시간가중 평균 농도 기준<br>-필요 시 사무실 공기평가<br>-실외오염물질의 유입 방지<br>-건물 개보수 시 공기오염 관리 | -연 1회 점검의무 및 적정조치 강구 |

군) 및 신축공동주택의 실내공기질 관리, 그 외에도 교육과학기술부, 노동부, 보건복지가족부, 국토해양부 등 여러 부처의 개별법에 의해 학교, 사무실, 공중이용시설 등에 대한 실내공기질 관리가 이루어지고 있다(〈표 13-1〉 참조).

### 13.2.2 다중이용시설 등의 실내공기질 관리법 주요 내용

1. 목 적: 다중이용시설과 신축 공동주택 실내공기질 적정관리를 통해 국민 건강을 보호하고 환경상의 위해 예방

2. 용어의 정의

① 다중이용시설: 불특정 다수인이 이용하는 시설

② 공동주택: 건축법 제2조 제2항 제2호의 규정에 의한 공동주택(아파트, 연립주택, 다세대주택, 기숙사 중 현재 아파트와 연립주택만 적용대상)

③ 오염물질: 실내공간의 공기오염의 원인이 되는 가스와 떠다니는 입자상 물질 등으로서 환경부령이 정하는 것

④ 미세먼지($PM_{10}$), 이산화탄소($CO_2$), 포름알데히드(HCHO), 총부유세균, 일산화탄소(CO), 이산화질소($NO_2$), 라돈(Rn), 휘발성유기화합물(VOC), 석면, 오존 등 10종

⑤ 환기설비: 오염된 실내공기를 밖으로 내보내고 신선한 바깥공기를 실내로 끌어들여 실내공간의 공기를 쾌적한 상태로 유지시키는 설비

⑥ 공기정화설비: 실내공간의 오염물질을 없애거나 줄이는 설비로서 환기설비의 안에 설치되거나 환기설비와는 따로 설치된 것

3. 적용대상 다중이용시설

적용대상 다중이용시설의 대상을 종전 지하역사, 지하도상가의 2개 시설군에서 도서관, 의료기관, 찜질방, 대규모점포 등 15개 시설군을 추가하여 17개 시설군으로 하였다.

<표 13-2> 적용대상 다중이용시설

| 구 분 | 개 념 | 규 모 |
|---|---|---|
| 지하역사 | 지하철의 역사로서 출입통로·대합실·승강장 및 환승통로와 이에 딸린 시설을 포함 | 모든 지하역사 |
| 지하도상가 | 지하도에 위치한 상가를 의미하고 연속되어 있는 2 이상의 지하도 상가가 2천 제곱미터 이상인 경우를 포함(지상건물에 딸린 지하층의 시설은 제외) | 연면적 2,000 제곱미터 이상 |
| 여객자동차 터미널의 대합실 | 일반교통에 사용되는 장소 외에서 승합자동차를 정류시키거나 여객을 승하차시키기 위하여 설치된 시설 및 장소에서의 대합실(여객자동차운수사업법 제2조 5호) | 연면적 2,000 제곱미터 이상 |
| 공항시설 중 여객터미널 | 항공기의 이륙·착륙 및 여객·화물의 운송을 위한 시설과 그 부대시설 및 지원시설을 갖춘 공공용 비행장인 공항의 여객터미널(항공법 제2조) | 연면적 1,500 제곱미터 이상 |
| 항만시설 중 대합실 | 선박의 출입, 사람의 승·하선, 화물의 하역·보관 및 처리 등을 위한 항만시설의 승객이 이용하는 대합실(항만법 제2조) | 연면적 5,000 제곱미터 이상 |
| 도서관 | 자료를 수집·정리·분석·보존·축적하여 공중 또는 특정인의 이용에 제공함으로써 조사·연구·학습·교양 등 문화발전 및 평생교육에 이바지하는 시설로서 국공립도서관, 사립도서관이 해당되며 대학·학교·특수·병영 도서관은 제외(도서관 및 독서진흥법 제2조 제1호) | 연면적 3,000 제곱미터 이상 |
| 박물관 | 문화·예술·학문의 발전과 일반 공중의 문화향수 증진에 이바지하기 위하여 역사·인류·민속·예술·과학·기술·산업 등에 관한 자료를 수집·관리·보존·조사·연구·전시하는 시설로서 국립중앙박물관 등 국공립박물관과 사설박물관을 모두 포함(박물관 및 미술관진흥법 제2조) | 연면적 3,000 제곱미터 이상 |
| 의료기관 | 의료인이 공중 또는 특정다수인을 위하여 의료·조산의 업을 행하는 곳으로서 종합병원·병원·치과병원·한방병원·요양병원·의원·치과의원·한의원 및 조산원 등을 포함(의료법 제2조) | 연면적 2,000 제곱미터 이상 (병상 수 100개 이상) |

| 철도역사의 대합실 | 철도를 이용하는 승객이 승하차를 위해 대기하는 장소 | 연면적 2,000 제곱미터 이상 |
|---|---|---|
| 미술관 | 박물관 중에서 특히 서화・조각・공예・건축・사진 등 미술에 관한 자료를 수집・관리・보존・조사・연구・전시하는 시설(박물관 및 미술관진흥법 제2조) | 연면적 3,000 제곱미터 이상 |
| 실내주차장 | 사방이 구획되어 있는 실내(지상・지하 모두 포함)에 자동차를 주차할 수 있도록 마련된 장소로서 대형빌딩, 백화점의 주차장 등이 해당(기계식 주차장과 공동주택 등에 부속되어 특정인이 주로 이용하는 주차장은 제외) | 연면적 2,000 제곱미터 이상 |
| 대규모 점포 | 하나 또는 2 이상의 연접되어 있는 건물 안에 하나 또는 여러 개로 나누어 설치되어 상시 운영되는 매장면적의 합계가 3천 제곱미터 이상인 시설로서 시장, 대형점, 백화점, 쇼핑센터, 도매센터 등을 포함(유통산업발전법 제2조) | 모든 대규모 점포 |
| 국공립 보육시설 | 보호자의 위탁을 받아 6세 미만의 취학 전 아동인 영유아를 보육하는 시설로서 이 중 국・공립시설만 해당(영유아보육법 제2조 및 제6조) | 연면적 1,000 제곱미터 이상 |
| 노인전문요양시설, 유료노인전문요양시설, 노인전문 병원 | -노인전문요양시설: 치매・중풍 등 중증의 질환노인을 입소시켜 무료 또는 저렴한 요금으로 급식・요양 기타 일상생활에 필요한 편의를 제공함을 목적으로 하는 시설<br>-유료노인전문요양시설: 치매・중풍 등 중증의 질환노인을 입소시켜 급식・요양 기타 일상생활에 필요한 편의를 제공하고 이에 소요되는 일체의 비용을 입소한 자로부터 수납하여 운영하는 시설<br>-노인전문병원: 주로 노인을 대상으로 의료를 행하는 시설(노인복지법 제34조) | 연면적 1,000 제곱미터 이상 |
| 장례식장 (지하에 위치한 시설에 한정) | 장사 등에 관한 법률 제25조에 의한 장례의식을 행하는 장소로서 병원에 부설된 장례식장, 전문장례식장 등을 포함 | 연면적 1,000 제곱미터 이상 |
| 찜질방 | 공중위생관리법 제2조 제1항 제3호의 규정에 의한 목욕장업(손님이 목욕을 할 수 있도록 시설 및 설비 등의 서비스를 제공하는 영업) 중 맥반석 또는 대리석 등 돌을 가열하여 발생되는 열기 또는 원적외선 등을 이용하여 땀을 배출하게 할 수 있도록 시설을 갖춘 것(소방시설설치유지 및 안전관리에 관한 법률 시행령 제13조 제4호) | 연면적 1,000 제곱미터 이상 |
| 산후조리원 | 임산부의 산후조리를 위하여 비의료적인 서비스를 제공하는 시설(소방법 시행규칙 제2조의2 2호) | 연면적 500 제곱미터 이상 |

4. 다중이용시설 실내공기질 유지기준 설정

실내공기 오염물질 중 $PM_{10}$, $CO_2$, HCHO, 총 부유세균, CO 등 5개 물질에 대해서는 유지기준을 설정하고 위반 시 과태료 부과, 개선 명령 등 제재 조치한다.

시·도는 지역환경의 특수성을 고려하여 필요하다고 인정하는 때에는 시·도의 조례로 보다 강화된 유지기준 제정이 가능하다.

**〈표 13-3〉 실내공기질 유지기준**

| 오염물질 항목 / 다중이용시설 | $PM_{10}$ ($\mu g/m^3$) | $CO_2$ (ppm) | HCHO ($\mu g/m^3$) | 총 부유세균 ($CFU/m^3$) | CO (ppm) |
|---|---|---|---|---|---|
| 지하역사, 지하도상가, 여객 자동차터미널의 대합실, 철도 역사의 대합실, 공항시설 중 여객터미널, 항만시설 중 대합실, 도서관, 박물관, 미술관, 장례식장, 찜질방, 대규모 점포 | 150 이하 | 1,000 이하 | 120 이하 | – | 10 이하 |
| 의료기관, 보육시설, 노인의료시설, 산후조리원 | 100 이하 | | | 800 이하 | |
| 실내주차장 | 200 이하 | | | – | 25 이하 |

5. 다중이용시실 실내공기질 권고기준 설정

외부에 오염원이 있거나 위험도가 비교적 낮은 $NO_2$, Rn, TVOC, 석면, $O_3$ 등 5개 오염물질에 대해서는 권고기준을 설정하여 자율적 준수를 유도한다(〈표 13-4〉 참조).

6. 다중이용시설 관리책임자에게 교육의무 부여

다중이용시설의 소유자 등은 실내공기질 관리에 관한 교육을 환경정책기본법 제38조의 규정에 의한 환경보전협회 또는 환경부장관이 지정·고시한 위탁교육기관에서 받도록 의무화한다. 교육유형은 신규교육(다중이용시설의 소유자 등이 된 날부터 1년 이내에 1

**<표 13-4> 실내공기질 권고기준**

<table>
<tr><th>오염물질 항목<br>다중이용시설</th><th>$NO_2$<br>(ppm)</th><th>Rn<br>(pCi/ℓ)</th><th>VOC<br>(μg/m$^3$)</th><th>석면<br>(개/cc)</th><th>오존<br>(ppm)</th></tr>
<tr><td>지하역사, 지하도상가 여객자동차터미널의 대합실, 철도역사의 대합실, 공항시설 중 여객터미널, 항만시설 중 대합실, 도서관, 박물관, 미술관, 장례식장, 찜질방, 대규모 점포</td><td rowspan="2">0.05 이하</td><td rowspan="3">4.0 이하</td><td>500 이하</td><td rowspan="3">0.01 이하</td><td rowspan="2">0.06 이하</td></tr>
<tr><td>의료기관, 보육시설, 노인의료시설, 산후조리원</td><td>400 이하</td></tr>
<tr><td>실내주차장</td><td>0.30 이하</td><td>1,000 이하</td><td>0.08 이하</td></tr>
</table>

회)과 보수교육(신규교육을 받은 날을 기준으로 3년마다 1회)으로 구분한다.

7. 다중이용시설에 환기설비 설치의무 부여(법 제8조)

다중이용시설을 설치하는 자는 공기정화설비 및 일정 구조·기준의 환기설비를 설치하도록 의무화하고 위반 시 개선명령 등을 통해 제재한다.

**<표 13-5> 환기설비 설치기준**

| 다중이용시설 / 산정기준 | 여객자동차터미널의 대합실, 철도역사의 대합실, 공항시설 중 여객터미널, 항만시설 중 대합실 | 지하역사, 지하도상가, 도서관, 박물관, 미술관, 장례식장, 찜질방, 대규모 점포 | 의료기관, 보육시설, 노인의료시설, 산후조리원 | 실내주차장 |
|---|---|---|---|---|
| 환기횟수(회/h) | 0.3 이상 | 0.5 이상 | 0.7 이상 | 3 이상 |
| 이용인원당 환기량(m$^3$/인·h) | 25 이상 | 25 이상 | 25 이상 | 25 이상 |

※ 실내주차장은 사람이 아닌 차량이 주 오염원이므로 이용 인원당 환기량 기준을 단위면적당 환기량(m$^3$/m$^2$·h)으로 변경하여 적용.

8. 오염물질 다량방출 건축자재 사용제한

HCHO, TVOCs 등의 오염물질을 기준 이상 방출하는 건축자재를 관계부처와 협의하여 고시한다.

① 측정방법: 공인된 검사기관(국립환경연구원)에서 시장조사를 통해 자재를 선정하고 오염물질 방출 건축자재 방출시험 실시

② 고시내용: 건축자재 생산업체 및 건축자재명, 시험 · 검사기관, 시험 · 검사방법, 측정기관, 오염물질 방출량

**<표 13-6> 건축자재별 방출기준(mg/m² · h)**

| 오염물질 \ 구 분 | 접 착 제 | 일반자재 |
|---|---|---|
| 포름알데히드(HCHO) | 4 이상 | 1.25 이상 |
| 휘발성유기화합물(TVOCs) | 10 이상 | 4 이상 |

9. 실내공기질 측정의무 부여(법 제12조)

다중이용시설의 관리책임자는 유지기준 오염물질은 연 1회, 권고기준 오염물질은 2년에 1회 측정하고 그 결과를 매년 1월 31일까지 시 · 도지사에게 보고한다. 스스로 측정하거나 환경부 장관이 공고한 실내공기질 측정 대행업 등록 등에 관한 규정의 기준에 적합하다고 고시한 측정 대행업자에 의뢰하여 측정 가능하다.

### 13.2.3 신축 공동주택 실내공기질 관리 주요 내용

100세대 이상 신축 공동주택의 시공자는 주민입주 전 실내공기질을 측정하여, 그 결과를 지자체의 장에게 제출하고 주민입주 3일 전부터 60일간 공고하도록 의무화한다. '새집증후군'이 특히 문제되는 신축 공동주택의 시공자에게 실내공기질 측정 · 공고의무를 부여하여 입주자에게 실내공기질의 오염현황을 알리고 오염물질

방출이 적은 건축자재를 자율적으로 사용하도록 유도하기 위한 것이다.

1. 적용대상

건축법 제2조 제2항 제2호의 규정에 의한 공동주택 중 아파트와 연립주택만 해당한다.

**<표 13-7> 신축공동주택 적용대상**

| 구 분 | 개 념 | 규 모 |
|---|---|---|
| 아파트 | 주택으로 쓰이는 층수가 5개층 이상인 주택 | 100세대 이상 |
| 연립주택 | 주택으로 쓰이는 1개 동의 연면적(지하주차장 면적을 제외한다)이 660제곱미터를 초과하고, 층수가 4개층 이하인 주택 | 100세대 이상 |

2. 측정물질 및 방법

새집증후군 증상의 주 원인인 포름알데히드, 휘발성유기화합물(벤젠, 톨루엔, 에틸벤젠, 자일렌, 1,4-디클로로벤젠, 스티렌) 등 총 7종으로, 실내공기질은 공정시험방법에 의하여 100세대의 경우 3개의 측정 장소를 그리고 초과하는 100세대마다 1개의 측정 장소를 추가한다.

### 13.2.4 사무실 공기관리

1. 목적

사무실 공기관리는 산업안전보건법 제27조 제1항의 규정에 따라 사무실 공기의 오염물질별 관리기준, 공기질 측정·분석방법 등 사무실 공기를 쾌적하게 유지·관리하기 위하여 사업주에게 지도·권고할 기술상의 지침 또는 작업환경의 표준을 정함을 목적으로 한다.

2. 사무실의 환기기준

공기정화시설을 갖춘 사무실에서 근로자 1인당 필요한 최소 외기량은 0.57$m^3$/minn이며, 환기횟수는 시간당 4회 이상으로 한다.

3. 사무실 공기관리 상태평가

사업주는 근로자가 건강장해를 호소하는 경우에는 다음 각 호의 방법에 따라 당해 사무실의 공기관리 상태를 평가하고 그 결과에 따라 건강장해 예방을 위한 조치를 취한다.

① 근로자가 호소하는 증상(호흡기, 눈·피부 자극 등) 조사
② 공기정화설비의 환기량이 적정한지 여부 조사
③ 외부의 오염물질 유입경로 조사
④ 사무실 내 오염원 조사 등

4. 사무실 공기질의 측정

사무실 공기의 측정시기·횟수 및 시료채취시간은 다음 기준에 따른다(〈표 13-8〉 참조).

5. 시료채취 및 분석방법

사무실 공기의 시료채취 및 분석은 〈표 13-9〉의 방법으로 한다.

사무실 공기의 시료채취 및 분석은 제1항에서 규정한 기기와 동등 이상의 성능을 가진 기기를 이용하여 실시할 수 있다. 공기의 측정시료는 사무실 내에서 공기질이 가장 나쁠 것으로 예상되는 2곳(다만, 사무실 면적이 500$m^2$을 초과하는 경우에는 500$m^2$당 1곳씩 추가) 이상에서 채취하고, 측정은 사무실 바닥 면으로부터 0.9~1.5m 높이에서 한다. 사무실 공기질의 측정결과는 측정치 전체에 대한 평균값을 제2조의 오염물질별 관리기준과 비교하여 평가한다. 다만 $CO_2$는 각 지점에서 측정한 측정치 중 최고값을 기준으로 비교·평가한다.

### <표 13-8> 사무실 측정횟수 및 채취시간

| 오염물질 | 측정횟수(측정시기) | 시료채취시간 |
|---|---|---|
| 미세먼지 | 연 1회 이상 | ○업무시간 동안<br>-6시간 이상 연속 측정 |
| 일산화탄소 | 연 1회 이상 | ○업무시작 후 1시간 이내 및 종료 전 1시간 이내<br>-각각 10분간 측정 |
| 이산화탄소 | 연 1회 이상 | ○업무시작 후 2시간 전후 및 종료 전 2시간 전후<br>-각각 10분간 측정 |
| 포름알데히드 | 연 1회 이상 및 신축(대수선 포함)건물 입주 전 | ○업무시간 동안<br>-6시간 이상 연속 측정 |
| 총 휘발성 유기화합물 | 연 1회 이상 및 신축(대수선 포함)건물 입주 전 | ○업무시작 후 1시간~종료 1시간 전<br>-30분간 2회 측정 |
| 총 부유세균 | 연 1회 이상 | ○업무시작 후 1시간~종료 1시간 전<br>-최고 실내온도에서 1회 측정 |
| 이산화질소 | 연 1회 이상 | ○업무시작 후 1시간~종료 1시간 전<br>-1시간 측정 |
| 오존 | 연 1회 이상 | ○업무시간 동안<br>-6시간 이상 연속 측정 |
| 석면 | 석면이 포함된 설비 또는 건축물의 해체·보수 후 입주 전 | ○공사완료 후 입주 전<br>-6시간 이상 연속 측정 |

### <표 13-9> 시료채취 및 분석방법

| 오염물질 | 시료채취방법 | 분석방법 |
|---|---|---|
| 미세먼지 | $PM_{10}$ 샘플러(sampler)를 장착한 고용량 시료채취기에 의한 채취 | 중량분석(천칭의 해독도: 10μg 이상) |
| 이산화탄소 | 비분산적외선검출기에 의한 채취 | 검출기의 연속 측정에 의한 직독식 분석 |
| 일산화탄소 | 비분산적외선검출기 또는 전기화학 검출기에 의한 채취 | 검출기의 연속 측정에 의한 직독식 분석 |
| 포름 알데히드 | 2,4-DNPH(2,4-Dinitrophenylhydrazine)가 코팅된 실리카겔관(silicagel tube)이 장착된 시료채취기에 의한 채취 | 2,4-DNPH(2,4-Dinitrophenylhydrazine)-포름알데히드 유도체를 HPLC-UVD (High Performance Liquid Chromatography-Ultraviolet Detector) 또는 GC-NPD (Gas Chromatography-Nitrogen-Phosphorous Detector)로 분석 |

| | | |
|---|---|---|
| 총 휘발성 유기화합물 | 고체흡착관 또는 캐니스터(canister)로 채취 | 1. 고체흡착열탈착법 또는 고체흡착용 매추출법을 이용한 GC(Gas Chromatography) 분석<br>2. 캐니스터(canister)를 이용한 GC (Gas Chromatography) 분석 |
| 총 부유세균 | 충돌법, 세정법 또는 여과법을 이용한 부유세균채취기(bio air sampler)로 채취 | 채취·배양된 균주를 세어 공기 체적당 균주 수로 산출 |
| 이산화질소 | 고체 흡착관에 의한 시료채취 | 분광광도계로 분석 |
| 오존 | 유리섬유 여과지를 이용한 여과포집기로 채취 | 분광광도계로 분석 |
| 석면 | 멤브레인 필터(membrane filter)에 의한 채취 | 위상차현미경, 편광현미경 또는 전자현미경으로 분석 |

6. 사무실 건축자재의 오염물질 방출기준

사무실을 신축(기존 시설의 개수 및 보수를 포함한다)하고자 할 때에는 오염물질이 다음의 기준에 따라 방출되는 건축자재를 사용한다(〈표 13-10〉 참조).

**〈표 13-10〉 건축자재별 방출기준**

| 구분 / 오염물질 | 오염물질 방출농도($mg/m^2 \cdot h$) | |
|---|---|---|
| | 접착제 | 일반자재 |
| 포름알데히드 | 4 미만 | 1.25 미만 |
| 휘발성유기화합물 | 10 미만 | 4 미만 |

주: 일반자재란 벽지, 도장재, 바닥재, 목재 및 그 밖에 건축물 내부에 사용되는 건축자재를 말한다.

## 13.3 외국의 실내환경관리

국가 및 전문가마다 의견이 다를 수 있지만 미국환경청에서는 실내공기질에 대해 법규 제정보다는 연구 및 개발, 기술적 도움과

교육을 통해 실내공기질을 개선하는 것이 더 바람직하다고 제안하였다(Spengler and Samet, 1991). 캐나다에서는 건강과 안녕을 유지할 수 있는 실내공기질은 비법률적 지침치를 기본으로 조절 및 개선하여야 함을 주장하였다(Tobin et al., 1993). 반면 싱가포르의 경우 공기조화 및 기계적 환기를 하는 사무실에서는 양호한 실내공기질에 대해 빌딩 설계자와 건설사에게 법적으로 일정 의무를 부과하고 있다. 또한 이 법의 완벽을 기하기 위하여 설계자, 건설사뿐만 아니라 빌딩 소유자 및 관리자도 불량한 실내공기질에 대해 사무실 근로자 또는 재실자에게 책임을 부과하는 지침치를 제정하였다(Chan, 1999). 싱가포르는 연중 고온 다습한 열대성 기후와 제조업보다는 대외무역의 비중이 높은 산업구조로 인하여 사무실 근로자의 수가 많기 때문에 빌딩의 실내공기질이 중요할 수밖에 없는 실정이다.

Lunau(1993)는 산업장(작업장)과 사무실(비작업장)의 작업환경 노출기준 적용은 같지 않기 때문에 기준 등의 법률적 해결보다는 관리가 더 주요하다고 했고, Emmett(1994)는 실내공기질 목표와 작업장 작업환경의 노출기준의 경계는 모호하기 때문에 사무실 빌딩에서의 실내공기질은 혼돈될 수 있으며, 고려해야 할 것은 어떤 사람에게는 근무하는 작업장이며, 또 어떤 사람에게는 공공장소일 수 있다는 것이다. Seifert(1990)는 Indoor Air Conference에서 대기오염과 작업환경 허용기준에 대비하여 실내공기오염을 감소시키기 위해 법률 기준을 정하는 것은 적절하지 않다고 주장하였다. 오히려 지침치를 제안하면서, 두 단계를 제시하였다. 하나는 위험등급을 정의하는 것이고, 둘째는 미래에 대해 목표 농도를 정하는 것이었다.

미국의 경우는 산업안전보건청(OSHA)과 산업위생전문가협의회(ACGIH)에서 주로 작업환경 조건에 대한 기준을 규정하고 있으며, 환경청에서는 대기환경기준을 담당하고 있다. 미국 공조학회(ASHRAE)에서는 ASHRAE Standard 55에서 재실자를 위한 온열환경 조건을, 그리고 Standard 62에서 실내공기질이 고려된 실내공기환경 유지를 위한 환기규정을 제시하고 있다. ASHRAE Standard 62에서는 허용 공기환경기준을 재실자의 80% 이상이 만족하고 있으며, 취기가 있는 오염물질의 경우에 적어도 비전문가가 20명 이상 포함된 평가집단의 80% 이상이 대상 공간에 들어가서 15초 이내에 답변한 평가의 결과가 만족스러운 것일 때 허용 가능한 실내공기환경으로 정의하고 있다.

유럽국가들의 경우 노르웨이, 덴마크를 비롯한 많은 나라에서는 WHO에서 1987년 제정한 유럽의 공기질 지침서(Air Quality Guidelines for Europe)와 2000년 2차 개정판(Air Quality Guidelines for Europe)에 근거하여 기준을 설정하고 있으며, WHO는 이 기준에 실내공기환경과 건강영향을 보고한 많은 연구결과의 축적된 증거자료를 참고로 제시하고 있다. 우리나라와 유사한 일본은 건축기준법, 빌딩위생관리법, 학교보건법 등에서 생활환경 기준치가 제정되어 있고 대기환경보전법에 외기환경을 규제하고 있으며, 노동안전위생법, 사무소 위생규칙 등에서 노동환경 기준치가 제정되어 있다. 또한 2002년 3월 후생노동성에서 직장의 실내공기 중 HCHO 농도 감소를 위한 가이드라인을 발표하여 지속적으로 실내공기에 대한 관심을 보이고 있다.

이와 같이, 공기환경기준은 그 대상이 일반 실내환경, 대기, 그리고 작업환경으로 구분하여 설정되는 경향이 있는데, 그 이유는 각각의 환경적 특성에 따라 오염물질의 발생 특성과 재실자에 미치는 영향 정도가 다르기 때문이다. 특히 작업환경의 경우 작업수행에 방해를 주지 않으며, 작업자의 건강에 유해하지 않은 수준에서 오염물질의 농도를 제한하게 된다. 오염물질의 농도는 통상적으로 비산업용 건물에서 기준이나 지침이 마련되지 못한 오염물질의 경우, 대개 작업환경 노출기준(Threshold Limit Value) 농도의 1/10 또는 1/100을 임시 지침으로 채택하는 것이 일반적인 경향이다.

### 13.3.1 미 국

· 미국의 실내공기질 관리 현황

미국 환경청(EPA) 내에서는 대기 및 방사선국(Office of Air and Radiation, OAR) 산하의 실내환경과(Indoor Environments Division, IED)에서 실질적인 업무를 담당하고 있다. IED는 국가적인 공기질 관련 정책 및 프로그램을 개발하고, '실내공기질위원회(Committee for Indoor Air Quality, CIAQ)'의 활동을 주도하고 있다. CIAQ는 실내공기 오염물질 중 중요한 오염물질 7가지에 대해 그룹별로 나누어 연구를 진행하고 있다. 또한 안전하고 쾌적한 실내환경 유지를 위해 실내공기질 가이드라인을 제시하고 있다.

미국은 다양한 실내환경에 대한 관리를 위하여 오염물질별 법적 규제는 하지 않고 있으나 산업안전보건청(OSHA)과 미국산업위생전문가협의회(ACGIH)의 작업환경조건에서 실내오염물질에 대한 가이드라인을 제시하고 있다. 또한 실내공기 오염물질에 대한 지침이나 권고 이외에도 실내공기질 개선효과를 유도할 수 있는 방법으로 실내공기질에 대한 인증제도를 실시하고 있다. 건물 전

**<표 13-11> 미국 환경청(EPA) 가이드라인**

| 항 목 | 기 준 |
|---|---|
| 부유분진($PM_{10}$) | 50$\mu g/m^3$(연평균) 이하 |
| 이산화질소($NO_2$) | 0.05ppm(연간) 이하 |
| 라 돈 | 4pCi/L 이하 |

체의 관점에서 환경성능을 평가하고 건축시장을 활성화시키기 위해 시행하고 있는 환경성능평가제도로서 LEED(leadership in energy environmental design)를 시행하고 있다. 한편 민간단체인 공조학회(ASHRAE)에서는 주거용 건축물에 관한 실내공기질 가이드라인을 제시하고 있다.

미국 EPA와 NIOSH 보고서 "Building Air Quality－A Guide for Building Owners and Facility Managers(1991)"에 따르면, ① 건강한 실내환경은 재실자(사무실 근로자)에게 생산성, 평안, 건강, 복지에 중요하며, ② 재실자(근로자) 불평은 실내공기질(충분한 환기량, 실내공기 발생원 및 통제, 수용 가능한 온도 및 상대습도)뿐만 아니라 소음, 조명, 인간공학적 측면, 심리적 스트레스 등이 포함된다. 그리고 미국 EPA와 NIOSH 보고서 "Building Air Quality－Action Plan(1998)"에서는 실내공기질 실행으로 다음과 같이 8단계를 제안하고 있다.

**<표 13-12> 미국 공조학회(ASHRAE) 가이드라인**

| 오염물질 | 목표 가이드라인 |
|---|---|
| 일산화탄소(CO) | 9ppm(8시간 평균) |
| 포름알데히드(HCHO) | 120$\mu g/m^3$(0.1ppm)(30분 평균) |
| 납(Pb) | 1.5$\mu g/m^3$(3개월 평균) |
| 이산화질소($NO_2$) | 100$\mu g/m^3$(1년 평균) |
| 냄새 | 거주자나 방문자의 80% 이상이 허용 가능하다고 예측 |
| 오존($O_3$) | 100$\mu g/m^3$(50ppb)(8시간 평균) |
| 부유입자($PM_{10}$) | 50/$\mu gm^3$(1년 평균) |
| 라돈 | 4pCi/Liter(1년 평균) |
| 이산화황($SO_2$) | 80$\mu g$/m3(1년 평균) |
| 총휘발성유기화합물(TVOC) | 1) 300$\mu g/m^3$ 미만<br>2) 300~3,000$\mu g/m^3$ 미만<br>3) 3,000$\mu g/m^3$ 이상 |

Step 1: Designate an IAQ manager
Step 2: Develop an IAQ profile of your building
Step 3: Address existing and potential IAQ problems
Step 4: Educate building personnel about IAQ
Step 5: Develop and implement a plan for facility operations and maintenance
Step 6: Manage processes with potentially significant pollutant sources
Step 7: Communicate with tenants and occupants about their role in maintaining good IAQ
Step 8: Establish procedures for responding to IAQ complaints

미국산업안전보건청(OSHA)의 "Indoor air quality in the workplace"에서는 1994년 작업환경의 실내공기질법을 제안·출판하였다. 총 근로자 중 4,500만 명이 학교, 교육센터, 사무실, 상업기관, 보건의료시설, 카페, 산업장 휴게소 등을 포함 실내작업환경에서 근무하며, 건강한 실내공기질을 유지하기 위해 흡연금지와 빌딩 환기시설의 점검 및 유지보수 등의 법률을 제안하였으나, 2001년 OSHA는 실내공기질 제안 및 법률 제정을 철회하였다(66FR 64946). 그 이유는 많은 관련 대상 기관이 흡연을 금지하였고, 다른 사항에 대한 법률제정의 무관심 때문이었다. 따라서 OSHA는 제안의 철회가 다른 프로젝트에 더욱 전념할 수 있기 때문이라고 보고하였다. 한편 2003년에는 2001년 실내공기질 법률제정의 철회에도 불구하고 OSHA는 계속 실내공기질에 대한 의문과 관심을 가지고 있으며, 특히 사무실의 온도 및 상대습도, 흡연은 주 관심대상이었다. OSHA는 법률적으로 사무실의 온도와 습도를 규정하고 있지는 않지만, OSHA의 Technical Manual의 "Recommendations for the

<표 13-13> 상업 건물의 필요 외부환기량

| 적용<br>(사무실) | 예상 최대 인원<br>(p/1000ft$^2$<br>또는 100m$^2$) | 필요 실외 공기량 | | 비고 |
|---|---|---|---|---|
| | | cfm/1인 | L/s · 1인 | |
| 사무실 공간 | 7 | 20 | 10 | 특정 사무실은 국소환기장치가 필요 |
| 접대 장소 | 60 | 15 | 8 | |
| 전화교환센터 | 60 | 20 | 10 | |
| 회의장소 | 50 | 20 | 10 | |

Employer"에서 온도는 68~76°F, 상대습도는 20~60%로 제안하고 있다.

## 13.3.2 유 럽

1992년 유럽 9개국의 56개 사무실의 실내공기질의 감각평가단(sensory panel)과 실내공기 오염물질을 측정하여 실내공기질을 평가한 논문에 의하면, 주요 관점은 환기, 발생원 억제, 에너지 사용이었다(Bluyssen 등, 1996).

세계보건기구(WHO, 2000)의 "Air Quality Guidelines for Europe"을 〈표 13-14〉에 나타내었다.

유럽의 국가들은 WHO 공기질 지침서를 바탕으로 기준을 설정하고 있으며, 특히 1987년 초판에 비해 제7장 'Indoor Air Pollutant'를 마련하여 환경성 담배연기, 유리상 섬유, 라돈에 대해 노출, 건강위해성, 가이드라인을 제시하고 있다. 또한 실내공기질의 중요성을 노출과 관련하여 나타내고 있지만, 동시에 대기오염의 건강영향도 함께 고려해야 함을 강조하고 있다.

<표 13-14> WHO 가이드라인(WHO Air Quality Guideline for Europe)

| 항목 | 가이드라인($\mu g/m^3$) | 평균 노출시간 |
|---|---|---|
| 카드뮴(Cd) | 0.005 | 연간 |
| 이황산탄소($CS_2$) | 100 | 24시간 |
| 일산화탄소(CO) | 100,000 | 15분 |
| | 60,000 | 30분 |
| | 30,000 | 1시간 |
| | 10,000 | 8시간 |
| 1,2-디클로로에탄 | 700 | 24시간 |
| 디클로로메탄 | 3,000 | 24시간 |
| | 450 | 1주일 |
| 포름알데히드 | 100 | 30분 |
| 황화수소(SO) | 150 | 24시간 |
| 납(Pb) | 0.5 | 연간 |
| 망간(Mn) | 0.15 | 연간 |
| 무기수은(Hg) | 1 | 연간 |
| 이산화질소($NO_2$) | 200 | 1시간 |
| | 40 | 연간 |
| 오존 | 120 | 8시간 |
| 스티렌 | 260 | 1주일 |
| 이산화황($SO_2$) | 500 | 10분 |
| | 125 | 24시간 |
| | 50 | 연간 |
| 테트라클로로에틸렌 | 250 | 연간 |
| 톨루엔 | 260 | 1주일 |
| 바나듐(V) | 1 | 24시간 |
| 라돈(Rn) | 100Bq/$m^3$ | 연간 |

* WHO Air Quality Guideline for Europe 2nd Edition 2001.

## 1. 덴마크

유럽 국가 중 덴마크에서는 환경보호청에서 실내공기오염 관리를 담당한다. 실내공기질에 영향을 미치는 실내오염원의 제어를 위하여 건축자재와 설비기준을 강화하고 있으며, VOCs, PAHs, 라돈, 포름알데히드, 석면 등과 같은 물질의 실내 배출원을 엄격히 통제하고 있다. 실내환경협회는 건물재료와 인테리어 재료들이 실내공기질에 영향을 미친다는 점을 중시하여 '실내환경인증'을 실시하고 있다.

## 2. 독일

독일 연방정부 차원에서 환경, 보건, 경제, 건설, 노동부 등 관계부처가 참여하는 실내공기질 연구위원회가 운영되고 있다. 보건부에서는 라돈의 권고치를 250Bq/$m^3$(6.8pCi/L), 포름알데히드는 0.1ppm, 테트라크로로에틸렌은 1mg/$m^3$으로 설정·관리하고 있다.

## 3. 노르웨이

노르웨이에서는 보건부, 노동부, 건축물 관련 부처 등이 실내공기질 관련업무를 수행하고 있다. 보건부 산하 국립공중위생원(National Institute of Public Health, NIPH)에서 라돈, 석면 등에 대한 가이드라인을 마련하고 있으며, 보건부는 가이드라인을 근거로 실내공기질 개선요청 및 건물폐쇄 등이 가능하도록 하고 있다.

**〈표 13-15〉 노르웨이의 실내공기질 가이드라인**

| 항 목 | 기 준 |
|---|---|
| 라 돈 | 200Bq/$m^3$ 이하 |
| 석 면 | 0.001fiber/mL 이하 |
| 광물섬유(MMMF) | 0.01fiber/mL 이하 |
| 분진($PM_{2.5}$) | 20$\mu g/m^3$(24시간) 이하 |

4. 핀란드

핀란드에서는 환경부에서 포름알데히드, $PM_{10}$ 등에 대한 실내공기질 권고치를 〈표 13-16〉에서와 같이 제정하였다.

건축자재로 인한 실내공기의 오염방지를 위해 냄새를 유발하거나 유해한 VOCs의 방출률에 관한 정보를 건축가나 건물관리자가 제공하여야 하며, 건물내부 공기의 흐름을 고려한 오염물질 농도분포를 예측하기 위하여 모델링 프로그램과 건물의 실내표면에 의해

**〈표 13-16〉 핀란드의 실내공기질 권고치**

| 항 목 | 기 준 |
|---|---|
| 암모니아, 아민 | 20㎍/$m^3$ 이하 |
| 석면 | 0.001fiber/㎖ 이하 |
| 포름알데히드(HCHO) | 50㎍/$m^3$ 이하 |
| 일산화탄소(CO) | 8㎍/$m^3$ 이하 |
| 분진($PM_{10}$) | 50㎍/$m^3$ 이하 |
| 라돈 | 200Bq/$m^3$ 이하 |
| 스티렌 | 1㎍/$m^3$ 이하 |

**〈표 13-17〉 핀란드의 등급기준**

| 항목 | 단위 | 등급기준 | | |
|---|---|---|---|---|
| | | S1 | S3 | S3 |
| 라돈 | Bq/$m^3$ | 100 | 100 | 200 |
| 이산화탄소($CO_2$) | ppm | 700 | 900 | 1,200 |
| 암모니아, 아민($NH_3$) | ㎍/$m^3$ | 30 | 30 | 40 |
| 포름알데히드(HCHO) | ㎍/$m^3$ | 30 | 50 | 100 |
| VOCs(TVOC) | ㎍/$m^3$ | 200 | 300 | 600 |
| 일산화탄소(CO) | ㎍/$m^3$ | 2 | 3 | 8 |
| 오존($O_3$) | ㎍/$m^3$ | 20 | 50 | 80 |
| 냄새 | — | 3 | 4 | 5.5 |
| 분진($PM_{10}$) | ㎍/$m^3$ | 20 | 40 | 50 |

서 오염물질이 흡착되었다가 다시 방출되는 과정까지 고려한 모델을 개발하고 있다. 핀란드 실내공기질협회 주관하에 라돈, $CO_2$ 등의 농도를 기준으로 실내공기질 인증제도(2000)를 실시하고 있다.

### 13.3.3 캐나다

캐나다의 보건복지부 보고서 "Indoor Air Quality in Office Buildings: A Technical Guide(1995)"에 의하면, 사무실 빌딩에서 실내공기질

**<표 13-18> 캐나다의 실내공기질 및 보건 지표**

| 공기오염물질 | 지침치 | 비고 |
|---|---|---|
| 이산화탄소*($CO_2$) | 800ppm[(1)] | |
| 일산화탄소(CO) | 5ppm[(1)] | |
| 온도* | 22°C | |
| 상대습도* | 20%: −35°C의 실외온도<br>30%: 0°C 이상의 실외온도<br>60%: 최대 | 건물 설계 한계점으로 성취될 수 없는 경우도 있음 |
| 총분진 | 100$\mu$g/$m^3$ | |
| 총휘발성유기화합물(TVOCs) | 5mg/$m^3$ | |
| 포름알데히드(HCHO) | 0.10ppm | |
| 이산화질소($NO_2$) | 0.3ppm(작업환경노출기준의 1/10) | |
| 석면 | 0.05f/cc(작업환경노출기준의 1/10) | |
| 오존 | 0.01ppm | |
| 라돈 | 150Bq/M | |
| 사무실 조도 | 500~750Lux(유지되어야 함) | |
| 컴퓨터실 조도 | 300~500Lux(유지되어야 함) | |
| 소음<br>-일반 사무실<br>-개인 사무실<br>-중역회의실 | <br>48dBA<br>45dBA<br>40dBA | |
| 균류 | 150CFU/$m^3$ | |

* 보건지표.
(1) 위에 열거되지 못한 물질은 작업환경 노출기준의 1/10 수준을 지침치로 사용한다.

조사를 수행하기 위한 사람들에게 지침값을 제공하고 있다. 본 보고서의 구성은 초기평가 및 정밀평가로 구성되어 있다. 정밀평가로 온도 및 습도, CO, 기류, $CO_2$, HCHO, PM, VOCs, 미생물, 공조장치 시스템의 측정방법 및 기준 등을 제시하고 있다. 캐나다 앨버타(Alberta) 주 정부 보고서 "Alberta Infrastructure, Canada, Indoor Air Quality Guideline(2002)"에서는 실내공기질에 대한 지침값으로 전향적 과정과 반응적 과정을 기술하고 있다.

① 전향적 과정

이 과정의 목적은 건강한 작업환경을 제공하는 접근법이다. 전향적 실내공기질 측정과정은 빌딩 작동 시스템과 실내공기질을 평가하기 위하여 기술자와 빌딩관리 직원이 정기적으로 하는 것이다.

② 반응적 과정

이 과정은 빌딩의 실내공기질과 관련하여 표명된 관심을 나타내는 것으로 사후 문제점이 있는 경우 적용되는 과정이다.

### 13.3.4 싱가포르

싱가포르 환경부 보고서 "Guidelines of Good Indoor Air Quality in Office Premises(1996)"에서는 공기조화 사무실의 실내공기질의 향상 및 수용 가능한 지침값을 제시하였다. 우선 실내공기질 평가를 위한 측정위치는 사무실의 중앙 바닥에서 75~120cm 사이여야 하며, 측정점의 수는 적어도 각 대상 실내환경마다 측정해야 한다.

### <표 13-19> 싱가포르에서 면적에 따른 측정점

| 빌딩 면적($m^2$) | 측정점의 최소수 |
|---|---|
| 3,000 − <5,000 | 8 |
| 5,000 − <10,000 | 12 |
| 10,000 − <15,000 | 15 |
| 15,000 − <20,000 | 18 |
| 20,000 − <30,000 | 21 |
| 30,000 이상 | 25 |

### <표 13-20> 실내공기질 지침치

| | 평균시간 | 수용 가능한 실내공기질 | 단위 |
|---|---|---|---|
| 이산화탄소 | 8hr | 1,800 | $mg/m^3$ |
| | | 1,000 | ppm |
| 일산화탄소 | 8hr | 10 | $mg/m^3$ |
| | | 9 | ppm |
| 포름알데히드 | 8hr | 120 | $\mu g/m^3$ |
| | | 0.1 | ppm |
| 오존 | 8hr | 100 | $\mu g/m^3$ |
| | | 0.05 | ppm |

### <표 13-21> 실내공기질 권장치

| | 수용 가능한 실내공기질 | 단위 |
|---|---|---|
| 부유 입자상 물질* | 150 | $\mu g/m^3$ |
| 휘발성 유기화합물** | 3 | ppm |
| 총박테리아 | 500 | $CFU/m^3$ |
| 총균류 | 500 | $CFU/m^3$ |

* 공기역학적 직경이 10㎛ 이하.
** 광이온화 가능 물질(기준물질 톨루엔).

### <표 13-22> 물리적 요인 기준

| | 수용 가능한 실내공기질 | 단위 |
|---|---|---|
| 온도 | 22.5~25.5 | °C |
| 상대습도 | ≤70 | % |
| 기류* | ≤0.25 | m/sec |

* At workstation within occupied zone.

## 13.3.5 호 주

호주 환경부의 보고서 "Indoor Air Quality(1997)"에서 산업장(작업장) 또는 비산업장(사무실)에서 근무하는 공기질에 대한 노출은 각 주의 산업보건부에서 취급한다. 각 주의 산업보건·안전부(NOHSC)는 600 이상 물질에 대한 직업노출기준을 공포하였다. NOHSC는 최근 연구 분야에서 사무실의 빌딩증후군에 실내공기질을 추가하였고, 업무 스트레스, 정신 사회학적(psychosocial) 문제 및 실내공기오염 노출, 특히 미생물에 대한 노출을 강조하였다. 보건후생성에서는 실내공기질 관리 프로그램을 운영하며 실내공기질의 인체영향 및 관리방향에 대한 지침서를 발간하였으며, 건축물 설계 시 실내공기질 관리를 위한 '환기규정'을 정하였다. 한편 국가보건 및 의학연구위원회에서는 실내공기질 가이드라인을 제안하였다.

**〈표 13-23〉 호주의 실내공기질 가이드라인**

| 항 목 | 기 준 |
|---|---|
| 라돈 | 연평균 200Bq/$m^3$ 이하 |
| 부유분진 | 연평균 90B$\mu g/m^3$ 이하 |
| 포름알데히드 | 12ppb 이하 |
| VOCs | 1시간 평균 TVOC 500$\mu g/m^3$ 이하 |
| | 1시간 평균 250$\mu g/m^3$ 이하 |
| 일산화탄소 | 8시간 평균 9ppm 이하 |
| 오존 | 240ppb 이하 |
| 이산화황 | 1시간 평균 700ppb 이하 |
| 납 | 3개월 평균 1.5$\mu g/m^3$ 이하 |

## 13.3.6 일 본

후생노동성의 신축 공동주택에 대한 포름알데히드, 톨루엔 등 13가지 화학물질 농도의 권고기준을 연차적으로 설정하였다(〈표 13-24〉

참조). 그리고 건설교통성은 '건축기준법'에 의해 건축물 전반에 대한 환기설비의 기준을 설정하였다(〈표 13-25〉 참조). 한편 문부과학성은 학교환경위생기준을 개정(2004. 2)하여 실내공기질 관리를 강화(학교보건법)하였다.

**〈표 13-24〉 실내공기질 가이드라인**

| 오 염 물 질 | 기 준 |
|---|---|
| 포름알데히드 | 100㎍/m³(0.08ppm) |
| 톨루엔 | 260㎍/m³(0.07ppm) |
| 자일렌(크실렌) | 870㎍/m³(0.20ppm) |
| p-디클로로벤젠(P-DCB) | 240㎍/m³(0.04ppm) |
| 에틸벤젠 | 3,800㎍/m³(0.88ppm) |
| 스티렌 | 220㎍/m³(0.05ppm) |
| 클로피리포스 | 0.1㎍/m³(0.007ppb) |
| 디부틸 푸탈레이트 | 220㎍/m³(0.02ppm) |
| 프탈릭 에스테르-2-에틸헥실(DEHP) | 120㎍/m³(7.6ppb) |
| 테트라데칸 | 330㎍/m³(0.04ppm) |
| 디아지논 | 0.29㎍/m³(0.02ppb) |
| 아세트알데히드 | 48㎍/m³(0.03ppm) |
| 페놉캡 | 33㎍/m³(3.8ppb) |

**〈표 13-25〉 건축기준법**

| 항 목 | 내 용 |
|---|---|
| 포름알데히드 | -목질계 내장재의 방산량에 따른 등급 표시<br>-등급 4~등급 1까지 4개 등급으로 분류 |
| 실내화학<br>물질농도 표시 | 포름알데히드(필수), 톨루엔, 자일렌, 에틸벤젠, 스티렌 |
| 환기표시 | 전체 환기설비 및 국소 환기설비 표시 |

### <표 13-26> 학교 실내공기질 기준

| 대상물질 | $CO_2$ | CO | $NO_2$ | 부유분진 | 낙하세균 | 포름알데히드 | 톨루엔 | 자일렌 | 파라디클로로벤젠 | 에틸벤젠 | 스티렌 |
|---|---|---|---|---|---|---|---|---|---|---|---|
| 기준 | 1,500 ppm | 10 ppm | 0.06 ppm | 0.10 mg/m³ | 10 CFU/m³ | 100 μg/m³ | 260 μg/m³ | 870 μg/m³ | 240 μg/m³ | 3,800 μg/m³ | 220 μg/m³ |

### <표 13-27> 국내외 실내공기 오염물질 기준 비교

| 국 가 | | 한국 | 일본 | 홍콩 | 싱가포르 | 캐나다 |
|---|---|---|---|---|---|---|
| 대상시설 | | 다중이용시설 | 특정용도건축물 | 사무실, 공공시설 | 사무실 | 주거공간 |
| 일반오염물질 | 미세먼지 | 150μg/m³ | 150μg/m³ | 180μg/m³ | 150μg/m³ | 100μg/m³ |
| | 이산화탄소 | 1,000ppm | 1,000ppm | 1,000ppm | 1,000ppm | 3,500ppm |
| | 포름알데히드 | 120μg/m³ | 100μg/m³ | 100μg/m³ | 120μg/m³ | 60μg/m³ |
| | 총 부유세균 | 800CFU/m³ | – | 1,000CFU/m³ | 500CFU/m³ | – |
| | 일산화탄소 | 10ppm | 10ppm | 8.7ppm | 9ppm | 25ppm |
| | 이산화질소 | 0.05ppm | – | 80ppb | – | 0.25ppb |
| | 라돈 | 4.0pCi/L | – | 200Bq/m³ | – | 800Bq/m³ |
| | TVOCs | 500μg/m³ | – | 600μg/m³ | 3ppm | – |
| | 석면 | 0.01개/cc | – | – | – | – |
| | 오존 | 0.06ppm | – | 61ppb | 0.05ppb | 0.12ppm |
| 개별 VOC | 벤젠 | – | – | 16.1μg/m³ | – | – |
| | 톨루엔 | – | 260μg/m³ | 1,092μg/m³ | – | – |
| | 에틸벤젠 | – | 3,800μg/m³ | 1,447μg/m³ | – | – |
| | 자일렌 | – | 870μg/m³ | 1,447μg/m³ | – | – |
| | 1,4-디클로로벤젠 | – | 240μg/m³ | 200μg/m³ | – | – |
| | 스티렌 | – | 220μg/m³ | – | – | – |

〈연습문제〉

1. 각종 기준 설정단계를 기술하라.
2. 한국의 실내공기질 법규 연혁을 기술하라.
3. 다중이용시설 실내공기질 유지기준과 권고기준을 비교 설명하라.
4. 건축자재별 방출기준을 설명하라.
5. 세계 각국의 실내공기질 기준(기준치 및 권고치)을 비교 설명하라.

# 참고문헌


김광종, 김정만, 김태형 등. 산업위생. 신광출판사, 2004.

김기현, 김조천, 김종호 외. 신제 대기오염개론. 향문사, 2002.

김영희. 제철소 근로자의 VOCs 및 $NO_2$ 직장노출 기여도 추정에 관한 연구. 대구가톨릭대학교 석사학위논문, 2007.

김영희, 양원호, 손부순. 신축 주택의 톨루엔 발생량 모델을 이용한 건강위해성 평가. 한국환경보건학회지, 32(5), 398-403, 2006.

김태형, 김현욱, 박동욱 외. 산업환기. 신광출판사, 2004.

백성옥, 김배갑, 박상곤. 국내 대기 중 독성 휘발성 유기화합물의 오염특성(Ⅱ). 환경독성학회지, 17(3), 207-217, 2002.

서울시 보건환경연구원. 대기환경과 건강 유해성, 2006.

신용승, 이동수, 구현정. 오염매체 통합관리를 위한 유해화학물질의 다매체 환경기준 설정에 관한 연구. 한국환경정책평가연구원, 2004.

심상효, 김윤신. 신축공동주택의 실내공기질 특성 및 평가-휘발성 유기화합물 및 포름알데히드 중심으로. 한국환경보건학회지, 32(4), 275-281, 2006.

양원호, 김문현. 기상 TCE 제거반응 CrOx/$TiO_2$계 복합 산화물 촉매 디자인. 대한환경공학회지, 28(4), 368-375, 2006.

양원호, 손부순, 김종오. 수동식 시료채취기를 이용한 사무실 직장인의 이산화질소 노출평가 및 예측-한국의 서울과 호주의 브리스베인 비교 연구. 한국환경과학회지, 11(3), 247-255, 2002.

양원호, 손부순, 김임순 등. 환경영향평가에서 건강위해성평가 기법을 이용하기 위한 실내공기 모델링 적용. 한국환경영향평가학회지, 10(3), 211-221, 2001.

양원호, 이기영. 흡연에 의한 실내공기질 악화의 문제. 국민 환경권 보장을 위한 실내 및 공공장소 흡연 전면 금지 대토론회, 2008.

양원호, 이기영, 백도명. 실내 및 실외 공기 중 이산화질소의 개인노출량 측정을 위한 수동식 시료채취기의 성능평가. 한국대기환경학회지, 16(6), 625-631, 2000.

양원호, 임성국. 아파트 실내환경의 이산화질소 감소율 및 침착속도 추정. 주택도시연구, 92, 86-93, 2007.

유동한, 김상준, 양지원. 지하수로부터의 실내 라돈 오염시 인체노출평가. 한국대기환경학회지, 17(3), 241-249, 2001.

이영환, 정문호. 금속과 사람. 신광출판사, 1993.

이정재. 실내공기질과 환기, 실내공기질 관리 및 측정. 한국대기환경학회, 2003.

임영욱, 양지연, 김호현 등. 신축공동주택 휘발성유기화합물(VOCs)로 인한 건강위해성평가. 한국실내환경학회, 3(3), 211-223, 2006.

한국공기청정협회. 2000년 실내 VOCs 토론회, VOC 연구회, 2000.

한국석면환경협회, http://www.kaea.co.kr

한국실내환경학회, 제1회 학술대회, 2004.

한국화학시험연구원. 석면 규제동향 및 분석방법에 대한 국제 심포지움, 2006.

한창우, 노광철, 오명도. 강의실에서 시스템 에어콘의 환기방식에 다른 열쾌적도 및 공기환경 특성 비교. Journal of the Institute of Industrial Technology, 12, 167-174, 2004.

한화진, 오소영. 대기오염 건강피해에 관한 연구. 한국환경정책평가연구원, 1998.

화학교재연구회. 일반화학. 광림사, 1987.

화학교재편찬연구회. 일반화학. 녹문당, 2005.

환경부. 실내공기질관리 업무편람. 2004.

환경부. 환경백서. 2007.

통계청. 제1권 생활시간량편. 생활시간조사보고서, 1999.

ACGIH. Industrial Ventilation 21st Edition. American Conference of Governmental Industrial Ventilation, USA, 2.6-2.7, 1992.

Alberta Infrastructure. Indoor air quality guideline. 2002.

Andersson, K., Bakke, J.V., Bjoseth, O. et al. TVOC and health in non-industrial indoor environment. Indoor Air, 7, 78-91, 1997.

ASHRAE Standard, Ventilation for Acceptable Indoor Air Quality.

ANSI/ASHRAE Standard 62-2001, 2001.

Avgelis, A., Papadopoulos, A.M. Indoor air quality guidelines and standards—a state of the art review. International Journal of Ventilation, 3(3), 267-278, 2004.

Bahura v. SEW Investors, Inc. District of columbia superior court, Case no. 90-CA10594, 1993.

Bardana, E.J., Montanaro, A. Formaldehyde: an analysis of its respiratory, cutaneous, and immunologic effects. Annals of Allergy, 66(6), 441-452, 1991.

Bascom, R., Kesavanathan, J., Swift, D.L. Human susceptibility to indoor contaminants. Occupational Medicine, 10(1), 119-132, 1995

Basu, R., Samet, J.M. A review of the epidemiological evidence on health effects of nitrogen dioxide exposure from gas stoves. Environmental Medicine, 1, 173-187, 1999.

Berglund, B., Brunekreef, B., Knoppel, H. Effects of indoor air pollution on human health. Indoor Air, 2(1), 2-25, 1992.

Berthouex, P.M., Brown, L.C. Statistics for environmental engineers. Lewis Publishers, 2000.

Bluyssen, P.M., et al. European indoor air quality audit project in 56 office buildings. Indoor Air, 6, 221-238, 1996.

BOMA, http://www.boma.org, 1994.

Branis, M., Rezacova, P., Domasova, M. The effect of outdoor air and indoor human activity on mass concentrations of PM10 PM2.5 and PM1 in a classroom. Environmental Research, 99, 143-149, 2005.

Brauer, M., Brook, J.R. Ozone personal exposures and health effects for selected groups residing in the Fraser Valley. Atmospheric Environment, 31(14), 2113-2121, 1997.

Brooks, B.O., Utter, G.M., Deboy, J.A. Indoor air pollution: an edifice complex. Clinical Toxicology, 29(3), 315-374, 1991.

Brown, S.K. Volatile organic pollutants in new and established buildings in Melbourne, Australia. Indoor Air, 12, 55-63, 2002.

Burroughs, H.E. and Hansen, S. Managing indoor air quality. The Fairmont Press, Third Edition, 2004.

Butsugan, M., Sekine, Y. Development of sensitive passive sampler for determination of VOCs in indoor air. The 10th International Conference on Indoor Air Quality and Climate, Beijing, China, 4-9, 2005.

Call V. Prudential Insurance Company of America, Case no. SWC

90913, Superior Court of California (Los Angeles County), 1985.

Carslaw, N. A new detailed chemical model for indoor air pollution. Atmospheric Environment, 41, 1164-1179, 2007.

Chan, P. Indoor air quality and the law in Singapore. Indoor Air, 9, 290-296, 1999.

Chaloulakou, A., Mavroidis, I. Comparison of indoor and outdoor concentrations of CO at a public school. Evaluation of an indoor air quality model. Atmospheric Environment, 36, 1769-1781, 2002.

Chang, J.C.S., Guo, Z. Modeling of alkane emissions from a wood stain. Indoor Air 93, Proceedings of the 6th International Conference on Indoor Air Quality and Climate, Helsinki, Finland, 2, 561-566, 1993.

Cheong, K.W., Chong, K.Y. Development and application of an indoor air quality audit to an air-conditioned building in Singapore. Building and Environment, 36, 181-188, 2001.

Clayton, C.A., Perritt, R.L., Pellizzari, E.D. et al. Particle total exposure assessment methodology concentrations in personal, indoor and outdoor air samples in a Southern California community. Journal of Exposure Analysis and Environmental Epidemiology, 3(2), 227-250, 1993.

Colombo, A., Bortoli, M., Pecchio, E., et al. Chamber testing of organic emission from building and furnishing materials. The Science of the Total Environment, 91, 237-249, 1990.

Crosby, Alfred. Influenza: In the grip of the grippe. In plague, Pox & Pestilence, New York, Barnes & Noble, 1997.

Darby, S., Hill, D., Auvinen, A. et al. Radon in homes and risk of lung cancer: collaborative analysis of individual data from 13 European case-control studies. British Medical Journal, 330, 2005.

Diamond, M. IAQ and the law, Indoor Air Quality Handbook, 71.1-71.10, McGraw-Hill, 2000.

Dimitroulopoulou, C., Ashmore, M.R., Byrne, M.A., Kinnersley, R.P. Modelling of indoor exposure to nitrogen dioxide in the UK. Atmospheric Environment, 35, 269-279, 2001.

Doll, R., Peto, R., Boreham, J. et al. Mortality in relation to smoking: 50 years' observations on male British doctors. British Medical Journal, 328, 1519-1528, 2004.

Ekberg, L.E. Relationship between indoor and outdoor contaminants in mechanically ventilated buildings. Indoor Air, 6, 41-47, 1996.

Ekberg, L.E. Volatile organic compounds in office buildings. Atmospheric Environment. 28(22), 3571-3575, 1994.

EPA. The report of the human health subcommittee: Relative risk reduction project. EPA SAB-EC-90-021B, 10-11, 1990.

Edwards, R.D., Jurvelin, J., Saarela, K. et al. VOC concentrations measured in personal samples and residential indoor, outdoor and workplace microenvironments in EXPOLIS-Helsinki, Filand. Atmospheric Environment, 35, 4531-4543, 2001.

Faber, D.R., Krieg, E.J. Unequal exposure to ecological hazards: environmental injustices in the commonwealth of Massachusetts. Environmental Health Perspectives, 110, Supplement 2, 2002.

Fanger, P.O. The philosophy behind ventilation: past, present, and future. Indoor Air '96: The 7th International Conference on Indoor 'Air Quality and Climate'. Nagoya, Japan, July 21-26, 1996.

Fanger, P.O. Introduction of the olf and the decipol units to quantify air pollution perceived by humans indoors and outdoors. Energy and Buildings, 12(1), 1-6, 1988.

Godish, T. Indoor air pollution control. Lewis Publishers, INC., 1991.

Gomzi, M. Indoor air and respiratory health in preadolescent children. Atmospheric Environment, 33, 4081-4086, 1999.

Gorden, G.E. Receptor model. Environmental Science & Technology, 22(10), 1132-1142, 1988.

Grosjean, D., Williams, E.L., Seinfeld, J.H. Atmospheric oxidation of selected terpenes and related carbonyls: gas-phase carbonyl products. Environmental Science and Technology, 26(8), 1526-1533, 1992.

Guo, Z. Review of indoor emission source model. Part 1. Overview. Environmental Pollution, 120, 533-549, 2002.

Hayes, S.R. Estimating the effect of being indoors on total personal exposures to outdoor air pollution. Journal of Air & Waste Management Association, 39(11), 1453-1461, 1989.

Hayes, S.R. Use of an indoor air quality model (IAQM) to estimate indoor ozone levels. Journal of Air & Waste Management Association, 41, 161-170, 1991.

Hays, S.M., Gobbell, R.V., Ganick, N.R. Indoor air quality. McGraw-Hill, Inc., 1994.

Hindwood, A.L., Rodriguez, C., Runnion, T., et al. Risk factors for increased BTEX exposure in four Australian cities. Chemosphere, 66, 533-541, 2007.

Hines A.L., Ghosh, T.K., Loyalka, S.K. et al. Indoor air quality and control. Prentice-Hall, Englewood Cliffs, NJ., 1993.

Hinds, W.C. Aerosol technology. John Wiley & Sons, 1982.

Hoddinott, K.B., Lee, A.P. The use of environmental risk assessment methodologies for an indoor air quality investigation. Chemoshpere, 41, 77-84, 2000.

Hodgeson, A.T., Rudd, A.F., Beal, D., Chandra, S. Volatile organic compound concentrations and emission rates in new manufactured and site-built houses. Indoor Air, 10, 178-192, 2000.

Hodgson, M.J., Frohlinger, J., Permar, E., et al. Symptoms and micro-environmental measures in non-problem buildings. Journal of Occupational Medicine, 33(4), 527-533, 1991.

Hoppe, P., Martinac, I. Indoor climate and air quality. International Journal of Biometeorology, 42, 1-7, 1998.

Hoppin, J., Ryan, P.B., Graham, J.D. Risk assessment in the federal government questions and answers. Boston, Harvard School of Public Health, Center for Risk Analysis, 1993.

Hornung, R.W., Reed, L.D. Estimation of average concentration in the presence of nondetectable values. Appl.Occup.Environ.Hyg., 5(1), 1990.

IARC. Social inequalities and cancer. International Agency for Research on Cancer, Lyon, 1997.

Jaakkola, M.S., Jaakkola, J.J.K. Assessment of exposure to environmental tobacco smoke. European Respiratory Journal, 10, 2384-2397, 1997.

Jansse, EJ. The history of ventilation and temperature control. ASHRAE Journal, 1999.

Jenkins, R.A., Palausky, M.A., Counts, R.W. et al. Determination of personal exposure of non-smokers to environmental tobacco smoke in the united states. Lung Cancer, 14, Suppl. 1, S. 195-213, 1996.

Johnson, E.S., Langard, S., Lin, Y.A. Critique of benzene exposure in the general population. Science of Total Environment, 374, 183-198, 2007.

Jones, A.P. Asthma and domestic air quality. Soc.Sci.Med., 47(6), 755-764, 1998.

Jones, A.P. Indoor air quality and health. Atmospheric Environment, 33, 4935-4564, 1999.

Jurvelin, J., Edwards, R., Saarela, K. et al. Evaluation of VOC measurements in the Expolis study. J.Environ.Monit., 3, 159-165,

2001.

Karlson, S.C., Hojer, J., Sjoholm, A., et al. Nitrogen dioxide pneumonitis in ice hockey players. J.Intern.Med., 239, 451-456. 1996.

Kolluru, R.V. Risk assessment and risk management: A unified approach. In R.V. Kolluru, S.M.Bartell, R.M. Pitblado, R.S. Stricoff(Eds.), Risk Assessment and Management Handbook, Chap. 1. New York, McGraw-Hill, 1996.

Kotzias, D. Indoor air and human exposure assessment－needs and approaches. Experimental and Toxicologic Pathology, 57, 5-7, 2005.

Kouzaki, J., Nakai, S., Izumi, K. et al. Study of calculating method of theoretical sampling rate for the diffusion VOC samplers. J.Soc.Indoor Environ., Japan, 6(2), 110-113, 2003.

Kraenzmer, M. Modeling and continuous monitoring of indoor air pollutants for identification of sources and sinks. Environment International, 25(5), 541-551, 1999.

Kraft, M., Eikmann, T., Kappos, A., Kunzli, N., Rapp, R., Schneider, K., Seitz, H., Voss, J., Wichmann, H. The German view: Effects of nitrogen dioxide on human health－derivation of health-related short-term and long-term values. Int.J.Hyg.Environ-Health, 208, 305-318, 2005.

Kukadia, V., Palmer, J. The effect of external atmospheric pollution on indoor air quality: A pilot study. Energy and Buildings, 27, 223-230, 1998.

Kulkarni, M.M., Patil, R.S. An empirical model to predict indoor $NO_2$ concentrations. Atmospheric Environment, 36, 4777-4785, 2002.

Lagarde, F., Pershagen, G., Akerblon, G. et al. Residential radon and lung cancer in Sweden: risk analysis accounting for random error in the exposure assessment. Health Physics, 72(2), 269-276, 1997.

Lahtinen, M., Huuhtanen, P., Reijula, K. Sick building syndrome and psychosocial factors－a literature review. Indoor Air(Suppl. 4), 71-80, 1998.

Lai, H.K., Jantunen, M.J., Kinzli, N. et al. Determinants of indoor benzene in Europe. Atmospheric Environment, In Press, 2007.

Lee, K., Yang, W., Bofinger, N.D. Effect of microenvironmental nitrogen dioxide concentrations on personal exposure in Australia. Journal of the Air & Waste Management Association, 50, 1739-1744, 2000.

Lee, S.C., Lam, S. and Fai, H.K. Characterization of VOCs, ozone, and $PM_{10}$ emissions from office equipment in an environment chamber. Building and Environment, 36, 837-842, 2001.

Lee, K., Spengler, J.D., Vallarino, J. Ozkaynak, H. Comparison of air change rate measurement methods; perfluorocarbon tracer gas method and fan pressurization test. Indoor Air '96, 1996.

Lee, K., Yanagisawa, Y., Spengler, J.D. et al. Sampling rate evaluation of $NO_2$ badge: (I) in indoor environments. Indoor Air, 3(2), 124-130, 1993.

Leovic, K.W., Sheldon, L.S., Whitaker, et al. Measurement of indoor air emissions form dry-process photocopy machines. Journal of the Air & Waste Management Association, 46, 821-829, 1996.

Levesque, B., Gauvin, D., McGregor, R. et al. Radon in residences: influences of geological and housing characteristics. Health Physics, 72(6), 907-914, 1997.

Levy, J.I., Lee, K., Spengler, J.D. et al. Impact of residential nitrogen dioxide exposure on personal exposure: An international study. Journal of the Air & Waste Management Association, 48, 553-560, 1998.

Lewis, R.G., Fortmann, R.C., Camann, D.E. Evaluation of methods for monitoring the potential exposure of small children to pesticides in the residential environment. Archives of Environmental and Contamination Toxicology, 26(1), 37-46, 1994.

Li, Y., Chen, Z. A balance-point method for assessing the effect of natural ventilation on indoor particle concentrations. Atmospheric Environment, 37, 4277-4285, 2003.

Liddament, M.W. A guide to energy efficient ventilation, AIVC(Air Infiltration and Ventilation Center), 1996.

Lipfert, F.W. Air pollution and human health: perspectives for the '90s and beyond. Risk Analysis, 17(3), 137-146, 1997.

Lioy, P.J. Assessing total human exposure to contaminants. Environmental Science & Technology, 24(7), 1990.

Lipsett, M. Cooking with gas? (Don't) hold your breath!. Environmental Medicine, 1, 171-172, 1999.

Liu, W., Zhang, J., Hashim, J.H. et al. Mosquito coil emissions and health implications. Environmental Health Perspectives, 111(12), 1454-1460, 2003.

Magliano, K.L., Hughes, V.M., Chinkin, L.R. Spatial and temporal variations in $PM_{10}$ and $PM_{2.5}$ source contributions and comparison to emission during the 1995 integrated monitoring study. Atmospheric Environment, 33, 4757-4773, 1999.

Manini, P., Palma, G.D., Mutti, A. Exposure assessment at the workplace:

Implications of biological variability. Toxicology Letters, 168, 210-218, 2007.

Maria, C. Environmental sampling and analysis, Lab manual. Lewis Publishers, CRC Press, 1997.

Maroni, M., Fait, A, Colosio, C. Risk assessment and management of occupational exposure to pesticides. Toxicology Letters, 107, 145-153, 1999.

Maroni, M., Seifert, B., Lindvall, T.(Eds). Indoor air quality－a comprehensive reference book. Elsevier, Amsterdam, 1995.

Martin County, Florida v. Frank J. Rooney, Inc., Centex-Ronney Construction Co., Inc., Seaborad Surety Co. OR 1099 2369-2370, 1996.

Ministry of National Health and Welfare, Canada. Indoor air quality in office buildings: A Technical Guide. 1995.

Mohle, G., Crump, D., Brown, V. et al. Development and application of a protocol for the assessment of indoor air quality. Indoor and Built Environment, 12, 139-149, 2003.

Mølhave, L. Indoor climate, air pollution, and human comfort. Journal of Exposure Analysis and Environmental Epidemiology, 1(1), 63-81, 1991.

Mølhave, L., Dueholm, S., Jensen, L.K. Assessment of exposures and health risks related to formaldehyde emissions from furniture: a case study. Indoor Air, 5, 104-119, 1995.

Mølhave, L., Krzyanowski, M. The right to healthy indoor air: status by 2002. Indoor Air, 13(Suppl. 6), 50-53, 2003.

Moseler, M., Kendel-Kramer, A., Karmaus, W., et al. Effect of moderate $NO_2$ air pollution on the lung function of children with asthmatic symptoms. Environmental Research, 67, 109-124, 1994.

Moseley, C.L., Meyer, M.R. Petroleum contamination of an elementary school: a case history involving air, soil-gas, and ground water monitoring. Environmental Science and Technology, 26, 185-192, 1992.

Morawska, L., Salthammer, T. Indoor environment, Airborne particles and settled dust. Wiley-VCH GmbH & Co. KGA, 2003.

Mulhausen JR., Damiano J. A strategy for assessing and managing occupational exposures. AIHA Press, 1997.

Nagda, N.L., Koontz, M.D., Billick, I.H. Causes and consequences of backdrafting of vented gas appliances. Journal of the Air & Waste Management Association, 46(9), 838-846, 1996.

Naugle, D.F., Pierson, T.K. A framework for risk characterization of environmental pollutants. Journal of the Air & Waste Management Association, 41(10), 1298-1307, 1991.

Nazaroff, W.W., Weschler, C.J. Indoor air and the public good—Guest editorial. Indoor Air, 11, 143-144, 2001.

Neimela, R., Seppanen, O., Korhonen, P. et al. Prevalence of building-related symptoms as an indicator of health and productivity. American Journal of Industrial Medicine, 49, 819-825, 2006.

Niemala, R., Vaino, H. Formaldehyde exposure in work and the general environment. Scandinavian Journal of Work and Environmental Health, 7(1), 95-100, 1985.

Nieuwenhuijen, M. Exposure assessment in occupational and environmental epidemiology. Oxford, UK, Oxford University Press, 2003.

Nieuwenhuijsen, M., Paustenbach, D., Duarte-Davidson, R. New developments in exposure assessment: the impact on the practice of health risk assessment and epidemiology studies. Environment International, 32 996-1009, 2006.

Norback, D., Bjornsson, E., Janson, C., Widstorm, J., and Boman, G. As matic symptoms and volatile organic compounds, formaldehyde, and carbon dioxide in dwellings. Occupational and Environmental Medicine, 52, 388-395, 1995.

Olesen, B.W. International standards for the indoor environment. Indoor Air, 24(Suppl. 7), 18-26, 2004.

Ott, W.R. Total human exposure. Environmental Science and Technology, 10(10), 1990.

Owen, M.K., Ensor, D.S., Sparks, L.E. Airborne particle sizes and sources found in indoor air. Atmospheric Environment, 26(A), 2149-2162, 1992.

Pandian, M.D., Ott, W.R., Behar, J.V. Residential air exchange rates for use in indoor air and exposure modeling studies. Journal of Exposure Analysis and Environmental Epidemiology, 3(4), 407-416, 1993.

Palmgren, F., Wahlin, P., Kildeso, J. et al. Characterization of particle emissions from the driving car fleet and the contribution to ambient and indoor particle concentration. Physics and Chemistry of the Earth, 28, 327-334, 2003.

Parent, D., Stricker, S., Fugler, D. Optimum ventilation and air flow control in buildings. Energy and Buildings, 27, 239-245, 1998.

Pershagen, G., Rylander, E., Norberg, S. et al. Air pollution involving nitrogen dioxide exposure and wheezing bronchitis in children.

International Journal of Epidemiology, 24(6), 1147-1153, 1995.

Platts-Mills, T.A.E., Woodfolk, J.A., Chapman, M.D., et al. Changing concepts of allergic disease: the attempt to keep up with real changes in lifestyles. Journal of Allergy and Clinical Immunology 98(Suppl.), 297-306, 1996.

Redlich, C.A., Sparer, J., Cullen, M.R. Sick-building syndrome. Lancet, 349(9057), 1013-1016.

Robinson, J., Nelson, W.C. National human activity pattern survey data base. United States Environmental Protection Agency, Research Triangle Park, NC., 1995.

Roggli, V.L., Longo, W.E. Mineral fibre content of lung tissue in patients with environmental exposures: household contacts vs. building occupants. Annals of the New York Academy of Science, 643, 511-518, 1991.

Rose, V.E., Perkins, J.L. Passive dosimetry—state of the art review. Am.Ind.Hyg.Assoc.J., 43(8), 605-621, 1982.

Ryan, C.M., Morrow, L.A. Dysfunctional buildings or dysfunctional people: an examination of the sick building syndrome and allied disorders. Journal of Consulting and Clinical Psychology, 60(2), 220-240, 1992.

Sakr. W., Knudsen, H.N., Gunnarsen, L., Haghighat, F. Impact of varying area of polluting surface materials on perceived air quality. Indoor Air, 13, 86-91, 2003.

Samet, J.M., Spengler, J.D. Indoor air pollution—A health perspective. The Johns Hopkins University Press, 1991.

Santis, F.D., Allergrini, I., Fazio, M.C. et al. Development of a passive sampling technique for the determination of nitrogen dioxide and sulphur dioxide in ambient air. Analytica Chimica Acta, 346, 127-134, 1997.

Schneider, T., Skov, P., Vlabjørn, O. Challengers for indoor environment research in the new office. Scan.J.Work Environ.Health, 25(6), 574-579, 1999.

Schneider, T., Sundell, J., Bischof, W. et al. Airborne particles in the indoor environment, An European interdisciplinary review of scientific evidence associations between exposure to particles in buildings and health effects. Indoor Air, 13, 38-48, 2003.

Schuhmacher, M., Meneses, M., Xifro, A., Domingo, J.L. The use of Monte Carlo simulation techniques for risk assessment: study of a municipal waste incinerator. Chemosphere, 43, 787-799, 2001.

Schwela, D., Hakkinen, P. Human exposure assessments resources on the World Wide Web. Toxicology, 198, 169-176, 2004.

Seifert, B. Indoor air sciences: past and future. Proceedings of Indoor Air '96', Vol.(1), Nagoya, Japan, Tokyo Institute of Public Health, 3-8, 1996.

Sekine, Y., Nishimura, A. Removal of formaldehyde from indoor air by passive type air-cleaning materials. Atmospheric Environment, 35, 2001-2007, 2001.

Sexton, K., Callahan, M.A., Ryan, E.F. Estimating exposure and dose to characterize health risks: the role of human tissue monitoring in exposure assessment. Environ.Health Perspect., 3(Suppl.), 13-30, 1995.

Sherman, M.H., Hodgson, A. Formaldehyde as a basis for residential ventilation rate. Indoor Air, 14, 2-8, 2004.

Smith, K.R. The global burden of disease from unhealthy buildings: preliminary results from comparative risk assessment. Proceedings of Healthy Buildings 2003, 1, 118-126, 2003.

Son, B., Breysee, P., Yang, W. Volatile organic compounds concentrations in residential and indoor and outdoor and its personal exposure in Korea. Environment International, 29, 79-85, 2003.

Son, B., Patrick, B., Yang, W. Volatile organic compounds in residential indoor and outdoor and its personal exposure in Korea. Environment International, 29(1), 79-85, 2003.

Sparks, L.E. Indoor air quality modeling. Indoor Air Quality Handbook, 58.1-58.28, 2001.

Sparks, L.E., Molhave, L., Eueholm, S. Source testing and data analysis for exposure and risk assessment of indoor pollutant sources. American Society for Testing and Materials, STP 1287, 367-375, 1996.

Spengler, J.D., Samet, J.M., McCarthy, J.F. Indoor air quality handbook. McGraw-Hill, 2000.

Spengler, J.D., Sexton, K. Indoor air pollution: A public health perspective. Science, 221(4605), 9-17, 1983.

Spengler, J.D., Soczek, M.L. Evidence for improved ambient air quality and the need for personal exposure research. Environmental Science & Technology, 18(9), 1990.

Spicer, C.W., Coutant, R.W., Ward, G.F., Joseph, D.W., Gaynor, A.J. and Billick, I.H. Rates and mechanisms of $NO_2$ removal from indoor air by residential materials. Environment International, 15, 643-654, 1989.

Sue, H.J. Indoor environmental profiles of their impacts on public health in Taiwan. 2006년도 한국실내환경학회, 17-31, 2006.

Sundell, J. On the history of indoor air quality and health. Indoor Air, 14(Suppl. 7), 51-58, 2004.

Sundell, J. Current R&D and policy in indoor environment in Europe. 1st Asian Forum, 2007.

Steindorf, K., Lubin, J., Wichmann, H.E., et al. Lung cancer deaths attributable to indoor radon exposure in West Germany. International Journal of Epidemiology, 24(3), 485-492, 1995.

Sue, H.J. Current R&D and policy in indoor environment in Taiwan. 1st Asian Forum, 2007년 한국실내환경학회 학술대회, 2007.

Sundell, J. On the history of indoor air quality and health. Indoor Air, 14(Suppl. 7), 51-58, 2004.

Tariq, S.M., Matthews, S.M., Hakim, E.A. et al. The prevalence and risk factors for atopy in early childhood: A whole population birth cohort study. Journal of Allergy and Clinical Immunology, 101(5), 587-593, 1998.

Teichman, K.Y. Indoor air quality: Research need. Occupational Medicine, 10(1), 217-227, 1995.

Turiel, I., Hollowell, C.D., Miksch, R.R. et al. The effects of reduced ventilation on indoor air quality in an office building. Atmospheric Environment, 17(1), 51-64, 1983.

US. Environmental Protection Agency. Exposure factors handbook, Volume 1-General factors. Environmental Protection Agency, EPA/600/P-95/002Fa, 1997.

US. Environmental Protection Agency. Guideline for carcinogen risk assessment. EPA/630/P-03/001B, 2005.

US. Environmental Protection Agency. Guideline for carcinogen risk assessment. Fed., Reg., 51, 1986.

US. Environmental Protection Agency. Respiratory health effects of passive smoking: lung cancer and other disorders, EPA/600/6-90/006F, 1992.

US. Environmental Protection Agency. Risk assessment guidance for superfund volume I human health evaluation manual. EPA/540/1-89/002, 1989.

US. Environmental Protection Agency. Science Advisory Board. Reducing risk-setting priorities and strategies for environmental protection. SAB-EC-90-021, 1990.

Valbjørn, O. Important aspects of building design based on studies of exposures and their effects. Proceedings Indoor Air '96, Vol. 3, Nagoya, Japan, Institute of Public Health, Tpkyo, 729-734, 1996.

Van Der Wal, J.F., Hoogeveen, A.W., Wouda, P. The influence of temperature on the emission of volatile organic compounds from PVC flooring, carpet, and paint. Indoor Air, 7, 125-221, 1997.

Van Odijk, J., Kull, I., Borres, M.P. et al. Breastfeeding and allergic disease: a multidisciplinary review of the literature(1966-2001) on the mode of early feeding in infancy and its impact on later atopic manifestations. Allergy, 58, 833-843, 2003.

Vaughan, T.L., Strader, C., Davis, S., et al. Formaldehyde and cancers of the pharynx, sinus, and nasal cavity: II. Residential exposures. International Journal of Cancer, 38(5), 685-688, 1986.

Wallace, L.A. The total exposure assessment methodology(TEAM) study: summary and analysis. US Environmental Protection Agency, Washington, D.C., 1987.

Wallace, L.A. Comparison of risks from outdoor and indoor exposure to toxic chemicals. Environmental Health Perspective, 95, 7-13, 1991.

Wallace, L.A., Nelson, W.C., Ziegenfus, R., et al. The Los Angeles TEAM study: personal exposures, indoor-outdoor air concentrations, and breath concentrations of 25 volatile organic compounds. Journal of Exposure Analysis and Environmental Epidemiology, 1(2), 37-72, 1991.

Wanner, H.U. Sources of pollutants in indoor air. IARC Scientific Publication, 109, 19-30, 1993.

Weschler, C.J. Chemical reactions among indoor pollutants: what we've learned in the new millennium. Indoor Air, 14(7), 184-194, 2004.

Wescher, C.J., Shields, H.C. and Naik, D.V. Indoor chemistry involving $O_3$, NO and $NO_2$ as evidenced by 14 months of measurements at a site in Southern California. Environmental Science and Technology, 28, 2120-2132, 1994.

Weschler, C.J., Shields, H.C. Potential reactions among indoor pollutants. Atmospheric Environment, 31(21), 3487-3495, 1997.

Weschler, C.J., Shields, H.C. Indoor ozone/terpene reactions as a source of indoor particles. Atmospheric Environment, 33, 2301-2312, 1999.

WHO. Air Quality Guidelines for Europe, Second Edition. WHO Regional Publications, European Series, No. 91, 2000.

WHO. Environmental Health Criteria 188, Nitrogen Oxides(Second Edition), WHO, 1997.

WHO. Indoor air pollutants: exposure and health effects. Copenhagen,

WHO Regional Office for Europe, Euro Reports and Studies 78, 1983.

WHO. Monitoring ambient air quality for health impact assessment, WHO Regional Publications, European Series, No. 85, 177-179, 1999.

WHO. Principles for the assessment of risks to human health from exposure to chemicals. Environmental Health Criteria 210, WHO Geneva, 1999.

WHO. The health effects of indoor air pollution exposure in developing countries. World Health Organization, 2002.

WHO. The right to healthy indoor air. EUR/00/5020494, 2000.

WHO. The world health report, Reducing risks promoting healthy life. 2002.

Wolkoff, P. Photocopiers and indoor air pollution. Atmospheric Environment, 33, 2129-2130, 1999.

Wolkoff, P. Clausen, P.A., Jensen, B., et al. Are we measuring the relevant indoor pollutants? Indoor Air, 7(1), 92-106, 1997.

Wyon, D.P. The effects of indoor air quality on performance and productivity, Indoor Air, 14, 92-101, 2004.

Yanagisawa, Y., Nishimura, H. A badgetype personal sampler for measurement of personal exposure to $NO_2$ and NO in ambient air. Environment International, 8, 235-242, 1982.

Yang, W., Lee, K., Chung, M. Characterization of indoor air quality using multiple measurements of nitrogen dioxide. Indoor Air, 14, 105-111, 2004.

Yumoto, H., Matsudo, S. and Akashi, K. Photocatalytic decomposition of $NO_2$ on $TiO_2$ films prepared by arc ion plating. Vacuum, 65, 509-514, 2002.

# 찾아보기